Heilpflanzen unserer Heimat

Dr. Jörg Zittlau/Apotheker Michael Helfferich

Heilpflanzen unserer Heimat

Gesundheit, Schönheit und Wohlbefinden
mit selbst gesammelten Kräutern

Anwendung, Heilwirkung und Rezepte

Ludwig

Inhalt

Arnika gehört zu den wirksamsten schmerzlindernden Pflanzen.

Aus Heilkräutern lassen sich duftende und die Gesundheit fördernde Bäder herstellen.

Heilpflanzen werden schon seit Jahrhunderten zur Bekämpfung von Krankheiten verwendet.

Heilpflanzen unserer Heimat

Heilpflanzen – mehr als eine Alternative

In den letzten Jahrzehnten fristeten Heilpflanzen innerhalb der Medizin eher ein Schattendasein. Sie gehörten zwar in vielen Haushalten noch zum von der Großmutter überlieferten Bestand an Heilmitteln für kleine Alltagskrankheiten, doch im Zweifelsfall setzten Patienten und Ärzte lieber auf die ausgeklügelten Methoden und Medikamente der modernen Medizin.
Doch seit einigen Jahren geht der Trend in eine andere Richtung. Immer mehr Menschen vertrauen nun wieder den Kräften aus dem Pflanzenreich und setzen sie auch bei schwerwiegenden Erkrankungen, zumindest unterstützend, ein. Und das gilt nicht nur für die Patienten. So gaben vor kurzem 98 Prozent von 25 000 befragten Medizinern an, dass bei ihnen Heilpflanzenpräparate zum täglichen Verordnungsrepertoire gehören.

Deutschland hat eine lange Tradition, was die Heilkunst mit Pflanzen und Kräutern betrifft. Die wichtigsten heimischen sind in diesem Buch zusammengestellt.

Buntes Angebot

Von Anispfeffer über Kava Kava bis zum Teebaumöl – Heilpflanzen aus aller Herren Länder sind heute erhältlich. In Anbetracht dieser Vielfalt wird gern vergessen, dass auch das Land, in dem wir leben, eine beachtliche Zahl von Heilpflanzen hervorgebracht hat. Ihre Namen – wie z. B. Blutwurz, Brunnenkresse, Huflattich, Gänsefingerkraut – klingen freilich weniger exotisch, doch dafür sind sie in vielerlei Hinsicht den importierten Pflanzen weit überlegen.

Mensch und Pflanze aus der gleichen Erde

Ein Grundsatz der Volksmedizin besagt: »Ein Mensch heilt am besten durch das, was aus der gleichen Erde stammt wie er« – eine Weisheit, die auch aus wissenschaftlicher Sicht vieles für sich hat. Denn was in unserer unmittelbaren Umgebung wächst, mit denselben Nährstoffen, Lichtquellen und Temperaturen zurechtkommen muss, das ist uns biologisch ähnlich – und je biologisch ähnlicher sich zwei Lebewesen sind, desto besser können sie einander helfen.
Das Johanniskraut beispielsweise macht uns lichtempfindlicher, so dass nur noch geringe Sonnenmengen notwendig sind, um unseren Körper bestimmte lichtabhängige Gute-Laune-Hor-

mone produzieren zu lassen – ein Effekt, der bei unserer oft trüben Witterung wahrlich ein Segen ist. In Afrika etwa wäre es absolut sinnlos, wenn eine Pflanze wie Johanniskraut die dort heimischen Menschen zur besseren Lichtauswertung bringen würde. Das ist nur eines von vielen Beispielen, die zeigen, dass Heilpflanzen und Patienten am besten aufeinander »geeicht« sein sollten.

Riesiger Erfahrungsschatz

Unsere heimischen Heilpflanzen haben einen weiteren Vorteil: Sie sind sehr gut erforscht. In der Zeit vom Mittelalter bis zum letzten Jahrhundert wurde in Klöstern, in den Häusern von heilkundigen »weisen« Frauen und von Ärzten das Fundament für die gesamte moderne Heilkräuterlehre gelegt. Und diese Menschen beschäftigten sich natürlich nicht mit Ylang-Ylang und Ingwer, sondern mit Beinwell, Salbei und dergleichen Pflanzen, die »vor der Haustür« wuchsen. Im Laufe der Jahrhunderte wurde auf diese Weise ein gewaltiger Schatz an Erkenntnissen und Erfahrungen gesammelt, den wir nutzen können, wenn wir den Heilpflanzen unserer Heimat vertrauen.

Pflanzen, die vor vielen Jahrhunderten nach Mitteleuropa gekommen sind und sich hier als Wildpflanzen durchsetzen konnten, werden als heimisch betrachtet.

Keine Probleme bei Ernte und Anbau

Auch aus praktischer Sicht besitzen die heimischen Heilpflanzen deutliche Vorteile. Wir können sie selbst sammeln, auch ihr Anbau bereitet keine Probleme. Denn eine Pflanze, die schon seit vielen Pflanzengenerationen hier heimisch ist, benötigt in der Regel keine großen gärtnerischen Tricks, um zu gedeihen – denn sie weiß aus jahrhunderte- oder jahrtausendelanger Erfahrung, wie man in unseren Breiten überlebt.

Auch die Einwanderer zählen

Es gibt also Gründe genug, dass wir unseren Blick verstärkt auf das Heilpflanzenangebot der nahen Umgebung lenken. Für eine übertriebene methodische Strenge besteht allerdings kein Anlass. Denn in der Natur sind die Übergänge nun einmal fließend, Pflanzen wechseln ihre Umgebung genauso, wie es Menschen zu tun pflegen. So gibt es viele Pflanzen, die wahrscheinlich nicht zu den »Gründungsmitgliedern« der mitteleuropäischen Vegetation zählen. Doch sie kamen vor vielen Jahrhunderten – meistens aus dem Mittelmeerraum – zu uns und haben sich hier inzwischen als Wildpflanze durchgesetzt. Für uns gehören sie daher ebenfalls zu den Heilpflanzen unserer Heimat.

Ein großer Vorteil heimischer Pflanzen besteht darin, dass man sie selbst sammeln und anbauen kann.

Heilkräuter können auch bei ernst zu nehmenden Krankheiten eingesetzt werden.

Die Einsatzmöglichkeiten von Heilpflanzen wurden seit der Entwicklung der modernen Medizin oft unterschätzt. Sie galten lange Zeit als sanfte Mittel allenfalls für kleine Wehwehchen. Doch neuere Forschungsergebnisse lassen keinen Zweifel mehr daran, dass die Phytotherapie – zumindest therapieunterstützend – auch bei Krebs, Herzinfarkt und Magengeschwüren hilfreich sein kann.

Wissenswertes über Heilpflanzen

Immer beliebter

Die Phytotherapie, wie die Pflanzenheilkunde mit dem Fachausdruck heißt, wird immer beliebter. Drei Viertel der deutschen Bevölkerung ziehen pflanzliche Heilmittel denen mit synthetischen Wirkstoffen vor. Dabei ist mit fast 80 Prozent bei den Frauen das Vertrauen in die Pflanzenheilkunde besonders groß.

Traditionelle Anwendungsgebiete

Bei der Selbstmedikation, also der Anwendung der Heilmittel auf eigene Faust, ohne dass ein Arzt sie verordnet hätte, werden Heilpflanzen in erster Linie gegen Erkältungskrankheiten eingesetzt, an zweiter und dritter Stelle folgen Verdauungsbeschwerden und Nervosität.
Auf diesen drei Einsatzgebieten besitzen Heilpflanzen in der Tat besonders große Chancen. Die wichtigsten Heileigenschaften unserer heimatlichen Pflanzen liegen jedoch woanders. Denn aufgrund der hiesigen klimatischen Bedingungen sind sie besonders gut in der Lage, Wasser aufzunehmen und überschüssiges Wasser wieder abzugeben. Gelangen ihre Wirkstoffe nun in unseren Organismus, entfalten sie dort ähnliche Wirkungen: Ein Großteil der heimischen Heilpflanzen fördert die Harnausscheidung und hemmt Wasseransammlungen im Gewebe. So werden sie zu ausgezeichneten Heilmitteln bei allen Krankheiten, deren Heilung durch eine Unterstützung des Wasserabtransports beschleunigt werden kann, wie Prostatavergrößerungen, Harnwegsentzündungen, Harnsteinen, Gicht und Wassersucht.

Neue Einsatzfelder: Krebs- und Herzerkrankungen

Viele Heilpflanzen enthalten eine Reihe von Stoffen, die bei der Vorbeugung und Behandlung von Krebs- und Herzerkrankungen hilfreich sein können. Zu diesen Stoffen zählen neben bestimmten Vitaminen und Mineralien vor allem Substanzen wie Flavonoide, Saponine und Karotinoide. Allerdings darf man nicht so weit gehen, allein mittels einer Pflanzenkur ein Krebsgeschwür heilen zu wollen. Nichtsdestoweniger kann die Phytotherapie Verfahren wie die chirurgische Tumorentfernung sowie Strahlen- und Chemotherapie wirksam unterstützen.

Heilkräuter für die Seele

Eine der wichtigsten pharmazeutischen Entdeckungen der letzten Jahre ist jedoch, dass einige unserer einheimischen Heilpflanzen – vor allem Baldrian und Johanniskraut – hervorragende Heilerfolge bei psychischen Erkrankungen und Funktionsstörungen leisten können. Früher wurden diese Kräuter allenfalls bei leichter Nervosität und Einschlafstörungen eingesetzt. In heutiger Zeit schätzt man sie auch als Heilmittel bei schwerwiegenderen Krankheiten wie Ängsten und Depressionen. Wunderdinge darf man jedoch auch von ihnen nicht erwarten. Schwere psychische Störungen sind nach wie vor ein Fall für den Psychotherapeuten. Sie können in keinem Fall allein durch Heilpflanzen beseitigt werden.

Wie bei allen anderen Medikamenten sollten auch bei Heilpflanzen die empfohlenen Dosierungen genau eingehalten werden, sie eignen sich nicht zum Experimentieren. Das Risiko von Überdosierungen ist allerdings bei Einnahme von standardisierten pflanzlichen Präparaten deutlich höher, als wenn man sich die Heilpflanzen in Form von Teeaufgüssen bereitet. Denn acht Tassen Tee zu trinken fällt uns schwerer, als mal eben acht Tabletten zu schlucken.

Mögliche Nebenwirkungen

Grundsätzlich kann alles, was auf irgendeine Art wirkt, auch Nebenwirkungen haben. Demzufolge bergen auch Heilpflanzen das Risiko von unerwünschten Begleiteffekten. Doch die meisten von ihnen müssten extrem überdosiert werden, um für den Patienten gefährlich zu werden. Selbst Heilpflanzen wie der Wacholder, vor dem mancherorts immer noch stark gewarnt wird, sind absolut ungefährlich, sofern man nur die vorgegebenen Dosierungen korrekt einhält.

Auch bei Psychotherapien können Heilpflanzen unterstützend wirken.

Höchstens ein Drittel des Bestandes sollte abgeerntet werden, damit sich die Pflanzen wieder vermehren können.

Heilpflanzen selbst sammeln und lagern

Stadt oder Land?

Immer wieder hört man Grundsatzdiskussionen darüber, ob man Heilpflanzen in der Nähe von Großstädten, Müllanlagen, Schrottplätzen oder Autobahnen sammeln darf oder aber zum Sammeln möglichst in die freie und unberührte Natur gehen sollte. Tatsache ist, dass Umweltverschmutzung nicht auf bestimmte Örtlichkeiten begrenzt ist. Bestimmte Schwermetallbelastungen beispielsweise findet man in der Lüneburger Heide genauso wie in einem Schrebergarten nahe einer Kohlenzeche im Ruhrgebiet. Außerdem zählen nicht wenige Pflanzen zu den typischen Kulturbegleitern des Menschen, d.h., man findet sie auf Schuttplätzen, Bahndämmen und Straßenwällen, weil ihnen nun einmal die dortigen Lebensbedingungen gelegen kommen. Gänzlich unbelastete Heilpflanzen wird man also in unseren Gefilden nirgendwo finden. Orte mit besonders hoher Schadstoffbelastung – wie etwa autobahnnahe oder gespritzte Äcker und Wiesen – sollte man allerdings meiden.

Der Sammelzeitpunkt spielt eine große Rolle für den Wirkstoffgehalt der Pflanzen. Pflanzen mit einem hohen Anteil an ätherischen Ölen wie Baldrian, Johanniskraut und Salbei haben kurz vor dem Aufblühen ihren höchsten Wirkstoffgehalt. Der Salbei erreicht seinen höchsten Wirkstoffgehalt in den Nachmittagsstunden.

Natur schützen

Geschützte Pflanzen dürfen natürlich nicht gepflückt werden. Von den in diesem Buch aufgeführten Pflanzen zählt jedoch nur die Arnika dazu. In Naturschutzgebieten ist grundsätzlich das Sammeln aller Pflanzen untersagt.

Nicht alles pflücken

Ernten Sie die Standorte nicht vollständig ab! Lassen Sie mindestens ein Drittel des Bestandes stehen, damit die Pflanze sich an dieser Stelle wieder ausbreiten kann, und sammeln Sie nicht an Plätzen mit nur wenigen Exemplaren einer Heilpflanze. Ausnahmen hiervon bilden Pflanzen, die zu den weit verbreiteten »Unkräutern« gehören, wie beispielsweise der Löwenzahn.

Richtig sammeln

Die Erntezeiten der einzelnen Pflanzen finden Sie in den jeweiligen Kapiteln. Für alle Pflanzen gilt, dass beim Sammeln trockenes Wetter herrschen sollte; man erntet niemals bei Regen oder

Nebel. Oberirdische Pflanzenteile ernten Sie am besten bei zunehmendem, unterirdische Pflanzenteile bei abnehmendem Mond. Denn bei zunehmendem Mond ziehen die Säfte mehr nach oben; nimmt er hingegen ab, ziehen die Säfte verstärkt in die Wurzeln.
Für das Sammeln der einzelnen Pflanzenteile gelten die folgenden Regeln.

Blüten Sie werden einzeln gepflückt, Blütenstände schneidet man als Ganzes ab. Ihr Wirkstoffgehalt ist unmittelbar nach dem Aufblühen am höchsten.

Blätter Derbe und große Blätter werden einzeln gepflückt, zarte Blätter mit schwachem Stängel kann man einfach abstreifen. Der Wirkstoffgehalt junger Blätter ist in der Regel höher als der älterer Exemplare.

Ganzes Kraut Es wird unmittelbar über dem Boden abgeschnitten, die hölzernen Teile verwendet man jedoch in der Regel nicht.

Wenn Sie mehrere Kräuter sammeln und lagern, sollten Sie schon die zum Trocknen ausgebreiteten Pflanzen, erst recht aber das abgefüllte Sammelgut sorgfältig beschriften. Denn sind die Pflanzen erst einmal getrocknet, kann man sie oft kaum noch voneinander unterscheiden.

Wo findet man welche Pflanzen?

Äcker/Ödland/Schuttplätze/Wegränder	Sonnige, kalkhaltige Böden/Magerwiesen	Wälder/Waldlichtungen/Auen	Überwiegend in Gärten kultiviert
Brennnessel	Arnika	Birke	Melisse
Erdrauch	Augentrost	Bittersüß	Petersilie
Gänsefingerkraut	Kleine Bibernelle	Efeu	Pfefferminze
Herzgespann	Blutwurz	Eiche	Ringelblume
Holunder	Johanniskraut	Fichte	Salbei
Huflattich	Kümmel	Heidelbeere	Thymian
Kamille	Odermennig	Himbeere	Weinraute
Kornblume	Wacholder	Hopfen	
Quecke	Weißdorn	Linde	
Schachtelhalm			
Schöllkraut	**Fettwiesen/Fettweiden**	**Auf Bäumen**	**Bäche/Seen/Sümpfe**
Spitzwegerich	Frauenmantel	Mistel	Baldrian
Steinklee	Löwenzahn		Beinwell
Stiefmütterchen	Schafgarbe		Brunnenkresse

Beeren Man pflückt sie Beere für Beere und »kämmt« sie nicht brutal ab, wie es leider immer noch häufig zu beobachten ist. Wenn man sie kurz vor der völligen Reife erntet, können sie auf dem Transportweg und zu Hause nachreifen. Man gerät dadurch bei ihrer Zubereitung weniger unter Zeitdruck.

Das Trocknen von Heilpflanzen kann drei Tage, aber auch mehrere Wochen dauern. Die genauen Trockenzeiten lassen sich nicht angeben, denn es spielen zu viele Faktoren mit, wie etwa das Wetter beim Sammeln, die Temperatur und Feuchtigkeit im Lagerraum und die Beschaffenheit des Krauts.

Wurzeln Sie werden ausgegraben und direkt danach von der Erde befreit und abgewaschen. Da das Sammeln der Wurzeln tödlich für die Pflanze ist, muss hier besonders darauf geachtet werden, dass noch genügend andere Exemplare an dem Standort unversehrt bleiben und dass nur die benötigte Menge von Sammelgut ausgegraben wird.

Richtig transportieren

Legen Sie Ihr Sammelgut in einen Korb, einen Stoffbeutel oder eine Papiertüte. Gänzlich ungeeignet sind Plastiktüten, denn dort werden die Pflanzen schon recht bald zu schimmeln anfangen. Die einzelnen Pflanzenarten sollten getrennt transportiert werden, um zu vermeiden, dass sich die verschiedenen Aromen gegenseitig beeinflussen.

Richtig trocknen

Tinkturen und Öle werden meistens mit frischen Pflanzen zubereitet. Zur Teezubereitung hingegen nimmt man in der Regel getrocknetes Sammelgut. Haben Sie ganze Kräuter gesammelt,

Getrocknete Blüten und Blätter eignen sich besonders für die Zubereitung von Tees und sehen zudem dekorativ aus.

sollten sie zu Sträußen gebunden und auf dem Dachboden oder an einem anderen trockenen und luftigen Ort kopfüber an einer Leine aufgehängt werden. Trocknen Sie die Sträuße nicht in der Küche, denn dort nehmen sie im Lauf der Zeit die Kochausdünstungen auf.

Getrocknete Kräuter sollten lichtgeschützt aufbewahrt werden.

Blätter, Stängel, Blüten und Früchte kann man auf einem großen Bogen Papier in dünner Schicht zum Trocknen auslegen. Noch besser ist es, ein Leinentuch aufzuspannen – etwa zwischen vier Stuhlbeinen – und darauf das Sammelgut breitflächig zu verteilen.

Rinden und Wurzeln trocknen am besten im Backofen bei mäßiger Wärme von 40 bis 60 °C. Man kann sie aber auch in der Nähe von kräftigen Heizkörpern auslegen.
Der Trocknungsvorgang ist beendet, wenn das Sammelgut spröde geworden ist, Blätter und Blüten ausgedörrt sind, die Stängel ihre Elastizität verloren haben und die Wurzeln beim Brechen »krachtrocken« sind.

Richtig aufbewahren

Das getrocknete Kraut kommt in Papiertüten, Blechdosen oder in Holz- oder Glasgefäße, die in trockenen und lichtgeschützten Regalen stehen sollten. Plastikbehälter sind ungeeignet, da sie mitunter geschmacksverfälschende Chemikalien an das Kraut abgeben; noch nicht vollständig ausgetrocknete Kräuter schimmeln in Plastikdosen.
Denken Sie daran, die Gefäße richtig zu beschriften. Wenn ein Behälter leer ist, sollte er wieder mit demselben Kraut gefüllt werden. Denn wenn Sie die Behälter mit wechselnden Pflanzen füllen, kann es zu Geschmacksverfälschungen kommen.
Eine sehr gute, aber nicht in allen Häusern mögliche Alternative sind Jutesäckchen. Man kann sie beispielsweise an Dachbalken frei herunterhängen lassen; auf diese Weise wird das Kraut gut belüftet. Dadurch können Pflanzen, die nicht völlig getrocknet wurden, noch Feuchtigkeit abgeben.
Oberirdische Pflanzenteile halten sich in getrocknetem Zustand etwa ein bis zwei Jahre, die Wurzeln etwas länger. Ein Heilkraut gehört auf den Kompostmüll, wenn es kaum noch riecht, kaum noch Farbe zeigt und schon bei kleinsten mechanischen Belastungen zerbröselt.
Tinkturen und Öle werden in lichtundurchlässigen Fläschchen aufbewahrt, die zur besseren Dosierung einen Tröpfchenzählaufsatz haben sollten.

Versuchen Sie nicht, den Trocknungsvorgang durch hohe Temperaturen zu beschleunigen! Dadurch trocknen die oberen Schichten zu schnell ab und verdichten sich, so dass die Feuchtigkeit aus den unteren Schichten nicht mehr abdampfen kann. In der Folge fängt das Kraut an zu schimmeln.

Heilkräuter gedeihen problemlos im eigenen Garten, wo sie auch gegen Schädlinge eingesetzt werden können.

Heilpflanzen selbst anbauen

Heilpflanzen bilden keine einheitliche Pflanzengruppe. Neben den klassischen ein- und zweijährigen Kräutern findet man auch Bäume oder Sträucher. Einige Pflanzen bevorzugen sandige Böden mit viel Sonne, andere gedeihen eher auf sumpfigen Flächen mit viel Stickstoff. Einheitliche Regeln für den Anbau von Heilpflanzen gibt es also nicht.

Der Kräutergarten

Im Kräutergarten zieht man ein- und zweijährige Kräuter sowie ausdauernde, über mehrere Jahre lebensfähige Stauden. Die kurzlebigen Pflanzen werden jedes Jahr neu ausgesät. Ausdauernde Kräuter werden ausgepflanzt, vielleicht noch einmal umgesetzt, aber ansonsten an ihrem Standort belassen.

Nicht nur Gartenbesitzer können sich ihre Heilpflanzen selbst anbauen. Auch auf Terrasse, Balkon und sogar auf dem Fensterbrett gedeihen viele einheimische Kräuter ganz ausgezeichnet.

Pflanzen für den Kräutergarten

Ein- und zweijährige	Ausdauernde	Ausdauernde
Augentrost	Arnika	Löwenzahn
Brunnenkresse	Baldrian	Melisse
Erdrauch	Beinwell	Odermennig
Kamille	Bibernelle	Pfefferminze
Kornblume	Blutwurz	Quecke
Kümmel	Brennnessel	Salbei
Petersilie	Efeu	Schachtelhalm
Ringelblume	Frauenmantel	Schafgarbe
Steinklee	Gänsefingerkraut	Schöllkraut
Stiefmütterchen	Goldrute	Spitzwegerich
	Hopfen	Thymian
	Huflattich	Wasserdost
	Johanniskraut	Weinraute

Bäume und Sträucher

Pflanzzeit für Laub abwerfende Bäume und Sträucher ist der Herbst, sobald die Blätter fallen. Nadelhölzer werden nach ihrem Neutrieb ausgepflanzt, also von August bis September.

Heilkräftige Bäume und Sträucher

Birke	Hagebutte	Himbeere	Wacholder
Eiche	Heidelbeere	Holunder	Weißdorn
Fichte		Linde	

So vermehren Sie ausdauernde (mehrjährige) Kräuter:

- Wurzelstockteilung

Die Teilstücke werden im Herbst oder Frühling verpflanzt, nachdem die oberirdischen Teile der Mutterpflanze eingekürzt wurden.

- Stecklingsschnitt

Dazu werden im Sommer die frischen, noch nicht verholzten Triebspitzen abgeschnitten. Die unteren Blätter werden entfernt, danach kommen die Triebspitzen in kleine Blumentöpfe mit einem mageren Kompost-Sand-Gemisch.

Düngung

Mit Dünger sollten Sie bei Heilpflanzen möglichst sparsam umgehen; geben Sie natürlichen Düngemitteln den Vorzug gegenüber industriellen Produkten. Vergessen Sie nicht, dass Heilpflanzen auch unerwünschte Substanzen aus dem Boden in sich aufnehmen und später – etwa als Tee – an den Menschen weitergeben können!

Pflanzenschutz durch Kräuter

Mit Ausnahme der Beerensträucher werden Heilpflanzen nur selten Opfer von Krankheiten oder Schädlingen. Einige können sogar selbst als Pflanzenschutzmittel eingesetzt werden.

Ringelblumen schützen vor dem Befall durch Wurzelälchen. Das sind Würmer, die sich gern an Möhren, Kartoffeln und Erdbeeren zu schaffen machen. Ringelblumen können daher als Gemüsebeetschutz ausgesät werden.

Thymian Ameisen machen einen großen Bogen um ihn. Wer ihn an Häuserwänden pflanzt, schützt sein Haus vor den winzigen Krabbeltieren.

Schachtelhalm Als Tee zubereitet, hilft er gegen Blattfleckenkrankheiten, echten und falschen Mehltau sowie Kohlhernie und Himbeerenpilze. Er stärkt außerdem die Widerstandskraft der Pflanzen gegen Rosterkrankungen.

Brunnenkresse schützt – ausgestreut auf Baumscheiben – vor Blutläusen.

Brennnessel Brennnesseljauche schützt vor Grauschimmel, Knollenfäule und Kartoffelkäfern.

Kamille Im Wechsel mit Schachtelhalm- und Brennnesselbrühe ist Kamillensud ein gutes Heilmittel gegen Himbeerenpilze.

Zubereitungen aus der ganzen Pflanze heilen besser als ihre isolierten Wirkstoffe.

Die wichtigsten Wirkstoffe

Flavonoide

Flavonoide sind eine weit verbreitete Gruppe von pflanzlichen Inhaltsstoffen und aufgrund ihrer krebshemmenden, entzündungshemmenden und verdauungsfördernden Eigenschaften einer der Hauptgründe dafür, dass die vegetarische Ernährung der tierischen Kost gesundheitlich weit überlegen ist.

Derzeit sind etwa 5000 verschiedene Strukturen von Flavonoiden bekannt. Zu den bedeutendsten zählen Querzitrin und Querzetin. Sie sind wirkungsvolle Hemmer des Enzyms Monoaminoxydase (MAO). Diese Substanz blockiert im Gehirn die Aktivitäten von Serotonin, das im Körper das Gefühl von Glück und Zufriedenheit hervorruft. Darüber hinaus begünstigt sie die Entstehung von Krebstumoren im Darm. Wenn also Querzetin und Querzitrin diese MAO-Substanz in ihrer Arbeit blockieren, bedeutet das, dass sie auf der einen Seite Serotonin und damit Glücksgefühle freisetzen, auf der anderen Seite jedoch die Entwicklung von Krebstumoren im Darm verhindern.

Querzetin hemmt außerdem in hohen Dosierungen das Wachstum von Viren. In niedrigeren Dosierungen wirkt es zumindest vorbeugend.

Neben Querzetin und Querzitrin existieren in den Heilpflanzen noch eine ganze Reihe von »Spezialflavonoiden«, in denen ein bestimmter Wirkungseffekt besonders betont wird. Flavonoide sind hitzestabil, d.h., dass sie durch Erhitzen, etwa bei der Teezubereitung, nicht vernichtet werden.

Mittlerweile ist es zwar gelungen, einen Teil der in den Heilpflanzen vorhandenen Wirkstoffe wissenschaftlich exakt zu erfassen; doch gleichzeitig ist erwiesen, dass isolierte Wirkstoffe niemals in der Weise wirken wie die Pflanze als Ganzes. Das Biolabor Pflanze ist bislang für die Wissenschaft nicht vollständig zu entschlüsseln – ein klares Argument für einen verstärkten medizinischen Einsatz von ganzen Heilpflanzen und ihren Zubereitungen!

Gerbstoffe

Sie verketten Eiweißstoffe in unlöslichen Verbindungen, die nicht mehr von Mikroparasiten verwertet werden können. Darüber hinaus wirken Gerbstoffe adstringierend, d.h., dass sie Gewebe zusammenziehen und die dortige Durchblutung drosseln. Dadurch werden Entzündungen gehemmt, und Mikroparasiten können kaum mehr ins Gewebe vordringen.

Wichtig ist auch die Auswirkung der Gerbstoffe auf den Darminhalt: Sie entziehen ihm Wasser, was bei der Behandlung von Durchfallerkrankungen von großer Bedeutung ist.

Überdurchschnittlich gerbstoffhaltige Pflanzen wie Eichenrinde, Blutwurz oder Odermennig gelten als ideale Heilmittel bei nässenden Hautekzemen, Durchfall und Darmentzündungen sowie Entzündungen der Mund- und Rachenschleimhaut. Schließlich eignen sich Gerbstoffe zur Kräftigung des Herzmuskels. Von bestimmten gerbstoffreichen Pflanzen wie Johanniskraut und Melisse weiß man, dass sie bei Herzinsuffizienz sehr hilfreich sein können. Interessanterweise haben ebenfalls sehr gerbstoffreiche Pflanzen wie Eichenrinde oder Blutwurz jedoch nicht diese Wirkung.

So wertvoll Gerbstoffe in der Therapie sein können, in Überdosierung können sie schwere Schäden am Verdauungsapparat verursachen. Eine Ausnahme davon bilden etwa die Gerbstoffe der Heidelbeere: Sie sind an Farbsubstanzen gekoppelt und werden dadurch in ihrer Wirkung gestreckt.

Saponine

Saponine entfalten eine ganze Palette von Wirkungen. So verändern sie die Schleimkonsistenz und erleichtern dadurch das Abhusten. Saponine wirken außerdem krebshemmend, antibiotisch, das Immunsystem stärkend und cholesterinsenkend. Einige »Spezialsaponine« – wie etwa die der Goldrute – haben einen starken harntreibenden Effekt. In sehr hohen Dosierungen können Saponine das Blutbild negativ beeinflussen.

Senföle

Senföle sind scharf schmeckende Stoffe, die einen starken hautreizenden Effekt besitzen und in hohem Maß antibiotisch wirken. Senföllieferant Nummer eins unter den hiesigen Heilpflanzen ist die Brunnenkresse.

Ätherische Öle

Bisher konnten etwa 1500 verschiedene ätherische Öle isoliert werden. Ihre chemischen Grundbausteine sind die sogenannten Terpene.

Für den Menschen sind ätherische Öle von großer Bedeutung als Aromastoff, darüber hinaus wirken sie antiseptisch und – äußerlich aufgetragen – durch ihr Verdampfen kühlend. Man nimmt an, dass sie auch krebshemmend sein können.

Einige ätherische Öle wirken hautreizend. Dazu gehören die Öle von Fichtennadel und Wacholderbeere. Durch diese Reize werden in tieferen Gewebeschichten entzündungshemmende Vorgänge ausgelöst. Vollbäder mit Fichtennadel oder Wacholderbeere setzt man daher zur Therapie von Gicht und anderen rheumatischen Erkrankungen ein.

Einige ätherische Öle wirken krampflösend und schleimlösend. Dazu zählen vor allem die Öle von Kümmel, Kamille und Thymian. Die ätherischen Öle von Baldrian wirken beruhigend und schlaffördernd.

In Überdosierung können bestimmte ätherische Öle längerfristig zu Schädigungen an Bronchien, Nervensystem, Leber und Nieren führen. Pflanzen mit hohem Anteil an ätherischen Ölen sollten daher nicht über längere Zeit verwendet werden.

Vitamine

Vitamine gehören zu den essenziellen Bestandteilen der Nahrung. Ihre Aufgabe besteht im Wesentlichen darin, chemische Prozesse in Gang zu setzen. In dieser Hinsicht ähneln sie Enzymen und Hormonen.
Es gibt einige Heilpflanzen, die ihren therapeutischen Wert zu einem großen Teil ihrem hohen Vitaminanteil verdanken. Dazu gehören Petersilie, Löwenzahnblätter, Brennnesselblätter, Brunnenkresse, Hagebutten und Holunderbeeren. Sie enthalten enorme Mengen an Vitamin A und Vitamin C, in einigen Pflanzen befinden sich auch noch hohe Anteile bestimmter B-Vitamine.

Da der Körper Vitamine nicht selbst produzieren kann, müssen sie ihm mit der Nahrung zugeführt werden. Bei einer abwechslungsreichen Ernährung mit einem ausreichenden Anteil Frischkost ist das meist kein Problem. Erhöhten Vitaminbedarf haben jedoch z. B. einseitig ernährte Menschen, Raucher, Kranke und Schwangere. Auch hier können Heilkräuter oft rasch Abhilfe schaffen.

Vitamin A Diesen Biostoff können Pflanzen nur in Form von chemischen Vorstufen, den sogenannten Karotinoiden, liefern, die im Körper in Vitamin A umgesetzt werden. Um eine relevante Menge Vitamin A herstellen zu können, braucht der Körper große Mengen an Karotinoiden. Der Karotingehalt von einigen Pflanzen wie Ringelblume und Petersilie ist aber so hoch, dass sie für unsere Vitamin-A-Versorgung sehr wichtig sein können.
Vitamin A stabilisiert die Immunabwehr und hält uns jung, indem es den sogenannten »epidermal growth factor« an den Gewebezellen fördert, einen Faktor, der über die Regenerationsfähigkeit der Zellen entscheidet. Außerdem hält das Vitamin unsere Schleimhäute feucht und wirkt dadurch vorbeugend und therapeutisch bei Erkrankungen wie Gastritis (Magenschleimhautentzündung), Husten, Bindehaut- und Rachenentzündun-

Frischkost und abwechslungsreiche Ernährung sorgen für einen gesunden Vitaminhaushalt.

gen. Allgemein bekannt ist schließlich die Beteiligung von Vitamin A an der Produktion des Sehfarbstoffs Rhodopsin.

Vitamin B Die B-Vitamine zählen zu den wichtigen Biostoffen der Heilkräuter, denn sie sind wasserlöslich, und das bedeutet, dass sie vollständig in die Teeaufgüsse der Pflanzen übergehen. Die wichtigsten B-Vitamine sind:

- Thiamin (Vitamin B1). Als »Dosenöffner« für den Brennstoff Glukose sorgt es dafür, dass unsere Nervenzellen ausreichend mit Energie versorgt werden. Hoch dosiertes Thiamin wirkt schmerzlindernd.
- Pyridoxin (Vitamin B6). Dieses B-Vitamin unterstützt das Verstoffwechseln der Aminosäuren und damit den Aufbau der Proteine. Es ist außerdem ein wichtiges Steuerungsinstrument für die Arbeit unserer Nerven.
- Biotin. Zu seinen wesentlichen Funktionen gehören der Aufbau von Energiereserven in Leber und Muskeln sowie der Aufbau von Haut, Haaren und Fingernägeln.
- Folsäure. Sie sensibilisiert die Bildung von Antikörpern, ist also an der allgemeinen Mobilmachung des Immunapparats beteiligt. Folsäure fördert außerdem die Produktion des »Glückshormons« Noradrenalin.

Hagebuttentee hat auch nach dem Aufbrühen noch einen hohen Vitamin-C-Gehalt.

Vitamin C Dadurch, dass es den Fresszellen unseres Immunsystems Appetit auf ungebetene Eindringlinge wie Viren und Bakterien macht, ist es das für die körpereigene Abwehr wichtigste Vitamin. Als »Radikalefänger« spielt es eine wichtige Rolle bei der Vorbeugung vor Krebsgeschwüren, außerdem reduziert es das Risiko von Arteriosklerose und Herzinfarkt. Schließlich verbessert es auch die Kalzium- und Eisenaufnahme unseres Körpers, wodurch es für Frauen unentbehrlich wird bei der Vorbeugung von Blutarmut und Osteoporose.

Die meisten Vitamine – vor allem aber Vitamin C – sind überaus hitze und lichtempfindlich. Langes Lagern und die Teezubereitung von Kräutern, die aufgrund ihres Vitamingehaltes wirken sollen, sind daher sinnlos. Ihr Heileffekt wird nur durch das frische und roh verzehrte Kraut erzielt – es sei denn, ihr Vitamin-C-Gehalt ist so hoch, dass er trotz der Verluste beim Aufbrühen therapeutisch wertvoll bleibt. Dies ist z. B. bei der Hagebutte der Fall.

Mineralien

Einige Heilpflanzen entfalten ihre Wirkung hauptsächlich über ihren Mineraliengehalt. Dazu gehören Brennnessel und Schachtelhalm aufgrund ihrer Kieselsäurewerte sowie Petersilie und Stiefmütterchen wegen ihres hohen Kalziumanteils.

Kieselsäure ist unentbehrlich für die Gesundheit von Nägeln und Haaren. In hoher Dosierung wirkt sie harntreibend.

Kalzium wird für den Aufbau von Knochen und Zähnen benötigt.

Im Mörser werden die getrockneten Kräuter zu Pulver verarbeitet.

Heilpflanzen richtig zubereiten

Öle

Heilpflanzenöle kommen in der Regel äußerlich zum Einsatz. Gerade als Ölauszug sind entzündungshemmende und wundheilende Pflanzen wie etwa Johanniskraut sehr wirksam.

Grundrezept Weißweinöl
Kräuteröl mit Weißwein hat einen wunderbar kühlenden Effekt. Es ist mehrere Monate lang haltbar.

- 500 g frisch geerntetes Kraut 3 Tage in einer Mischung aus 100 ml Olivenöl und 1/2 l Weißwein ziehen lassen
- Die Mischung im Dampfbad erhitzen, bis sich der Wein verflüchtigt hat
- Öl durch ein Leinentuch gießen und auf kleine Fläschchen verteilen, die lichtundurchlässig sein sollten, damit sich die Wirkkraft des Auszugs länger erhält

Eines der wichtigsten und vielseitigsten Öle der Pflanzenheilkunde ist das Johanniskrautöl (auch: Johannisöl, Rotöl), das sich besonders zur äußerlichen Behandlung von offenen und stumpfen Verletzungen eignet.

Grundrezept Standardöl

- 100 g frisch geerntetes Kraut mit 500 ml Olivenöl vermischen und in eine Flasche aus ungefärbtem Glas füllen
- 6 Wochen lang gut verschlossen auf der Fensterbank stehen lassen, dabei möglichst täglich schütteln
- Durch ein Leinentuch oder einen Kaffeefilter abseihen und den Kräutersatz gut auspressen
- Auf kleine Fläschchen verteilen, die lichtundurchlässig sein sollten

Pulver

Pulver eignet sich zur innerlichen Anwendung nur dann, wenn die Wirkung des betreffenden Krautes besonders schnell und intensiv erfolgen muss. Ansonsten kann man es Pasten und Cremes (z. B. Zahnpasten) beimischen. Im Unterschied zum normalen getrockneten Kraut besitzt Pulver relativ viel Oberfläche und trocknet dadurch schneller aus. Es muss daher nach der Herstellung direkt verarbeitet werden. Für die Pulverproduktion werden die getrockneten Pflanzenteile im Mörser zerkleinert.

Tinkturen

Eine Tinktur stellt man in der Regel mit 70-prozentigem Alkohol her. Verdünnt mit zwei oder drei Teilen Wasser, eignen sich Heilpflanzentinkturen zum Gurgeln und Spülen.
Äußerlich werden Tinkturen – meistens ebenfalls verdünnt – zur Behandlung von Hautekzemen, Akne, Hautpilzen und Furunkeln eingesetzt. Am besten nehmen Sie hierzu einen Wattebausch, den Sie mit einigen Tropfen der Tinktur benetzen und auf die betreffenden Stellen tupfen. Bei stumpfen Verletzungen wie Muskelzerrungen, Verstauchungen oder »blauen Flecken« können Tinkturen für Umschläge eingesetzt werden.
Aufgrund ihres hohen Alkoholgehaltes dürfen Tinkturen aber niemals unverdünnt mit offenen Wunden in Berührung kommen!

Aufgrund ihres hohen Alkoholgehaltes dürfen Tinkturen nicht unverdünnt auf offene Wunden kommen. Für alkoholgefährdete Menschen ist die Einnahme von Tinkturen ungeeignet.

Grundrezept Tinktur
- 20 g des frischen oder getrockneten Krauts zerkleinern
- In 100 ml 70-prozentigem Alkohol 10 Tage ziehen lassen
- Abseihen und in dunkle Fläschchen füllen, die mit einem Tröpfchenzählaufsatz ausgestattet sein sollten

Säfte

Säfte haben den Vorzug, dass sie direkt aus der frischen Pflanze gewonnen und – wenn man sie selbst herstellt – direkt nach der Saftgewinnung getrunken werden. Dadurch können bei Zubereitung und Lagerung keine Vitamine verloren gehen.
Säfte sind also vor allem bei denjenigen Pflanzen sinnvoll, deren therapeutischer Wert stark durch die Vitamine bestimmt wird.

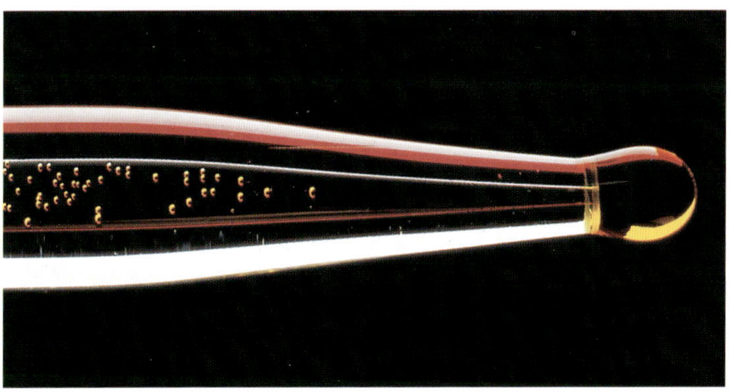

Tinkturen eignen sich zur äußerlichen und – verdünnt – auch zur innerlichen Anwendung.

Die Saftgewinnung ist vor allem bei Pflanzen sinnvoll, die sich durch einen hohen Vitamingehalt auszeichnen. Dazu gehören Brennnesseln, Löwenzahnblätter, Petersilienblätter, Heidelbeeren und Himbeeren.

Grundrezept Saft

Die ergiebigsten Saftlieferanten sind naturgemäß Beerenfrüchte wie etwa Holunder- oder Himbeeren. Ihr Saft ist praktisch fertig, wenn man die Früchte in der Saftzentrifuge oder im Handpresser ausgedrückt hat. Andere Pflanzenteile wie Wurzeln, Blätter und Stängel sind weniger ergiebig. Ihr Saft schmeckt außerdem sehr streng und wird daher mit fünf bis zehn Teilen Wasser oder anderen Säften verdünnt. Die meisten Heilkräutersäfte schmecken sauer oder bitter. Süßen Sie nicht nach, sondern mischen Sie den problematischen Saft mit anderen, besser schmeckenden Säften; Brennnesselsaft wird beispielsweise erträglicher, wenn man ihn mit Möhren- oder Tomatensaft mischt.

Salben

Salben sind angezeigt bei Entzündungen auf trockener und spröder Haut. Von außerordentlich großer Wirkung ist hier die Ringelblumensalbe.
Bei fettender und großporiger Haut sind Salben weniger empfehlenswert, da sie den Fettfilm auf der Haut noch weiter anwachsen lassen. Hier sind Öle und Tinkturen sinnvoller.

Diese Zubereitung macht natürlich nur für äußerlich anzuwendende Pflanzen Sinn. Ausgangssubstanz ist ein Heilkräuteröl (→ Grundrezept siehe Seite 20).

Grundrezept Salbe

- 500 ml Kräuteröl sanft erhitzen
- 3 EL Lanolin (Wollfett) und 50 g Bienenwachs hineinrühren
- Sobald alles geschmolzen ist, den Topf vom Herd nehmen und die Masse mit dem Schneebesen schlagen, bis sie abgekühlt und dick geworden ist
- Wer die Wirkung der Salbe erhöhen will, kann noch etwas Kräutertinktur hineinrühren

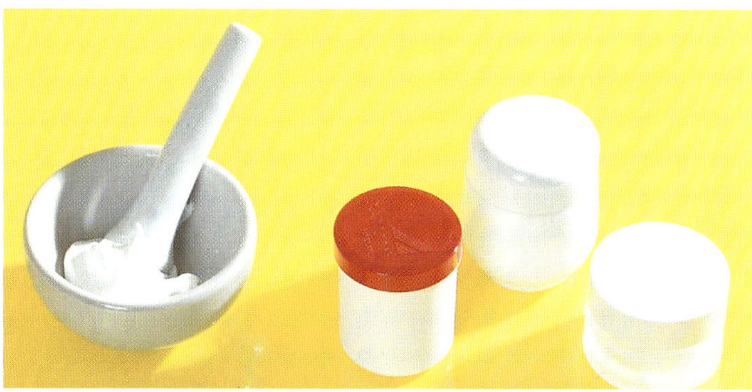

Basis für die Herstellung von Salben ist ein Heilkräuteröl.

Tees

Beim Überbrühen oder Erhitzen des Heilkrauts kommt es natürlich zu chemischen Prozessen, die sich von denen beim kalten Öl- oder Alkoholauszug unterscheiden. Bestimmte Wirkungen können durch die Zubereitung als Tee betont werden: Bei auf die Seele wirkenden Kräutern wie Baldrian oder Johanniskraut werden so beispielsweise die angsthemmenden Einflüsse in den Vordergrund gestellt. Es können aber auch Wirkungen zurückgedrängt werden; so ist beispielsweise Kamillentee nicht so entzündungshemmend wie Kamillentinktur. Der Vitamingehalt in Teezubereitungen ist grundsätzlich stark reduziert. Für die Teezubereitung werden in der Regel getrocknete Pflanzenteile verwendet; in den wenigen Ausnahmefällen ist dies jeweils in den Rezepten vermerkt. Je länger ein Tee zieht, umso mehr Gerbstoffe enthält er; entsprechend stärker ist deren Wirkung auf die Schleimhäute von Darm, Bronchien, Mund und Rachenraum. Ein Tee sollte allerdings nicht länger als zwölf Minuten ziehen. Grundsätzlich gibt es zwei Arten der Teezubereitung.

Tees sollten nicht länger als zwölf Minuten ziehen.

Welche Pflanze erfährt welche Teezubereitung?
Heiße Teeaufgüsse: z. B. Augentrost, Baldrian, Brennnesselblätter, Huflattich, Kamillenblüten, Kornblumen, Johanniskraut, Ringelblumenblüten, Salbei, Spitzwegerich, Thymian und Weißdorn.
Kalt angesetzte Abkochungen: z. B. Beinwellwurzeln, Blutwurz, Eichenrinde, Mistel, Löwenzahn- und Petersilienwurzeln.

Grundrezept Tee als Abkochung

Abkochungen eignen sich für harte Pflanzenteile wie Rinde, Wurzeln und Hölzer, wodurch deren Gerbstoffwirkungen zum Tragen kommen (etwa bei Quecke, Eichenrinde und Blutwurz; bei Baldrianwurzel geht es um die ätherischen Öle, sie werden daher als Aufguss zubereitet).

- 2–3 TL oder 1 EL der getrockneten Pflanzenteile mit 1 großen Tasse (200–250 ml) kaltem Wasser aufkochen

Grundrezept Tee als Aufguss

Teeaufgüsse bilden den Löwenanteil der Heilkräuteranwendungen; sie eignen sich für eher weiche Pflanzenteile wie Blätter, Stängel und Blüten.

- 2–3 TL oder 1 EL der getrockneten Pflanzenteile mit 1 großen Tasse (200–250 ml) kochendem Wasser übergießen
- 10 Minuten ziehen lassen, dabei am besten mit einem Tuch abdecken, damit sich die ätherischen Öle nicht verflüchtigen
- Durch Teesieb, Leinentuch oder Kaffeefilter abseihen

Bäder

Vollbad Vollbäder gehören zu den bei den Patienten beliebtesten Anwendungen. Die meisten Menschen fühlen sich danach warm durchflutet und wohlig entspannt. Allerdings löst ein Vollbad diese Wirkungen auch ohne Kräuterzusätze aus, allein durch seine Temperatur. Und die dem Vollbad zugesetzten Heilkräuter können auch durch andere Methoden zum Einsatz kommen. So sind für die innerliche Anwendung Tees und Inhalationen und für die äußerliche Dampfbäder, Teilbäder, Auflagen und Umschläge meistens sogar besser geeignet. Da Vollbäder außerdem aufgrund ihres Energie- und Wasserverbrauchs vergleichsweise teuer und umweltbelastend sind, sollten sie in der Pflanzenheilkunde eher die Ausnahme sein.

Beachten Sie:
Nach jedem Vollbad sollte man sich lauwarm oder am besten kalt abduschen und etwa 30 Minuten ruhen.

Grundrezept Vollbad
- 2 Handvoll – je nach Rezept frische oder getrocknete – Pflanzenteile ins heiße Badewasser (38 °C) streuen
- Maximal 15 Minuten baden

Sitzbad/Finger- oder Fußbad Ein Sitzbad stellt eine sinnvolle Alternative zum Vollbad dar, wenn Sie Hämorrhoiden und Hauterkrankungen im Gesäß-, Anal- und Genitalbereich behandeln möchten. Verwenden Sie dazu eine spezielle Sitzbadewanne (Sanitärbedarf) oder eine ausreichend große Schüssel oder Plastikwanne, die Ihnen genug Platz zum bequemen Sitzen lässt. Finger- oder Fußbäder kommen bei Nagelbettentzündungen, bei Pilzerkrankungen der Finger- und Zehennägel und bei Fußpilz und Fußschweiß zur Anwendung.

Grundrezept Sitzbad/Finger- oder Fußbad
- 3 EL – je nach Rezept frische oder getrocknete – Pflanzenteile in ein Leinensäckchen geben und mit 1 l kochendem Wasser überbrühen (je nach Größe der Wanne entsprechend multiplizieren)
- Auf Körpertemperatur abkühlen lassen und Leinensäckchen entfernen
- Sitzbad: mehrmals täglich etwa 10 Minuten lang in die Wanne setzen
- Finger- oder Fußbad: mehrmals täglich für etwa 10 Minuten Finger oder Füße in Wanne oder Schüssel baden

Kopfdampfbäder und Inhalationen

Bei der Inhalation atmen Sie die flüchtigen Pflanzenheilstoffe ein; sie wird daher in der Regel zur Therapie von Atemwegserkrankungen eingesetzt. Beim Kopfdampfbad geht es um die Heil- und Kosmetikwirkungen auf die Haut.

Grundrezept Kopfdampfbad/Inhalation

- 1 Handvoll – je nach Rezept frische oder getrocknete – Pflanzenteile mit 1 l kochendem Wasser übergießen
- 10 Minuten ziehen lassen, nicht abseihen
- Stellen Sie den Aufguss in einer breiten Wanne oder Schüssel auf den Tisch, setzen Sie sich davor, und neigen Sie den Kopf über den Dampf
- Kopf, Schultern und Schüssel bzw. Wanne werden mit einem Handtuch zeltartig abgedeckt
- Atmen Sie 5–10 Minuten lang abwechselnd durch Mund und Nase ein und aus

Waschen Sie nach der Inhalation/dem Kopfdampfbad Ihr Gesicht mit lauwarmem Wasser ab! Gehen Sie nach der Anwendung nicht direkt an die frische Luft.

Bei Inhalationen und Kopfdampfbädern sollten Sie langsam und entspannt atmen; es geht nicht darum, extrem tief oder schnell zu atmen, das würde bei empfindlichen Menschen Schwindel und Benommenheit hervorrufen!

Auflagen und Umschläge

Sie werden meistens zur Behandlung von Hauterkrankungen, verkrusteten Wunden und stumpfen Verletzungen wie Muskelzerrungen, Prellungen oder Quetschungen eingesetzt.

Statt mit Kräutertees können Auflagen und Umschläge auch mit verdünnten Tinkturen und Ölen getränkt werden. Hier dominiert dann allerdings der kühlende Effekt. Sinnvoll sind beispielsweise Johanniskrautölauflagen für die Behandlung von stumpfen Sportverletzungen.

Grundrezept Auflagen/Umschläge

- Ein Stück Stoff (z. B. Stoffserviette, Leinentuch, Mulltuch) in Kräutertee tauchen (heißer Tee: für die Folgebehandlung von stumpfen Verletzungen, kalter Tee: für die erste Hilfe von stumpfen Verletzungen und die Folgebehandlung von offenen Wunden)
- Auf die betroffene Stelle legen oder locker um den betroffenen Körperteil wickeln
- Erneuern, sobald der Umschlag abgekühlt (bei heißen Umschlägen) bzw. durchwärmt (bei kalten Umschlägen) ist; mehrmals täglich wiederholen

Homöopathische Mittel werden sorgsam gemischt.

Homöopathische Anwendungen

Entstehung der Homöopathie

Der deutsche Arzt Samuel Hahnemann (1755–1843) ist der Begründer der Homöopathie. Tief enttäuscht von den ihm vermittelten Behandlungsweisen, forschte er jahrelang an einem grundlegend andersartigen Heilverfahren. 1796 veröffentlichte er erstmalig seine Heilmethode und gab dieser den Namen Homöopathie. Bis zu seinem Tod führte er unzählige Selbstversuche durch, erforschte und verwendete die C- und die LM-Potenzen und schrieb einige wissenschaftliche Werke über die Homöopathie, welche noch heute von Bedeutung sind.
Zentrale Bedeutung in der Homöopathie hat das Potenzieren. Hahnemann hatte festgestellt, dass nach Gabe der Urtinkturen seine Patienten oft zu heftig reagierten. Daraufhin verdünnte er diese. Er beobachtete, dass seine Mittel umso wirksamer wurden, je mehr er sie verdünnte: wenn er die Ausgangssubstanzen in mehreren Schritten verdünnte und die Mischungen dabei rhythmisch schüttelte oder stundenlang verrieb.

Homöopathische Arzneien werden aus pflanzlichen, tierischen und mineralischen Substanzen hergestellt.

Das Ähnlichkeitsgesetz

Als Grundlage der homöopathischen Behandlung gilt das Ähnlichkeitsgesetz: Ähnliches wird durch Ähnliches geheilt. Hahnemann hatte beobachtet, dass diejenige Substanz, deren Einnahme in konzentrierter Form beim Gesunden eine Folge typischer Beschwerden hervorruft, einem kranken Menschen, der ähnliche Symptome als Zeichen seiner Krankheit aufweist, in homöopathischer Verdünnung zur Heilung verhilft. Er gab diesem Heilverfahren die Bezeichnung »Homöopathie«; dies bedeutet im Griechischen »dem Leiden ähnlich«.

Potenzieren bedeutet, einen natürlichen Stoff mittels Verdünnen und Verschütteln/Verreiben wirksamer zu machen.

Wirkungsweise der Homöopathie

Die Homöopathie ist mit den Gesetzen der Chemie nicht erklärbar, sie steht sogar zu dieser in einem deutlichen Gegensatz. Auf der Basis der Quantenphysik gibt es – noch unbewiesene – Erklärungsmuster für die Wirkung homöopathischer Arzneien.
Im Umgang mit der Homöopathie zeigt sich, dass homöopathische Mittel – bei fachgemäßer Anwendung – in spezifischer Weise die Selbstheilungskräfte des Menschen entfachen.

Eine ganzheitliche Behandlungsmethode

Die Homöopathie betrachtet immer den ganzen Menschen. Neben den körperlichen Symptomen sind sowohl der seelische und geistige Zustand des Kranken als auch seine aktuelle Lebenssituation von großer Bedeutung. Sie behandelt nicht Symptome wie Husten, Durchfall oder Migräne, sondern den aus seinem inneren Gleichgewicht geworfenen kranken Menschen. Deshalb kommt ein und dasselbe homöopathische Mittel bei den verschiedensten Beschwerdebildern zur Anwendung, während umgekehrt für ein Symptom wie Schnupfen eine Vielzahl verschiedener homöopathischer Arzneien infrage kommen.

Die Potenzen

Sie können in Deutschland C-, LM- oder D-Potenzen erwerben, welche in Hunderter-, Fünfzigtausender- oder Zehnerschritten verdünnt und verschüttelt/verrieben werden. Sie erhalten die jeweiligen Mittel in flüssiger Form, als Pulver, Tabletten oder als Globuli (Streukügelchen). In diesem Buch wird aufgrund der positiven Erfahrung die Verwendung von C-Potenzen in flüssiger Verdünnung oder als Globuli empfohlen.

Die genaue Dosierung und Arzneiform entnehmen Sie bitte der Beschreibung bei der jeweiligen Heilpflanze.

Die Erstverschlimmerung

Bei der Behandlung lang anhaltender chronischer Krankheiten kann es zu einer sogenannten Erstverschlimmerung kommen. Hierbei wird der chronische Krankheitszustand in einen akuten überführt, was zur Heilung notwendig sein kann. Sollte es nach Einnahme homöopathischer Einzelmittel zu einer Erstverschlimmerung kommen, wenden Sie sich bitte umgehend an einen erfahrenen homöopathischen Behandler.

Die homöopathische Behandlung chronischer Beschwerden sollte immer unter Anleitung eines Homöopathen erfolgen.

Die Modalitäten, das Arzneimittelbild, das Leitsymptom

Der Begriff Modalitäten bedeutet: Welche äußeren Einflüsse, Maßnahmen, Tageszeiten und Ereignisse bessern oder verschlechtern das Befinden und das Beschwerdebild? Die Modalitäten der Erkrankung müssen mit denen der jeweiligen Arznei übereinstimmen.

Unter dem Begriff Arzneimittelbild versteht man ein charakteristisches Symptomenbild, das ein bestimmtes homöopathisches Arzneimittel beim Kranken zur Ausheilung bringen kann.

Leitsymptome sind Krankheitssymptome, die für eine bestimmte Arznei von besonders charakteristischer Bedeutung sind.

Kräutermischungen haben sich besonders bei Krankheiten bewährt, die auf unterschiedliche Ursachen zurückzuführen sind.

Heilpflanzen richtig mischen

Meist reicht die Einzelpflanze

Jede einzelne unserer Heilpflanzen besitzt nicht nur einen einzigen Wirkstoff und hilft nicht nur gegen eine einzige Krankheit. Sie stellen im Gegenteil Heilmittel mit jeweils einer ganzen Palette von fein aufeinander abgestimmten Wirkstoffen und Heilwirkungen dar. Einige Kräuter wie etwa Thymian, Kamille und Johanniskraut sind eigentlich Universalheilmittel.

Von daher ist es nicht in jedem Fall nötig, gegen eine bestimmte Krankheit gleich mit einer ganzen Palette von Heilpflanzen vorzugehen. Wer etwa unter starkem grippalen Husten leidet, ist bei Huflattich *oder* Thymian *oder* Quecke ganz richtig aufgehoben. Durchfall lässt sich wirksam mit Eichenrinde *oder* Blutwurz *oder* Heidelbeeren behandeln; es ist nicht nötig, die Pflanzen miteinander zu vermischen.

Der Satz »Mehr hilft mehr« gilt also nicht für die Pflanzenheilkunde. Wer drei wirkungsähnliche Kräuter miteinander kombiniert, erreicht nicht die dreifache Wirkung.

Wann ist eine Kräutermischung sinnvoll?

In der Literatur findet man immer wieder Rezepte, in denen fünf, sechs oder sogar noch mehr Pflanzen miteinander kombiniert sind. Aus wissenschaftlicher Sicht macht das nur wenig Sinn. Denn aus einer derartigen Kombinationswut entsteht ein Wirkungsgeflecht, das kaum zu entwirren ist. Außerdem gehen Pflanzen, die zwar therapeutisch wertvoll sind, aber nicht sehr intensiv wirken, in solchen Mischungen einfach verloren.

Dennoch können Heilkräutermischungen sehr sinnvoll sein. Denn einige Heilpflanzen unterstützen sich in ihren Wirkungen gegenseitig, so dass tatsächlich aus mehreren kleinen Dolchspitzen eine große Speerspitze gegen eine Krankheit werden kann.

Ergänzende Mischungen haben sich besonders bei Erkrankungen bewährt, die unterschiedliche Ursachen und Symptome besitzen. Dazu gehören vor allem psychische Störungen wie Ängste und Depressionen sowie psychosomatisch mitbedingte Erkrankungen wie Gastritis, Psoriasis und Allergien. Beschwerden mit eindeutiger Ursache – wie etwa Unfallverletzungen – sollten zunächst mit nur einem Kraut behandelt werden.

Mischungen empfehlen sich außerdem dann, wenn bestimmte Kräuter die Nebenwirkungen von anderen Pflanzen mildern sollen.

Nicht zu vergessen ist schließlich der geschmackliche Aspekt: Einige Heilkräuter schmecken sehr bitter, doch wenn man sie mit anderen mischt, können sie für Zunge und Gaumen erträglich werden. So kann man z.B. eine Johanniskraut/Weißdornmischung durch etwas Pefferminze geschmacklich verbessern.

Kräutermischungen selbst zusammenstellen?

Grundsätzlich erscheint es durchaus nahe liegend, Kräuter nach eigenem Gutdünken zu mischen. Schließlich ist die Pflanzenheilkunde irgendwann einmal aus der Experimentierfreude von Menschen entstanden, die sich ihre Tees und Tinkturen selbst zubereitet und an sich selbst oder an anderen ausprobiert haben. Zwei Argumente sprechen dagegen: Erstens braucht man zum Mischen von Heilpflanzen ein solides Wissen aus Medizin, Pharmazie und Chemie. Denn einige Pflanzen passen einfach nicht zusammen. Gerbstoffreiche Pflanzen wie Blutwurz und Eichenrinde lassen sich beispielsweise nicht mit jeder x-beliebigen Pflanze kombinieren. Andere Heilkräuter schaukeln sich gegenseitig zu einem regelrechten »Nebenwirkungscocktail« hoch. Zweitens riskiert, wer einfach drauflosmischt, dass seine Mixtur nicht funktioniert. Und dadurch kann der Heilungsverlauf einer Krankheit verlängert werden und wichtige Zeit für die Therapie verloren gehen.

Mischungen können eine bestimmte Wirkung einer Pflanze betonen, sie können aber auch wertvolle Pflanzen in ihrer Wirkung blockieren. Hier vertraut man am besten auf die Erfahrungen von Wissenschaften und Volksmedizin.

Besser auf Erfahrung setzen

Wirkungsvoller und kostengünstiger ist es, auf die jahrtausendealten Erfahrungen der Volksmedizin und die Erkenntnisse der modernen Wissenschaften zu vertrauen.
In dieses Buch wurden nur Mischungen aufgenommen, die sich in Volks- oder Schulmedizin bereits bewährt haben und deren Einsatz aus moderner pharmazeutischer Sicht sinnvoll erscheint. Außerdem wurde darauf geachtet, dass sie nicht zu aufwendig in der Herstellung sind.

Wenn man Kräuter mischt, greift man besser auf erprobte Kombinationen zurück.

Heilpflanzen von A bis Z

Arnika

Arnica montana und *Arnica chamissonis*

Die Arnika hat ihren Namen wahrscheinlich vom griechischen »ptarmica« (= Nieskraut). Der Blütenstaub dieser Pflanze kann heftigen Niesreiz auslösen. Ihre medizinischen Eigenschaften als Wundheilmittel kommen eher in den deutschen Namen Stichkraut, Fallkraut und Bruchkraut zum Ausdruck.
Heute wird die Arnika überwiegend äußerlich bei stumpfen Verletzungen angewendet, die Homöopathie setzt sie auch innerlich ein.

Arnika (hier Arnica montana) steht unter Naturschutz und sollte in der Apotheke besorgt werden.

Die Merkmale

- Größe: 20–40 cm
- Stängel: drüsig behaart
- Blätter: eiförmig, am Stängel in Paaren, am Boden in Rosetten
- Blüten: sonnen- bis orangegelb
- Blütezeit: Juli/August
- Standort: ausgetrocknete Moore, Heideflächen, Gebirgswiesen

Andere Namen:
- **Altvaterkraut**
- **(Berg-)Wohlverleih**
- **Bruchkraut**
- **Fallkraut**
- **Stichkraut**

Richtig sammeln und anbauen

Arnika gehört zu den streng geschützten Pflanzen und darf in der freien Natur nicht gepflückt werden. Für den Hausgebrauch holt man sich die getrockneten Blüten aus der Apotheke.
Im heimischen Garten ist es schwierig, dieser alpinen Pflanze die geeigneten Bedingungen zu bieten. Am meisten Erfolg verspricht es, die Samen in eine Magerwiese einzustreuen.

Die Wirkstoffe

Arnika gehört wegen ihrer schmerzlindernden, entzündungshemmenden und muskelentspannenden Wirkung in die Hausapotheke eines Sportlers.

Sesquiterpenlaktone Die Hauptwirkstoffe der Arnikablüten wirken antibiotisch, entzündungshemmend, gerinnungshemmend und schmerzlindernd.

Flavonoide scheinen zusammen mit den Sesquiterpenlaktonen das Wachstum von Lungenkrebstumoren zu verlangsamen.

Ätherische Öle entspannen die Muskulatur und sorgen für einen angenehmen Kühleffekt, wenn sie äußerlich aufgetragen werden.

Heilwirkungen

- Entzündungen im Mund- und Rachenraum
- Muskel- und Gelenkschmerzen
- Muskelzerrungen
- Neuralgien (Nervenschmerzen)
- Prellungen
- Reizergüsse
- Verstauchungen

Prellungen an Knochen oder Gelenken sollten sofort mindestens 30 Minuten, Verletzungen im Muskelbereich 45 Minuten gekühlt werden. Zur Kühlung verwendet man am besten Eiswürfel, die in ein dickes Handtuch eingerollt wurden.

Anwendungsformen

Arnikaumschläge helfen bei Verrenkungen, Verstauchungen, Zerrungen und Blutergüssen, ebenso bei Neuralgien. Gurgeln mit Arnikatee hilft bei Entzündungen in Mund und Rachen.

Tinktur

- 100 g getrocknete Blüten 10 Tage in 1/2 l Alkohol weichen lassen, abfiltern und den Satz gut auspressen
- 1 TL Tinktur mit 1/4 l Wasser verdünnen
- Leinen- oder Zellstofftüchlein damit tränken
- Mindestens 4-mal pro Tag für 10 Minuten oder länger auflegen

Tee

- 1 EL getrocknete Arnikablüten mit 1 Tasse kochendem Wasser übergießen, 10 Minuten ziehen lassen und abseihen
- Leinen- oder Zellstofftüchlein damit tränken
- Mindestens 5-mal pro Tag für 10 Minuten oder länger auflegen
- Oder 3-mal täglich 5 Minuten mit dem Tee gurgeln

Vor der Selbsttherapie einer Neuralgie sollte die ärztliche Diagnose stehen. Denn so manche angebliche Trigeminusneuralgie stellt sich bei näherem Hinsehen als Stirn- oder Kieferhöhleninfekt heraus.

Homöopathie

Bei stumpfen Verletzungen verwendet man Arnika in der Potenz C30 und nimmt einige Tage lang einmal täglich drei Globuli bzw. Tropfen. Bei akuten Gelenkentzündungen, Lymphknotenentzündungen, Mundgeruch und schmerzhaftem Husten sollte man zweimal täglich fünf Globuli bzw. Tropfen C6 einnehmen. Bei Angina pectoris und degenerativen Herzerkrankungen gibt man dreimal täglich zehn Globuli bzw. Tropfen C4.

Vorsicht

Der Hautkontakt mit Arnikazubereitungen kann zu allergischen Reaktionen führen. Bei der innerlichen Anwendung besteht ein hohes Vergiftungsrisiko.

Augentrost siedelt sich bevorzugt auf Magerwiesen an.

Augentrost

Euphrasia rostkoviana

Der Augentrost gehört zu den Halbschmarotzern, weil er die Wurzeln der ihm benachbarten Graspflanzen anzapft. Deshalb gaben ihm die Bauern seine Beinamen Heuschelm, Nitnützle und Wiesengrind. Seinen Hauptnamen jedoch hat er von den Heilkundigen: 1485 wird er erstmals als Heilmittel »zu den blöden und tuncklen Augen« aufgeführt. Heute gilt er außerdem als eine der wirksamsten Heilpflanzen gegen Heuschnupfen.

Andere Namen:
- **Grummetblume**
- **Heuschelm**
- **Hirnkraut**
- **Milchdieb**
- **Nitnützle**
- **Wiesengrind**

Die Merkmale

- Größe: 5–25 cm
- Stängel: aufrecht, weich und drüsig behaart
- Blätter: gegenständig, eiförmig mit gezahnten Rändern
- Blüten: weiß mit violetten Längsadern, Unterlippe der Lippenblüten mit auffälligem gelben Fleck
- Blütezeit: Juli–September
- Standort: magere Wiesen, Waldränder, lichte Hänge

Richtig sammeln und anbauen

Geerntet wird zur Blütezeit das gesamte Kraut. Es muss schnell und sorgfältig getrocknet und dann lichtgeschützt in einer Blechdose aufbewahrt werden.
Wenn Sie in Ihrem Garten eine Magerwiese anlegen, kommt der Augentrost im Lauf der Zeit meistens von selbst hinzu.

Die Wirkstoffe

Aucubin Dieser Stoff gehört zu den Glykosiden und wirkt antibiotisch. Er hilft vor allem anfälligen Kindern mit schwachem Immunsystem, die häufig schwere Erkältungen bekommen.

Gerbstoffe spielen eine wichtige Rolle bei der Bekämpfung von Entzündungen im Darm und in den Atemwegen. Besonders erfolgreich ist die Anwendung des Augentrosts bei Erkrankungen mit kombinierten Symptomen an Augen und oberen Atemwegen, wie sie beispielsweise für die Pollenallergie (Heuschnupfen) typisch sind.

Heilwirkungen

- Augenlidentzündungen
- Bindehautentzündungen
- Gerstenkorn
- Heuschnupfen
- Husten
- Müde Augen

Anwendungsformen

Augentrosttee hilft bei Husten und Magenverstimmungen, auch infektanfällige Kinder kommen damit schneller wieder auf die Beine. Bei Gerstenkörnern sowie entzündeten Augen sollten innerliche und äußerliche Anwendung kombiniert werden.

Der bekannte Apotheker Mannfried Pahlow empfahl den Augentrost bei Kindern, die leicht Schnupfen und Husten bekommen, oft geschwollene Lymphdrüsen im Hals und tränende Augen haben sowie insgesamt wenig Widerstandskräfte besitzen. In der Fachterminologie sprach man hier früher von skrofulösen Kindern; heute ist dieser Begriff nur noch in der Naturheilkunde üblich.

Tee

- 1 TL Augentrost mit 1 Tasse heißem Wasser überbrühen
- 10 Minuten ziehen lassen und abseihen
- Bei Husten/Magenverstimmungen: täglich 2 Tassen trinken
- Für infektanfällige Kinder: täglich 1 Tasse trinken
- Bei Gerstenkörnern/Augenentzündungen: täglich abends 1 Tasse trinken

Umschlag

- 2 TL Augentrost mit 1 Tasse heißem Wasser überbrühen
- 10 Minuten ziehen lassen und abseihen
- Leinentüchlein damit tränken und mehrmals täglich auf die geschlossenen Augen legen

Homöopathie

Augentrost Euphrasia wird als Augentropfen D3 bei Bindehautentzündung und leichtem Heuschnupfen eingesetzt. In der Potenz C6 gibt man zweimal täglich fünf Globuli bei katarrhalischen Kopfschmerzen, bei starkem Fließschnupfen mit heftigem Husten, bei Heuschnupfen, bei Linsentrübung und bei ausgebliebener oder schmerzhafter, viel zu kurzer Monatsblutung in Verbindung mit Augenbeschwerden. Als Leitsymptom gilt die beißend-scharfe Tränenflüssigkeit bei mildem Nasensekret.

So halten Sie Ihre Augen in Form:

- Verzichten Sie nicht aus Eitelkeit allzu lange auf Ihre Sehhilfe.
- Stellen Sie Ihren Computermonitor so, dass das Tageslicht von der Seite kommt.
- Gönnen Sie Ihren Augen ein paar Ruhepausen. Telefonieren kann man z. B. auch mit geschlossenen Augen. Und: Schrauben Sie Ihren Fernsehkonsum zurück.

Vorsicht

Augentrosttee nicht in die offenen Augen geben! Bei innerlichen Anwendungen sollten nicht mehr als zwei Tassen Tee pro Tag getrunken werden.

Baldrian – ein wirksamer Bekämpfer von Prüfungsstress.

Baldrian

Valeriana officinalis

Wegen ihrer eigentümlichen Anziehungskraft auf Katzen wurde die Baldrianpflanze früher zur Behandlung von Sehstörungen verwendet, nach der Logik: Katzen lieben Baldrian, Katzen haben gute Augen, also muss Baldrian auch für menschliche Augen gut sein.
Heute schätzt man vor allem seine beruhigende Wirkung und setzt ihn daher als Schlafmittel und als Angsthemmer ein.

Die Merkmale

- Größe: bis zu 1,5 m
- Stängel: stehend, mit dünnen Furchen
- Blätter: unpaarig gefiedert mit schmalen, scharf gezähnten Abschnitten
- Blüten: weiß bis rosa; in hohen, weit verzweigten doldenähnlichen Blütenständen
- Blütezeit: Mai–September
- Wurzeln: Wurzelstock kurz und walzenförmig; einzelne Wurzeln kräftig entwickelt, rund und fingerlang, außen braun und innen weiß
- Geruch: typischer Baldriangeruch der getrockneten Wurzeln
- Standort: feuchte Wiesen, an Wassergräben

Andere Namen:
- **Hexenkraut**
- **Katzenwurzel**
- **Stinkwurz**
- **Tannmark**
- **Tollerjan**

Richtig sammeln und anbauen

Geerntet werden im Frühherbst (September/Oktober) die mindestens zweijährigen Wurzeln. Jüngere Pflanzen enthalten noch zu wenige Wirkstoffe. Die geernteten Wurzeln werden gereinigt, auf eine Schnur aufgefädelt und in einem luftigen Raum zum Trocknen aufgehängt. Nach dem Trocknen werden sie zerkleinert und in eine Blechdose gefüllt.
Der Baldrianstrauch kann relativ leicht im eigenen Garten angebaut werden. Er braucht Sonne oder lichten Schatten, der Boden sollte locker und tiefgrundig sein, kann aber sowohl einen humosen als auch einen sandigen Charakter besitzen. Einfacher und sicherer als die Aussaat ist die Pflanzung: Baldrianjungpflanzen gibt es in jeder gut sortierten Staudengärtnerei. Beste Pflanzzeit ist Anfang November.

Die Wirkstoffe

Valepotriate Die baldriantypischen Bitterstoffe wirken ausgleichend auf unsere Gehirnleistungen: Bei Konzentrationsschwäche wirken sie anregend, bei starker Erregung und nervöser Unruhe hingegen beruhigend.
Wichtig ist die Wirkung der Valepotriate in Zusammenarbeit mit den ätherischen Ölen des Baldrians auf den Neurotransmitter GABA (Gamma-Amino-Buttersäure). Hierbei handelt es sich um einen Botenstoff im Gehirn, der in der Informationsübermittlung zwischen den einzelnen Gehirnzellen eine hemmende Wirkung ausübt. Dies bedeutet: Ein Mangel an GABA führt zu Stress, Nervosität und Angst. Durch Baldrian wird nun der Abbau von GABA gehemmt.
Die Inhaltsstoffe der Heilwurzel sorgen also dafür, dass unserem durch Stress ohnehin schon strapazierten Gehirn nicht der Stoff ausgeht, der unsere Erregungen und Ängste unter Kontrolle hält – ein Effekt, der gerade in der Behandlung von psychischen Störungen und Krankheiten ungemein wichtig ist. In der Psychiatrie feiert man denn auch bereits spektakuläre Erfolge bei der Behandlung von Ängsten und Depressionen mit Kombinationsextrakten aus Baldrian und Johanniskraut.

Baldrian gilt zu Unrecht als bloßes Schlafmittel. Doch er harmonisiert die Hirnleistungen, hilft also als abendliches Einschlafmittel ebenso wie als Wachmacher für den Morgen, wenn er vor allem geistig Arbeitende frisch und konzentriert werden lässt. Vor längeren Prüfungen eingenommen, verhilft er zu Entspannung und schützt damit vor aufregungsbedingter Konzentrationsschwäche.

Ätherische Öle und Valerensäuren Diese Substanzen verändern zusammen mit den Valepotriaten das Tätigkeitsniveau in unserem Gehirn. Die schnellen Beta-Wellen werden zu Gunsten der langsameren Delta- und Theta-Wellen zurückgedrängt. Dadurch verbessert sich die Schlafqualität, Einschlafstörungen verschwinden.
Die ätherischen Öle wirken krampflösend bei nervös bedingten Magen- und Darmbeschwerden und garantieren außerdem die die Psyche ausgleichenden Wirkungen der fettlöslichen Valepotriate.

Basische Inhaltsstoffe Zu den im Baldrian enthaltenen basischen Inhaltsstoffen gehören vor allem die Alkaloide Chatinin und Valerin.
Durch ihren alkalischen Effekt helfen sie bei Symptomen, die als Folge von nervös bedingten Übersäuerungen aufgetreten sind, wie etwa Sodbrennen oder Aufstoßen infolge von nervösen Magenreizungen.
Allerdings werden die Alkaloide beim Trocknen zerstört. Ihre Wirksamkeit kommt also nur bei Tinkturen aus Frischwurzeln und nicht in Zubereitungen aus getrocknetem Baldrian zum Tragen.

Im Unterschied zu anderen Beruhigungsmitteln beeinträchtigt Baldrian nicht dic Konzentration. Im Gegenteil! Wer etwa als Autofahrer gleichzeitig entspannt und hellwach bleiben will, liegt mit Baldrian genau richtig. Am besten geeignet ist Baldrianpulver, das man auch unterwegs, etwa auf Butterbrot, problemlos einnehmen kann.

Heilwirkungen

- Ängste
- Asthma (in Kombination mit anderen Heilpflanzen)
- Herzklopfen
- Konzentrationsschwäche
- Nervöser Darm
- Nervöser Magen
- Nervosität
- Prüfungsstress
- Schilddrüsenüberfunktion (leichte)
- Schlafstörungen
- Spannungskopfschmerzen

Anwendungsformen

Baldrian wirkt – im Gegensatz zu Hopfen – alles andere als lusthemmend. In früheren Zeiten wurde er sogar als Aphrodisiakum eingesetzt: »Wenn Mann und Weib Baldrian in Wein trinken, so macht das gute Freundschaft.«

Baldrianpulver lässt sich bequem unter Speisen gemischt verabreichen; wichtig ist, dass es sich um fetthaltige Lebensmittel handelt, etwa Quark, Fleischsuppen, Frischkäse, Brotaufstriche. Dadurch werden die fettlöslichen Valepotriate optimal verwertet, und die angstlösenden und konzentrationsfördernden Wirkungen des Baldrians kommen zum Tragen. Baldriantinktur wird ebenfalls gegen Herzbeschwerden, Schlafstörungen und andere nervös bedingte Zustände wie Spannungskopfschmerzen eingenommen. Auch Baldrianwein wirkt hervorragend gegen nervöse Unruhe und Schlafstörungen. Baldriantee hilft bei Nervosität und trägt zum Stressabbau bei. Baldrianbäder sind vor allem eine ideale Einschlafhilfe, da durch das heiße Wasser vor allem die Wirkung der ätherischen Öle freigesetzt wird. Gegen Durchschlafprobleme hilft vor allem der Kaltauszug aus der Baldrianwurzel. Seine beruhigende Wirkung tritt gegenüber dem Teeaufguss mit etwas Verzögerung ein.

Die Heilpflanzen unserer Heimat können keine erste Hilfe bei Kopfschmerzen darstellen. Ihre Anwendung verfolgt das längerfristige Ziel, unseren Organismus in seinen nervlichen und muskulären Reaktionsmustern besser auf Stress und psychische Belastungen einzustellen. Hier liegt dann das Ziel vor allem darin, die Spannung in Muskeln und Blutgefäßen abzubauen.

Pulver

- 1 TL getrocknete Baldrianwurzeln im Mörser zerkleinern
- Jeweils zum Frühstück und Abendessen, unter fetthaltige Speisen gemischt, einnehmen

Tinktur

- 20 g getrocknete oder frische Baldrianwurzeln zerkleinern
- In 100 ml 70-prozentiger Alkohollösung 10 Tage ziehen lassen und abseihen
- In einer dunklen Flasche mit Tröpfchenzählaufsatz aufbewahren; Flasche stets gut verschließen, damit der Alkohol nicht verdampft
- Mindestens 2, maximal 4 Wochen lang täglich 2- bis 3-mal pro Tag 8–10 Tropfen mit etwas Wasser verdünnt zu den Mahlzeiten einnehmen

Wein
- 3 EL getrocknete und zerkleinerte Baldrianwurzeln in 1 l Weißwein 2 Wochen ziehen lassen
- Abseihen und filtern
- Täglich 2- bis 3-mal je 1 Likörgläschen davon trinken

Tee
- 1 EL getrocknete und zerkleinerte Baldrianwurzeln mit 1 Tasse kochendem Wasser übergießen
- 10 Minuten zugedeckt ziehen lassen
- Abseihen
- Täglich 2–3 Tassen trinken

Bad
- 2 Handvoll getrocknete und zerkleinerte Baldrianwurzeln ins heiße Badewasser geben
- Maximal 10 Minuten baden
- Anschließend möglichst sofort zu Bett gehen

Kaltauszug
- 1 TL frische oder getrocknete Baldrianwurzeln in 1 Tasse kaltes Wasser geben (am besten morgens)
- 12 Stunden lang ziehen lassen
- Abseihen
- Vor dem Schlafengehen trinken

Wer seine Nervosität mit Heilkräutern bekämpfen will, sollte versuchen, zunächst die Ursachen der Beschwerden herauszufinden. Johanniskraut hilft, wenn die Nervosität mit schlechter Laune einhergeht; Hopfen ist angezeigt, wenn Sie zu Zwangsvorstellungen neigen und auch in der Freizeit nicht zur Ruhe kommen; Baldrian hat sich besonders bei Nervosität im Vorfeld von Prüfungen bewährt.

Homöopathie

Baldrian gibt man in der Potenz C6, zweimal täglich fünf Globuli, bei nervöser Reizbarkeit und bei Kindern mit Milchunverträglichkeit. Diese kann sich entweder in häufigen Blähungen äußern oder als Erbrechen von großen Klumpen geronnener Milch nach der Nahrungsaufnahme oder als Durchfall mit Klumpen geronnener Milch und heftigen Bauchschmerzen.

Vorsicht

In ganz seltenen Fällen sind bei der Einnahme von Baldrian Magen-Darm-Beschwerden und allergische Reaktionen beobachtet worden.
Baldriantinktur wird in der Regel mit 70-prozentigem Alkohol hergestellt. Für alkoholgefährdete Menschen kommt die Tinktur zur innerlichen Anwendung natürlich nicht infrage, das Gleiche gilt für Baldrianwein.

Beinwell

Symphytum officinale

Seit der Antike gibt es Zeugnisse für verblüffende Heilerfolge von Beinwellauflagen bei Knochenbrüchen und offenen Wunden. »Symphytum« kommt vom griechischen »symphyo« (ich lasse zusammenwachsen).
Heute ist der Beinwell vor allem bei Sportverletzungen zu empfehlen, jedoch auch zur Behandlung von Aphthen, Darminfektionen und Schuppenflechte.

Beinwell sollte in der Hausapotheke eines Sportlers nicht fehlen.

Die Merkmale

- Größe: bis zu 80 cm
- Stängel: aufrecht, hohl, oben verzweigt
- Blätter: mit rauher, behaarter Unterseite; obere Blätter erheblich kleiner als die unteren
- Blüten: purpur, violett, rosa oder weiß; in dichten Doppelwickeln (»nickende Trauben«)
- Blütezeit: Mai–Juli
- Wurzeln: daumendick, außen schwarz, innen weiß
- Standort: an Gräben und Bachufern, feuchte Wiesen

Andere Namen:
- **Bein(brech)wurz**
- **Beinheil**
- **Hasenbrot**
- **Schwarzwurz**
- **Soldatenwurz**
- **Wallwurz**

Richtig sammeln und anbauen

Geerntet werden die Wurzeln und die Blätter.
Im Frühjahr oder Herbst sammelt man am besten bei abnehmendem Mond die Wurzeln. Sie werden gewaschen, klein geschnitten und bei 40 °C im Backofen getrocknet.
Bei zunehmendem Mond während der Blütezeit sollten die Blätter geerntet werden. Man bündelt sie und hängt sie in einem luftigen Raum zum Trocknen auf. Die Blätter können aber auch frisch (etwa für Saft oder Salat) verwendet werden.
Für den Anbau im heimischen Garten eignet sich am besten Symphytum peregrinum (»Comfrey«), der ein ähnliches Wirkstoffprofil enthält wie der wild wachsende Symphytum officinale. Man pflanzt Wurzelstücke ohne Sprossen. Sie werden fünf bis acht Zentimeter tief in den Boden gesteckt. Beste Pflanzzeit ist von April bis Mai. Oft sät Beinwell sich auch von selbst aus. Die Pflanze stellt keine großen Ansprüche an den Standort, aber sie liebt es etwas schattig und feucht.

Die Wirkstoffe

Allantoin Dieser Stoff fördert die organisierte Bildung von neuen Körperzellen und wirkt sich dadurch selbst bei schlecht heilenden Wunden noch günstig aus. Auch die Kallusbildung bei Knochenbrüchen wird unterstützt. Als »Antichaosmittel« der Körperzellen hilft Allantoin auch bei Erkrankungen, bei denen die Zellteilung aus den Fugen geraten ist, wie das etwa bei der Schuppenflechte der Fall ist.
Das isolierte Allantoin hat sich jedoch in Untersuchungen als weniger wirksam herausgestellt als die Beinwellwurzeln als Ganzes. Auch hier zeigt sich also wieder einmal, dass die Gesamtpflanze in der Regel wirkungsvoller ist als ihre isolierten Wirkstoffe.

Der Beinwellwirkstoff Allantoin wird auch von Fliegenmaden ausgeschieden. Kein Wunder, dass man die Ausscheidungen der Tiere früher tatsächlich auf offenen Wunden verrieb und dabei durchaus Behandlungserfolge erzielte.

Schleimstoffe Man findet die Schleimstoffe in erster Linie in den Beinwellwurzeln. Sie unterstützen die Wundheilung und kühlen und beruhigen dadurch entzündetes Gewebe. Ihre positiven Wirkungen entfalten die Schleimstoffe äußerlich angewendet vor allem bei Wunden und Entzündungen im Rachenraum (wie etwa Aphthen), innerlich angewendet bei Entzündungen des Darms.

Gerbstoffe Sie unterstützen die heilende Wirkung der Schleimstoffe auf den Darm und die Mundschleimhaut. Darüber hinaus sind sie in der Lage, Eiweiße aus den oberen Schichten der Schleimhäute auszufällen und dadurch die Wachstumsbedingungen von Bakterien zu verschlechtern.

Chlorophyll Die Blätter des Beinwells enthalten überdurchschnittlich viele grüne Farbstoffe. Vor kurzem wurde der Nachweis erbracht, dass sie das Wachstum von Leberkrebstumoren hemmen können.

Cholin Das B-Vitamin erweitert die Blutgefäße in der Haut und fördert dadurch die Durchblutung. In Zusammenarbeit mit dem Allantoin führt es zu den beeindruckenden Wundheilwirkungen von Beinwellumschlägen.
Innerlich angewendet fördert Cholin den Stoffwechsel im Gehirn und die Gedächtnisleistungen. Darüber hinaus kümmert es sich um den Fettstoffwechsel; Cholinmangel fördert die Entstehung von hohen Blutfettspiegeln und einer Fettleber. Dies bedeutet, dass eine ausreichende Cholinversorgung die Entstehung von gefährlichen Cholesterinplaques in den Blutgefäßen (Arteriosklerose) verhindern kann.

In jüngerer Zeit wird gelegentlich von einer krebserzeugenden Wirkung der Pyrrolizidinalkaloide des Beinwells gesprochen. Praktisch besteht jedoch keine Gefahr. Die krebserzeugenden Effekte wurden bei Mäusen entdeckt, und dabei hat man überhöhte Dosierungen von Pyrrolizidinalkaloiden verabreicht, die beim bloßen Verzehr von Beinwell unmöglich zu erreichen sind.

Heilwirkungen

- Aphthen
- Arteriosklerose und Folgeerkrankungen (wie Angina pectoris, Herzinfarkt; vorbeugend)
- Darmentzündungen
- Entzündungen der Mundschleimhaut
- Gedächtnisschwäche
- Konzentrationsstörungen
- Lernschwäche
- Offene, schlecht heilende Wunden
- Quetschungen
- Schlecht heilende Knochenbrüche und Wunden
- Schuppenflechte (Psoriasis)
- Verstauchungen

Anwendungsformen

Häufige Entzündungen der Mundschleimhaut können seelische Ursachen haben: Die Mundschleimhaut hat einen besonderen Bezug zu unserer Psyche. Als erwiesen gilt, dass ständiger Stress, gepaart mit Ängsten und Aggressionen, die Mundschleimhaut trockener und dadurch anfälliger für Infektionen und Entzündungen macht.

Beinwell-Gemüse-Säfte eignen sich als Wachmacher, wenn Sie angestrengt geistig arbeiten müssen. Sie steigern die Konzentration und wirken darüber hinaus vorbeugend auf Arteriosklerose. Besonders lecker schmeckt Beinwellsaft mit Möhren- und Tomatensaft gemischt. Der Beinwellsaft darf allerdings nicht länger als zehn Stunden im Kühlschrank gelagert werden.

Beinwellabkochung, als Umschlag auf Hautstellen mit Schuppenflechte, offene Wunden und stumpfe Verletzungen wie Verstauchungen, Quetschungen und Zerrungen gelegt, zeigt erstaunliche Heilerfolge. Als Gurgel- und Spüllösung hilft die Abkochung vorzüglich bei Aphthen, den kleinen schmerzhaften Bläschen im Mund.

Als Tee unterstützt Beinwell die äußerliche Behandlung, vor allem bei Knochenbrüchen, wo er die Kallusbildung und damit den Heilungsprozess deutlich beschleunigen kann.

Beinwellblätter eignen sich auch zur Zubereitung von Suppen. In dieser Form – wohl der schmackhaftesten der innerlichen Anwendungen – unterstützen sie die natürlich intensiver wirkenden Zubereitungen als Saft oder Tee.

Aufgrund ihres hohen Cholingehaltes eignen sich Beinwellblätter – in Form von Salaten oder Säften – für all diejenigen, die geistig arbeiten. So manches Konzentrationsloch kann durch Beinwell wirksam geschlossen werden.

Saft

- Frische Beinwellblätter mit so viel Wasser übergießen, dass sie gerade bedeckt sind
- Nach etwa 4 Stunden Wasser und Blätter im Mixer zerkleinern
- Abseihen
- Rückstände gut auspressen
- Mit etwas Möhren- oder Tomatensaft vermischen
- 1 Glas zum Frühstück oder vor anstrengender geistiger Arbeit trinken

Abkochung

- 100 g getrocknete Beinwellwurzeln mit 1/2 l Wasser aufkochen
- Auf kleiner Flamme 10 Minuten köcheln lassen
- Abseihen
- Bei Verletzungen: Mulltücher damit tränken und auf die Verletzung legen; Umschlag dann erneuern, wenn er trocken geworden ist
- Bei Aphthen: mit der Abkochung 1 Minute den Mund spülen, dann durch das geschlossene Gebiss und die fast geschlossenen Lippen nach draußen pressen; 3- bis 4-mal täglich wiederholen

Tee

- 2 TL getrocknete Beinwellwurzeln mit 1 Tasse Wasser aufkochen
- 10 Minuten bei kleiner Flamme köcheln lassen und abseihen
- Täglich 2 Tassen trinken

Die Heilerfolge der Beinwellumschläge bei offenen Wunden und Knochenbrüchen erklären sich aus dem Zusammenwirken von Allantoin und dem B-Vitamin Cholin.

Suppe (für 2 Personen)

- 4 große Beinwellblätter
- 2 mittelgroße Kartoffeln
- 1 Stange Bleichsellerie
- 1/2 Zwiebel
- 1/2 l Gemüsebrühe
- 1/2 Becher süße Sahne
- 1/2 Becher Crème fraîche
- Salz
- Pfeffer
- gehackte Petersilienblätter

Gemüse klein schneiden und in der Gemüsebrühe weich kochen. Das Gemüse durch ein Sieb streichen und nochmals ganz kurz mit etwas Wasser erhitzen (beim ersten Kochen wurden die Bitterstoffe gelöst). Sahne und Crème fraîche einrühren, mit Salz und Pfeffer abschmecken und mit Petersilie bestreut servieren.

Manche Naturheilkundige verwenden den heißen Brei aus den abgekochten, klein geschnittenen Wurzeln als Auflage bei Bronchitis und Sehnenscheidenentzündung. In Absprache mit dem Arzt kann diese Anwendung durchaus versucht werden.

Homöopathie

Beinwell empfiehlt sich in der Potenz C4, dreimal täglich sieben Globuli, bei tiefen Wunden mit Verletzung der Knochenhaut oder der Knochen sowie nach Knochenbrüchen zur schnelleren Kallusbildung und zum zügigen Abklingen von Schwellung und Wundschmerz.

Gartentip

Beinwellstauden sehen vor allem am Rand von Gartenteichen sehr dekorativ aus. Suchen Sie vor dem Pflanzen jedoch mit Bedacht einen ausreichend großen, dauerhaften Platz aus, denn Beinwell lässt sich von ihm zusagenden Standorten nur schwer wieder entfernen.

Kleine Bibernelle

Pimpinella saxifraga

Im lateinischen Wort »pipinella«, mit dem römische Kinder ein »kleines Ding« und offenbar auch die Blütenknöpfchen dieser Heilpflanze bezeichneten, liegt der Ursprung des lateinischen und deutschen Pflanzennamens. Heute wird die Kleine Bibernelle hauptsächlich bei der Behandlung von Infektionen und Entzündungen der oberen Atemwege eingesetzt.

Bibernellensamen erhält man im gut sortierten Fachhandel.

Die Merkmale

- Größe: 30–70 cm
- Stängel: rötlich, kantig mit feinen Rillen
- Blätter: hellgrün, oval, gefiedert mit gezähntem Rand
- Blüten: weiß bis zartrosa, in Dolden
- Blütezeit: Juli–September
- Geruch: beißender Geruch der frischen Wurzeln
- Standort: Trocken- und Halbtrockenwiesen, an Wegrändern, in lichten und warmen Trockenwäldern

Andere Namen:
- **Bockspetersilie**
- **Bockwurz**
- **Pfefferwurz**
- **Pimpernelle**
- **Steinbibernelle**
- **Steinpeterlein**

Richtig sammeln und anbauen

Geerntet werden die spindelförmigen Wurzeln vor und nach der Blütezeit, am besten bei abnehmendem Mond. Die gewaschenen und klein geschnittenen Wurzeln trocknet man dann bei 50 °C im Backofen. Zum Lagern müssen die Wurzeln gut vor Licht und Nässe geschützt werden.

Die Bibernelle eignet sich als Staude vor allem für mäßig trockene Wiesen mit etwas sandigem und kiesigem Boden. Wenn die Bibernelle erst einmal in einer Blumenwiese Fuß gefasst hat, vermehrt sie sich später von selbst.

Man erhält die Samen im gut sortierten Fachhandel. Sie können jedoch im Hochsommer auch in freier Natur geerntet werden.

Die Wirkstoffe

Ätherische Öle Die Bibernelle besitzt ein recht breites Spektrum an ätherischen Ölen. Von besonderer Wirkung sind die sogenannten Phenolesterepoxide, die eine stark sekretionsfördern-

Heilwirkungen

- Angina
- Appetitstörungen
- Bronchitis und Husten
- Kehlkopfentzündung

de und entzündungshemmende Wirkung besitzen. Dadurch eignet sich die Bibernelle als Schleimlöser bei Entzündungen der oberen Atemwege.

Pimpinellin Diese scharf und brennend schmeckende Substanz fördert den Appetit.

Wenn Ihnen der Tee der Kleinen Bibernelle zu scharf ist, versuchen Sie es bei Appetitlosigkeit mit Petersilienwurzel- oder Wacholdertee, die vergleichsweise milder schmecken.

Anwendungsformen

Die Kleine Bibernelle wird vor allem als Tee zubereitet eingesetzt und gilt als wirksames Mittel gegen akute Bronchitis und Husten.

Tee

- 1 TL getrocknete Bibernellwurzeln mit 1 Tasse kaltem Wasser übergießen
- Zum Kochen bringen und 3 Minuten lang auf kleiner Flamme weiterköcheln lassen
- Abseihen
- Täglich 3 Tassen in kleinen Schlucken trinken

Homöopathie

Präparate mit den Wirkstoffen der Kleinen Bibernelle werden in der Homöopathie seltener eingesetzt. Man verabreicht dreimal täglich sieben Globuli Pimpinella C4 bei katarrhalischen Entzündungen der Luftwege von den Mandeln bis zu den Bronchien. Als Leitsymptom gilt, dass die Schleimhäute sehr empfindlich gegen Zugluft sind und dass der Patient über Nackensteifigkeit klagt.

Vorsicht

Tagesdosis nicht über maximal zwei Esslöffel steigern! Die Kleine Bibernelle hat übrigens nichts mit dem Wiesenknopf (Sanguisorba minor) gemein, der auch gern Bibernelle oder Pimpernelle genannt wird und als Gewürzkraut überall im Handel ist.

Birke

Betula pendula und *Betula pubescens*

Die Birke ist nach ihrer hellen Rinde benannt worden: Der Name geht auf die indogermanische Wurzel »bherek« (= glänzend, hell) zurück. Die slawischen Völker schätzen die Pflanze bis heute als Universalheil- und Schönheitsmittel. Hier zu Lande kam sie aufgrund ihrer Pollen als Allergieauslöser etwas in Verruf, Naturheilärzte schätzen jedoch weiterhin die harntreibende Kraft der Birkenblätter.

Die Birke eignet sich auch zum Anbau in mittelgroßen Gärten.

Die Merkmale

- Größe: bis zu 30 m
- Stamm: schlank mit weißer Rinde
- Zweige: hängend, dicht mit Warzen besetzt
- Blätter: dreieckig, am Rand doppelt gesägt
- Blüten: als Kätzchen
- Blütezeit: April/Mai
- Standort: auf Waldlichtungen, Alleen, Heideflächen

Richtig sammeln und anbauen

Man erntet von Mai bis Juni die Blätter, die dann in einem abgedunkelten Raum auf Papier zum Trocknen ausgelegt werden. Für kosmetische Zwecke wird im Frühjahr der Birkensaft gewonnen, indem man den Stamm anbohrt.
Die Birke ist schlank und daher auch für mittelgroße Gärten geeignet. An ihren Boden stellt sie keine Ansprüche, sie bevorzugt jedoch sonnige Standorte.

Andere Namen:
- **Besenbaum**
- **Hängebirke (B. pendula)**
- **Moorbirke (B. pubescens)**
- **Rutenbaum**
- **Weißbirke**

Die Wirkstoffe

Vitamin C 100 Gramm Birkenblätter enthalten knapp 200 Milligramm Vitamin C, im Tee ist der Gehalt aber gering.

Saponine bedingen den harntreibenden Effekt der Blätter.

Birkenkampfer ist in Rinde und Saft enthalten. Er wirkt belebend und straffend auf die Haut und fördert zusammen mit den ätherischen Ölen der Birke die Durchblutung.

Heilwirkungen

- Abszesse
- Gicht und Harnsteine
- Kopfhautschuppen
- Ödeme (Wassersucht)
- Schlecht heilende Wunden

Anwendungsformen

Tee von Birkenblättern hilft bei Wassersucht, Gicht und Harnsteinen. Kurmäßig angewendet, eignet sich Birkentee auch zur Blutreinigung.
Haar- und Gesichtswasser mit Birkensaft ist – regelmäßig ins Haar einmassiert – ein bewährtes Mittel gegen Schuppen. Als Pflege- und Reinigungsmittel für die Haut macht Birkensaftgesichtswasser einen rosigen Teint.
Die Heilung von Wunden und Abszessen kann durch einen Umschlag aus Birkenblättern beschleunigt werden.

Birkensaft als Haarwuchsmittel ist – auch wenn viele hartnäckig daran glauben – leider völlig wirkungslos.

Tee
- 2 TL getrocknete Birkenblätter mit 1 Tasse kochendem Wasser übergießen, 10 Minuten ziehen lassen und abseihen
- Täglich 3 Tassen trinken

Haar- und Gesichtswasser
- Je 100 ml Weißwein und Birkensaft vermischen
- Maximal 6–8 Wochen im Kühlschrank haltbar
- Gegen Schuppen: in den Haarboden einmassieren
- Bei müdem Teint: in die gereinigte Gesichtshaut einklopfen

Umschlag
- Frisches, sauberes Birkenlaub mit einer Mullbinde auf der betroffenen Stelle befestigen
- Alle 3 Stunden erneuern

Aufgrund der stark wechselnden Wetterverhältnisse im mitteleuropäischen Raum wurden viele Heilpflanzen unserer Heimat, wie etwa die Birke, zu echten »Wasserspezialisten«, die Wasser ebenso schnell aufnehmen wie abgeben können. Dieses »Wissen« geben sie auch an uns weiter. Und da Harnsteinleiden am besten mit einer harnfördernden Durchspültherapie begegnet wird, haben die einheimischen Pflanzen hier besonders große Erfolgschancen.

Homöopathie

Die Betula besitzt in der Homöopathie keine Bedeutung.

Vorsicht

Bei Ödemen infolge eingeschränkter Herz- oder Nierentätigkeit sollten Birkenpräparate nicht angewendet werden.

Bittersüß

Solanum dulcamara

Früchte und Laub des Bittersüßen Nachtschattens schmecken erst bitter und werden dann süß, was den eigentümlichen Namen erklärt. Früher wurde Bittersüß gegen Gelbsucht, Verstopfung, Harnleiden, Asthma, Ekzeme u. v. m. eingesetzt. Heute schätzen Naturheilkundige vor allem die kortisonähnlichen Inhaltsstoffe des rankenden Halbstrauchs, die ihn insbesondere bei Hautekzemen und allergischem Asthma zu einem wichtigen Heilmittel machen.

Der bittersüße Nachtschatten: Wegen seiner giftigen Beeren ist der Anbau im eigenen Garten nicht zu empfehlen.

Die Merkmale

- Größe: 1–2 m
- Stängel: stark verzweigt, in der Nähe des Bodens verholzt
- Blätter: gestielt, lanzettlich, wechselständig
- Blüten: violett, hängend an lang gestielten Wickeln
- Blütezeit: Juni–August
- Früchte: Beeren zunächst grün, dann scharlachrot; grüne Beeren stark giftig, reife Früchte leicht giftig
- Standort: feuchte Ufergebüsche, Hecken, Auwälder

Richtig sammeln und anbauen

Andere Namen:
- **Alpkraut**
- **Bittersüßer Nachtschatten**
- **Hundsbeere**
- **Saurebe**
- **Stinkteufel**

Zu Beginn des Frühjahrs oder im Spätherbst nach dem Blätterfall werden die Bittersüßstängel gesammelt. Ausgebreitet auf Leinentüchern in luftigen Räumen, trocknen sie recht schnell. Wegen seiner giftigen Beeren eignet sich der Bittersüße Nachtschatten nicht zum Anbau im eigenen Garten.

Die Wirkstoffe

Steroidalkaloidglykoside Sie besitzen Eigenschaften, die den Bittersüß zu einer wichtigen Heilpflanze machen. So kräftigen sie das Herz, erhöhen außerdem den Appetit der Fresszellen unseres Immunsystems und die Schlafqualität. Das Glykosid Solasodin wirkt ähnlich wie Kortison, indem es Entzündungen hemmt, Blutgefäße abdichtet und Schmerzen und Schwellungen verringert. Dadurch wird der Bittersüß zu einer wichtigen Heilpflanze bei rheumatischen Erkrankungen, allergischem Asthma sowie bei chronischen und akuten Hautekzemen.

Heilwirkungen

- Allergisches Asthma
- Arthritis
- Gicht
- Hautekzeme (vor allem allergisch bedingte)
- Rheuma-Beschwerden

Anwendungsformen

Eine Kur mit Bittersüßtee wirkt entzündungshemmend bei rheumatischen Erkrankungen und chronischen Hautekzemen. Bei Hauterkrankungen kann es auch sinnvoll sein, den Tee äußerlich in Form von Umschlägen anzuwenden. Die Anwendung sollte allerdings nicht länger als vier Wochen dauern.

Bittersüßanwendungen sollten Sie am besten nur in Absprache mit einem Arzt oder Heilpraktiker durchführen. Gerade bei Bittersüß wird häufig die homöopathische Aufbereitung empfohlen.

Tee

- 1 TL der getrockneten Bittersüßstängel mit 1 Tasse Wasser aufkochen
- 2 Minuten ziehen lassen und abseihen
- Täglich 1–2 Tassen trinken

Umschlag

- Mit Bittersüßtee ein Leinentüchlein tränken
- Auf die erkrankte Stelle legen
- Täglich mehrmals für etwa 5–10 Minuten anwenden

Homöopathie

Bei der homöopathischen Anwendung stehen die rheumatischen Beschwerden im Vordergrund. Außerdem ist die Pflanze angezeigt bei Ohrenschmerzen, Gesichtsneuralgien, Durchfällen, Bronchial- und Blasenkatarrhen, Asthma und Hautausschlägen bei kaltem, besonders feuchtkaltem Wetter. Man gibt zweimal täglich fünf Globuli Dulcamara C6, bis eine Besserung eintritt.

Vorsicht

Die grünen Beeren des Bittersüß sind stark, die roten immer noch leicht giftig!
Bei Einhalten der Dosis von ein bis drei Gramm (ein bis zwei Teelöffel) pro Tag sind bei Bittersüßstängeln keine Nebenwirkungen zu befürchten. Die längere Anwendung von überhöhten Dosierungen führt hingegen zu einem übermäßigen Wachstum der Nebennieren.

Auch wenn die Pflanze sehr hübsch aussieht: Pflanzen Sie Bittersüß nirgends an. Sie können nicht ausschließen, dass Kinder die Beeren essen und sich dadurch schwere Vergiftungen zuziehen!

Die Blutwurz hilft vor allem bei Darm- und Munderkrankungen.

Blutwurz

Potentilla erecta

Ursprünglich hieß die Blutwurz Tormentill, nach dem lateinischen Wort »tormentum« für »Kolik«. Aufgrund ihres roten Wurzelinneren vermutete man im Mittelalter, dass die Pflanze bei Krankheiten helfen könnte, die mit dem Blut zu tun haben.
Heute wird die Blutwurz wegen ihres überragenden Gerbstoffanteils geschätzt, der sie zu einem wichtigen Medikament bei Darm- und Munderkrankungen macht.

Die Merkmale

- Größe: bis zu 30 cm
- Wurzeln: außen braun, innen rot
- Stängel: aufsteigend, behaart, verzweigt
- Blätter: Grundblätter dreigeteilt, obere Blätter am Stängel
- Blüten: leuchtend gelb, mit vier Blättern
- Blütezeit: Mai–August
- Standort: Wiesen, Weiden, lichte Wälder, Sümpfe

Richtig sammeln und anbauen

Geerntet wird der Wurzelstock im Frühjahr oder Herbst. Befreien Sie ihn von seinen kleinen Ausläufern, säubern Sie ihn, und trocknen Sie die Wurzeln bei 40 °C im Backofen.
Auf nährstoffarmen Magerwiesen und in sumpfigen Ecken des Gartens wird sich die Pflanze bald von selbst ansiedeln.

Die Wirkstoffe

Andere Namen:
- **Dilledapp**
- **Rotwurz**
- **Ruhrwurz**
- **Tormentill**

Gerbstoffe Blutwurz enthält bis zu 20 Prozent Gerbstoffe – ein Wert, der in der Pflanzenwelt seinesgleichen sucht. Zellgewebe, das mit Gerbstoffen in Kontakt kommt, ist widerstandsfähiger gegenüber Parasiten und Umweltreizen und neigt weniger zur Ausbildung von Tumoren. Darüber hinaus drosseln Gerbstoffe die Durchblutung und die Nahrungszufuhr für Parasiten.

Tormentillfarbstoff Er wirkt in starkem Maß hemmend auf das Wachstum von Bakterien. Interessanterweise nimmt sein Anteil in den Wurzeln während des Lagerns zu.

Heilwirkungen

- Darminfektionen
- Darmkolik
- Durchfall (akuter und chronischer)
- Entzündungen der Mund- und Rachenschleimhaut
- Frostbeulen
- Krebstumoren an Darm- und Mundschleimhaut (vorbeugend und therapiebegleitend)
- Magenkrämpfe
- Paratyphus
- Zahnfleischentzündungen

Anwendungsformen

Bei Darmbeschwerden hilft Blutwurz als Tee zubereitet und über den Tag verteilt getrunken. Gurgeln mit Blutwurztee empfiehlt sich bei Entzündungen im Mund- und Rachenraum.
Mit selbst gemachter Blutwurztinktur besitzen Sie ein erstklassiges Mittel zum Bestreichen von hartnäckigen Entzündungen im Mund- und Rachenraum.

Gemäß der Signaturenlehre, die in früheren Jahrhunderten die Anwendung von Heilpflanzen und anderen heilkräftigen Stoffen bestimmte, vermag man schon durch das Äußere der Pflanze auf ihre Wirkungen zu schließen. So wurde denn auch die Blutwurz aufgrund ihrer Wurzelfarbe bei Nasenbluten, Bluthusten und dergleichen eingesetzt. Aus wissenschaftlicher Sicht ist dieser Wirkungsaspekt aber nicht haltbar.

Tee

- 1 TL Wurzeln mit 1 Tasse Wasser aufkochen
- 10 Minuten lang köcheln lassen und abseihen
- Bei Darmbeschwerden: täglich 2–3 Tassen trinken
- Bei Entzündungen im Mund- und Rachenraum: mehrmals täglich mit dem Tee gurgeln

Tinktur

- 20 g Wurzeln mit 100 ml 70-prozentigem Alkohol ansetzen
- 10 Tage lang ziehen lassen
- Abseihen und in eine dunkle Tröpfchenzählflasche füllen
- Zur Anwendung 1 Teil Tinktur mit 2 Teilen Wasser verdünnen

Homöopathie

In der Homöopathie findet die Blutwurz keine Anwendung.

Vorsicht

Bei Einhalten der Dosis von zwei Esslöffeln der getrockneten Droge pro Tag sind keine Nebenwirkungen zu befürchten. Bei starker Überdosierung kann es zu Magenschmerzen und Verstopfungen kommen.

Die robuste Brennnessel eignet sich hervorragend zur Entschlackung.

Brennnessel

Urtica dioica

Die Brennnessel ist als Heilpflanze schon seit dem Altertum bekannt. Ob Hippokrates, Hildegard von Bingen oder Hieronymus Bock – sie alle verordneten die Pflanze bei den unterschiedlichsten Beschwerden.
Heute wird die Brennnessel überwiegend bei Erkrankungen der Harn- und Gallenwege eingesetzt sowie zur Frühjahrskur: Sie vertreibt die Frühjahrsmüdigkeit, entschlackt und reinigt das Blut.

Die Merkmale

- Größe: bis 1,5 m
- Stängel: vierkantig, mit langen Brennhaaren besetzt
- Blätter: gegenständig, mit grob gesägtem Rand und langen Brennhaaren
- Blüten: unscheinbar grün, in lockeren Rispen
- Blütezeit: Juni–September
- Standort: Wegränder, Ruinen, Schuttplätze, Ödland sowie an Mauern

Andere Namen:
- **Donnernessel**
- **Hanfnessel**
- **Saunessel**
- **Sengettel**
- **Sengnessel**

Richtig sammeln und anbauen

Geerntet werden die Wurzeln im Spätsommer und das Brennnesselkraut vom Frühjahr bis zum Herbst. Bedenken Sie beim Sammeln des Krauts, dass nur die jungen Triebe für die Küche geeignet sind, ältere Blätter enthalten bereits zu viele Bitterstoffe. Außerdem sollten Sie beim Sammeln Handschuhe tragen, um sich vor dem Gift der Brennnesselhaare zu schützen.
Die Wurzeln werden in der Sonne getrocknet und in Leinensäckchen aufbewahrt. Das Kraut trocknet man im Schatten und lagert es in Blechdosen.
Der Anbau erübrigt sich, weil die Große Brennnessel samt ihrer kleineren Schwester Urtica urens überall zu finden ist bzw. sich gern ansiedelt, wo nicht pingelig gejätet wird.
Die Brennnessel ist sehr robust, sie findet sich auch noch in Höhen von 3000 Metern über dem Meer. In Form von Brennnesseljauche – Regenwasser, in dem zwei Wochen lang Brennnesselkraut in der Sonne gegoren hat – eignet sie sich als natürliches Dünge- und Schädlingsvernichtungsmittel für den Garten.

Die Wirkstoffe

Vitamin C Das in der Brennnessel reichlich vorhandene Vitamin wird für zahlreiche Körperfunktionen benötigt. Von besonderer Bedeutung ist es für das Immunsystem und beim Schutz der Blutgefäße.

Neben der Großen Brennnessel (*Urtica dioica*) gibt es in Deutschland auch noch die Kleine Brennnessel (*Urtica urens*). Sie besitzt ein ähnliches Wirkstoffprofil, allerdings ist ihre Ernte etwas mühseliger und weniger ergiebig. Deshalb wird in der Pflanzenheilkunde meistens ihre »große Schwester« bevorzugt.

Karotinoide Die Brennnessel gehört zu den ergiebigen Lieferanten von Karotinoiden. Diese Stoffe fungieren zum Teil als Vorstufe für das wichtige Augen- und Schleimhautvitamin A. Darüber hinaus stimulieren sie das Immunsystem.
In letzter Zeit konnte wissenschaftlich bewiesen werden, dass die Karotinoide eine wichtige Rolle in der Vorbeugung von Krebserkrankungen spielen: Sie arbeiten als Radikalefänger, sind also imstande, aggressive Substanzen – nämlich die sogenannten freien Radikale – von unseren Zellen fern zu halten.

Gerbstoffe Die Brennnessel gehört zu den Gerbstoffdrogen. Dadurch wirkt sie blutungsstillend und kräftigend auf das Herz und hilft außerdem bei Infektionen und Krämpfen des Darms.

Beta-Sitosterin Dieser Stoff findet sich überwiegend in der Wurzel. Er wird in der Medizin zur Behandlung von gutartigen Prostatavergrößerungen eingesetzt.

Eisen Die Brennnessel enthält überdurchschnittlich viel Eisen. Dadurch eignet sie sich als Heilmittel bei eisenmangelbedingter Blutarmut.

Früher war es üblich, rheumakranke Patienten mit frischen Brennnesselzweigen zu schlagen. Durch die Hiebe und das Brennnesselgift kam es zu einer angenehmen Erwärmung und Rötung der Hautpartien, die möglicherweise auch für eine Weile den Rheumaschmerz in den Hintergrund treten ließen. Eine tatsächliche Heilwirkung von »Auspeitschkuren« mit Brennnesselzweigen muss jedoch bezweifelt werden.

Kieselsäure Der Gehalt der Brennnessel an Kieselsäure ist relativ hoch, so dass die Pflanze zu den wichtigen Quellen von Silizium gehört. Dieses Mineral kräftigt Haare, Nägel und Bindegewebe und fördert die Heilung von Verbrennungen, Insektenstichen, Hautpickeln und Juckreiz. In der Brennnessel sorgt die Kieselsäure zusammen mit dem Mineral Kalium für einen starken harntreibenden Effekt.

Histaminähnliche Substanzen Sie sorgen für einige typische Wirkungen der Brennnesselhaare. Äußerlich aufgetragen wirken sie in hohem Maß durchblutungsfördernd, bei empfindlichen Menschen führen sie zu starken Reizungen.

Glukokinin Dieser Wirkstoff stabilisiert unseren Blutzuckerspiegel. Dadurch eignet sich Brennnesseltee als therapieunterstützendes Getränk bei Diabetes.

Heilwirkungen

- Allergien
- Bindegewebsschwäche
- Blasenschwäche
- Blutarmut durch Eisenmangel
- Blutungen
- Brüchige Fingernägel
- Darminfektionen
- Darmkrämpfe
- Diabetes (therapieunterstützend)
- Gicht
- Harnwegsentzündungen
- Kopfhautschuppen
- Milchmangel
- Nasenbluten
- Prostataadenom (gutartige Prostatavergrößerung)
- Schuppenflechte (Psoriasis)
- Starke Monatsblutungen
- Unreine Haut

Anwendungsformen

Aufgrund ihres hohen Gehalts an B-Vitaminen und Kieselsäure sorgt die Brennnessel für schönes und glänzendes Haar. Lassen Sie zwei Handvoll Nesselkraut eine halbe Stunde lang in einem Liter Essigwasser köcheln. Danach abseihen und in Flaschen abfüllen. Reiben Sie mit dieser Tinktur jeden Abend Ihre Kopfhaut ein!

Ob Sie die frischen Blätter – kurz blanchiert, damit die Haare nicht mehr brennen – unter den Salat mischen oder zu einer leckeren Suppe verkochen oder ob Sie sich Tee oder Tinktur zubereiten: Die Heilwirkungen von Brennnesseln lassen sich auf vielerlei Art nutzen. .

Kuren mit Tee aus Brennnesselblättern wirken bei Ödemen, Harnwegsentzündungen, Blasenschwäche, Allergien, Milchmangel und Frühjahrsmüdigkeit. Sie können ohne Bedenken bis zu acht Wochen lang durchgeführt werden. Auch bei Schuppenflechte (psoriasis) kann man versuchen, das Leiden mit Brennnesseltee zu lindern.

Brennnesselwurzeltee ist angezeigt bei gutartigen Vergrößerungen der Prostata. Die Anwendung sollte jedoch nur nach Absprache mit dem Arzt erfolgen.

Die Brennnesseltinktur, in Flüssigkeit eingenommen, wirkt ähnlich wie der Teeaufguss. Direkt auf die Kopfhaut einmassiert, hilft sie bei Schuppen und sprödem, glanzlosem Haar.

In der Apotheke ist Brennnesselsaft erhältlich, ein ausgezeichnetes Mittel zur allgemeinen Stärkung.

Tee aus Blättern

- 1 EL des getrockneten Krauts mit 1 Tasse kochendem Wasser überbrühen
- 10 Minuten lang zugedeckt ziehen lassen
- Abseihen
- Täglich 3–4 Tassen trinken
- Teekur mindestens 4, maximal 8 Wochen lang durchführen

Tee aus Wurzeln
- 2 TL der getrockneten Wurzeln mit 200 ml Wasser aufkochen
- 5 Minuten köcheln lassen und abseihen
- Nach Absprache mit dem Arzt trinken

Tinktur
- 20 g getrocknetes Kraut in 100 ml 60-prozentigen Alkohol geben
- 10 Tage lang ziehen lassen
- Filtern und in eine Tröpfchenzählflasche füllen
- Bei Ödemen, Harnwegsentzündungen, Blasenschwäche, Frühjahrsmüdigkeit: 3- bis 4-mal täglich jeweils 20–30 Tropfen in Wasser, Tee oder Saft einnehmen
- Bei Schuppen und sprödem, glanzlosem Haar: in die Kopfhaut einmassieren

Wer eine Frühjahrskur mit Brennnesselsaft (Apotheke) durchführen will, sollte mindestens vier Wochen lang zwei- bis dreimal täglich einen Esslöffel Brennnesselsaft zu sich nehmen.

Suppe (für 2 Personen)
- 4 Handvoll frische und junge Brennnesseltriebe in 300 ml entfettete Rindssuppe geben
- 10 Minuten kochen lassen und abseihen (Sud aufbewahren)
- Brennnesseln pürieren
- 1/2 gehackte Zwiebel in 1 EL Butter glasig werden lassen
- 1 EL Mehl und 1/4 l Milch einrühren
- Brennnesselsud dazugeben und 15 Minuten kochen lassen
- Pürierte Brennnesseln dazugeben
- Mit 1 EL saurer Sahne, Salz, Pfeffer, Petersilie abschmecken

Wegen ihres hervorragenden Geschmacks und des Vitaminreichtums sollte man Brennnesselsuppe öfter für die ganze Familie zubereiten oder sie Gästen als delikate Vorspeise im Menü vorsetzen.

Homöopathie

In der Homöopathie wird Brennnessel entsprechend ihrem Arzneimittelbild vielseitig eingesetzt: bei verschiedenen Formen von Nesselsucht, bei Rheuma mit Nesselsucht, bei Milchmangel, bei Verbrennungen und Verbrühungen. Man gibt ein- bis dreimal täglich fünf Globuli Urtica C6. Besonders empfehlenswert ist auch das pflanzliche Gel Combudoron, das Arnika und Brennnessel enthält, zur äußerlichen Anwendung bei Verbrennungen, Verbrühungen, Sonnenbrand und nach Insektenstichen.

Vorsicht

Das Gift der Brennnesseln kann beim Sammeln ohne Handschuhe zu starken allergischen Reaktionen führen. Zubereitet als Tee, Suppe oder Tinktur, sind jedoch keinerlei Nebenwirkungen zu befürchten.

Brunnenkresse

Nasturtium officinale

Wie der Name schon andeutet, wächst die Brunnenkresse vor allem am Rand von Gewässern. »Kresse« hängt mit griechisch »grastis« (= Grünfutter) und »graein« (= nagen) zusammen. Wegen ihres Vitamin- und Mineralreichtums wird sie seit alters als Mittel zur Blutreinigung und allgemeinen Kräftigung gegeben.

Brunnenkresse ist reich an Vitaminen und Mineralien.

Die Merkmale

- Größe: bis zu 60 cm
- Stängel: kriechend oder aufsteigend, innen hohl
- Blätter: gegenständig, geschweift, an den Rändern etwas gesägt
- Blüten: weiß, am Stängelende in Doldentrauben
- Blütezeit: Mai–September
- Standort: am Rand von Quellen und Bächen

Andere Namen:
- **Bachkresse**
- **Bornkers**
- **Wasserkresse**
- **Wassersenf**

Richtig sammeln und anbauen

Verwendet werden die Blätter frisch oder getrocknet; beim Trocknen gehen allerdings viele wertvolle Inhaltsstoffe verloren. Man legt die Blätter in einem trockenen Raum aus und füllt sie nach dem Trocknen in eine Blechdose. Die Kresse hält sich mehrere Monate.

Die Brunnenkresse eignet sich zum Anbau auf einem schattigen Balkon: Sie wird während der Frühlingsmonate in Kästen ohne Bodenlöcher gepflanzt, da sie »nasse Füße« liebt. Über der Erde muss stets ein Zentimeter Wasser stehen.

Die Wirkstoffe

Senföle Senföle besitzen eine starke antibiotische Kraft. Dabei wirken sie, ohne die Darmflora in Mitleidenschaft zu ziehen.

Vitamin C 100 Gramm Brunnenkresse enthalten 62 Milligramm Vitamin C. Das Vitamin wird für unser Immunsystem benötigt, außerdem schützt es die Blutgefäße vor gefährlichen Cholesterinplaques.

Heilwirkungen

- Abwehrschwäche
- Blasenentzündung
- Bronchitis
- Harnwegsentzündungen
- Husten
- Osteoporose

Karotinoide wirken antibiotisch, krebshemmend und schützen Zellwände und empfindliche Biostoffe wie etwa Vitamin C vor dem Angriff freier Radikale. Als Vorstufe zu Vitamin A pflegen sie die Schleimhäute. Brunnenkresse enthält im Durchschnitt etwa 2500 Mikrogramm Karotinoide auf 100 Gramm.

Mit zwei Mikrogramm pro 100 Gramm enthält die Brunnenkresse recht viel Jod. Nachdem die meisten Mitteleuropäer unter Jodmangel leiden, ist das Kraut also auch hier eine sinnvolle Nahrungsergänzung.

Kalzium 100 Gramm Brunnenkresse enthalten 170 Milligramm Kalzium, das vor allem in der Wachstumsphase von Knochen und Zähnen benötigt wird sowie in den Wechseljahren.

Anwendungsformen

Als frische Salatzugabe oder auf dem Butterbrot besitzt Brunnenkresse den größten therapeutischen Wert. Achten Sie aber darauf, dass Sie pro Person mindestens zehn, aber nicht mehr als 20 Gramm zubereiten. Brunnenkressetee hilft gegen Husten.

In der Regel ist die Harnwegsentzündung nicht von Fieber begleitet. Sollte es bei den auf Seite 167 beschriebenen Symptomen jedoch auch zu deutlichen Temperaturerhöhungen kommen, kann es sich um eine Entzündung von Harnleiter oder Nieren handeln. In diesem Fall sofort den Arzt hinzuziehen!

Tee

- 1 EL getrocknetes Kraut mit 1 Tasse kochendem Wasser übergießen
- 10 Minuten ziehen lassen
- Abseihen
- Täglich 3 Tassen trinken

Homöopathie

In der Homöopathie wird die Brunnenkresse in der Potenz C4, dreimal täglich sieben Globuli bzw. Tropfen, bei Gallen- und Lebererkrankungen, Aphthen, Zahnfleisch- und Harnwegsentzündungen eingesetzt.

Vorsicht

Übermäßiger Verzehr von Brunnenkresse kann zu Reizungen der Magenschleimhaut führen. Von dem frischen Kraut sollte man nicht mehr als 20 Gramm pro Tag essen.

Efeu

Hedera helix

»Ebah« ist althochdeutsch, »ibex« lateinisch, und beides heißt »der Kletterer«, so dass sich der Name unserer Pflanze allein durch ihren auffallenden Kletterdrang erklärt.
Der Efeu wird in der Heilpflanzenliteratur immer noch gern als giftig bezeichnet. Auf die Beeren trifft das tatsächlich zu, seine Blätter hingegen bilden ein wichtiges Heilkraut.

Efeublätter werden frisch verwendet.

Die Merkmale

- Größe: bis zu 30 m
- Stängel: im unteren Teil verholzt, stark verzweigt
- Blätter: immergrün, 3- bis 5fach gelappt
- Blüten: gelblich grün, in halbkugeligen Dolden
- Blütezeit: September–November
- Früchte: schwarz, stark giftig
- Standort: lichte Wälder, an Bäumen, Mauern und Gebäuden

Richtig sammeln und anbauen

Geerntet werden die jungen Blätter. Man verwendet sie frisch, weil Efeublätter beim Lagern ihre Saponine verlieren.
Der winterharte Efeu wächst im Schatten genauso gut wie in der Sonne, er bevorzugt durchlässige, feuchte Böden mit reichlich Humus. Kletterhilfen sind überflüssig, da die Pflanze über Haftwurzeln verfügt. Beste Pflanzzeit ist der Spätherbst.

Andere Namen:
- **Baumläufer**
- **Baumtod**
- **Eppich**
- **Immergrün**
- **Mauerefeu**

Die Wirkstoffe

Saponine wirken stark entzündungshemmend und – äußerlich angewendet – pilztötend.
Die »Vorliebe« der Saponine für Fette macht sie zu einem wichtigen Hilfsmittel gegen erhöhte Cholesterinwerte im Blut und damit auch gegen Arteriosklerose.

Jod wird vor allem für die Arbeit der Schilddrüse benötigt. Zu den typischen Symptomen des Jodmangels zählt der Kropf, eine krankhafte Vergrößerung der Schilddrüse.

Heilwirkungen

- Arteriosklerose
- Fußpilz
- Jodmangel
- Kopfhautschuppen
- Keuchhusten
- Krampfhusten
- Überhöhte Cholesterinwerte

Anwendungsformen

Efeutee hilft gegen überhöhte Cholesterinwerte, Arteriosklerose und Jodmangel und zur Lösung eines trockenen, krampfartigen Hustens. Efeufußbäder tragen zum Abheilen von Fußpilz bei. Die Abkochung eignet sich als vorzügliches Shampoo bei schuppigem und leicht fettendem Haar.

Die Saponine des Efeus verbinden sich im Darm mit den dortigen Fetten. Dadurch senken sie unseren Cholesterinspiegel im Blut – eine der wichtigen Voraussetzungen zum Schutz vor Arteriosklerose!

Tee

- 1 TL Efeublätter mit 1 Tasse kochendem Wasser übergießen
- 10 Minuten ziehen lassen und abseihen
- Täglich 2 Tassen trinken, gegen Husten mit Honig oder Ahornsirup süßen

Shampoo

- 1 Handvoll Efeublätter mit 1 l kochendem Wasser übergießen
- 15 Minuten weiterköcheln lassen und abseihen

Fußbad

- 1 Handvoll Efeublätter mit 1 l kochendem Wasser übergießen
- 10 Minuten ziehen lassen
- Abseihen und 10 Minuten abkühlen lassen
- Täglich 3-mal für jeweils 10 Minuten die Füße darin baden

In der Volksmedizin wurde der Efeu gern gegen Husten und Bronchitis eingesetzt. Im Verhältnis zu anderen Heilpflanzen ist seine krampf- und schleimlösende Wirkung jedoch eher gering. Setzen Sie bei normalem Husten lieber auf Mischungen mit Huflattich oder Thymian!

Homöopathie

Efeu wird in der Potenz C6, dreimal täglich fünf Globuli, bei Schilddrüsenüberfunktion, bei Gicht und Rheuma eingesetzt. Bei Krampf- und Keuchhusten und asthmatischen Beschwerden nehmen Sie dreimal täglich sieben Globuli Hedera helix C4.

Vorsicht

Bei einer Dosierung von maximal drei Esslöffeln (bei Kindern zwei Esslöffel) pro Tag sind keine Nebenwirkungen durch Trinken von Efeutee zu erwarten.

Eiche

Quercus robur

Die Eiche galt fast allen germanischen Völkern als herausragender Waldbaum und in seiner unbegrenzt scheinenden Lebensdauer den Göttern zugehörig.
Schon die Ärzte der Antike verwendeten Eichenrinde zu ähnlichen Zwecken wie die Mediziner von heute, nämlich gegen Entzündungen von Haut, Darm, Rachen und Mund.

Die Gerbstoffe der Eichenrinde helfen bei Durchfallerkrankungen.

Die Merkmale

- Größe: bis zu 50 m
- Stamm: kräftig, mit graubrauner, tief gefurchter Borke
- Blätter: mit kurzem Stiel, an den Seiten gelappt
- Blüten: männliche Blüten in hängenden Kätzchen, weibliche Blüten in lang gestielten Ähren
- Blütezeit: Mai/Juni
- Standort: Mischwälder

Andere Namen:
- Eck
- Eckboom
- Ferkeleiche
- Haueneiche
- Heister

Richtig sammeln und anbauen

Gesammelt wird im Frühjahr die Rinde der jungen Zweige. Sie wird im Backofen bei 50 °C getrocknet.
Für normale Gärten wird die Eiche viel zu groß. Sie ist ein Baum für die freie Landschaft und groß angelegte Parks.

Die Wirkstoffe

Gerbstoffe Die Eichenrinde enthält überdurchschnittlich viele Gerbstoffe: sieben bis 20 Prozent. Ihre Wirkung wird schon durch den Namen angedeutet: Wo sie in Kontakt mit lebendem Gewebe kommen, verdichten sie das Zellgefüge. Die Oberfläche des Gewebes wird ausgetrocknet, die dortigen Eiweiße werden in Verbindungen umgewandelt, die Parasiten nicht mehr als Nahrung dienen können. Darüber hinaus verringern Gerbstoffe die Durchblutung und das Schmerzempfinden.
Schließlich wirken Gerbstoffe auch noch stopfend. Sie ziehen Wasser aus dem Darminhalt und können dadurch eine wirksame Hilfe bei Durchfallerkrankungen sein.

Heilwirkungen

- Analekzem/-fissur
- Darminfektionen
- Durchfall
- Entzündungen in Mund und Rachen
- Fußschweiß
- Hämorrhoiden
- Hautekzeme
- »Offene Beine«
- Vaginalinfektionen

Hämorrhoiden müssen nicht unbedingt nach außen sichtbar sein, ihre Symptome ähneln denen anderer Erkrankungen des unteren Darmabschnitts wie Analfissuren, Analekzeme und Pilzbefalls. Zur Absicherung der Diagnose sollten Sie also auf jeden Fall zunächst den Arzt aufsuchen.

Anwendungsformen

Eine Rindenabkochung eignet sich als Spül- und Gurgellösung bei Entzündungen in Mund und Rachen. Wenn man Mullauflagen damit tränkt, lassen sich »offene Beine«, Ekzeme, Verbrennungen und Fußschweiß damit behandeln. Das Eichenrindensitzbad hilft gegen Hämorrhoiden, Hautausschläge und Vaginalinfektionen; ein Fingerbad stärkt brüchige Nägel. Eichenrindentee kann bei Darminfektionen und Durchfall hilfreich sein.

Gurgellösung und Auflagen

- 3 EL Eichenrinde mit 1/2 l Wasser aufkochen
- 15 Minuten köcheln lassen und abseihen
- 3- bis 4-mal pro Tag damit gurgeln bzw. ein Leinentuch damit tränken und auf die betroffenen Stellen legen

Haben Sie sich an der Herdplatte oder am Bügeleisen verletzt? Weichen Sie kurz eine Handvoll Eichenrinde in Wasser auf, und legen Sie sie dann – in ein Mulltuch eingeschlagen – locker auf die verbrannte Stelle. Diese Auflage verengt sofort die gereizten Blutgefäße und kann dadurch schlimme Entzündungen verhindern.

Sitzbad (Fingerbad)

- 1 Handvoll (20–30 g) Eichenrinde mit 1 l (1 Tasse) Wasser kurz aufkochen und 15 Minuten lang köcheln lassen
- Abseihen und auf Körperwärme abkühlen lassen
- 2-mal täglich ein Sitzbad (3-mal täglich ein Fingerbad) von 10 Minuten nehmen

Tee

- 1 TL Eichenrinde mit 1 Tasse kochendem Wasser übergießen
- 10 Minuten ziehen lassen, abseihen und täglich 2 Tassen trinken

Homöopathie

Die Homöopathie setzt Präparate aus der Eiche nicht ein.

Vorsicht

Das Trinken von mehr als zwei Tassen Eichenrindentee pro Tag kann zu Magenbeschwerden führen.

Erdrauch

Fumaria officinalis

Als Heilpflanze war der Erdrauch bereits in der Antike bekannt. Die alten arabischen Ärzte verwendeten ihn als Blutreinigungsmittel zur Verschönerung der Haut. In der Volksmedizin ist Erdrauch seit Jahrhunderten ein beliebtes Gallenmittel.
Auch heute gehört das Heilkraut zu den wirksamsten pflanzlichen Gallenregulationsmitteln. Aufgrund seines hohen Fumarsäuregehaltes hilft er außerdem bei Schuppenflechte.

Erdrauch siedelt sich in verwilderten Gartenecken an.

Die Merkmale

- Größe: 10–30 cm
- Stängel: glatt, zart und stark verästelt
- Blätter: doppelt gefiedert
- Blüten: rosa bis rot, in achselständigen, reichblütigen Trauben
- Blütezeit: Mai–September
- Standort: Äcker, Brachland, Schuttplätze, verwilderte Gärten

Andere Namen:
- **Erdgalle**
- **Feldraute**
- **Grindkraut**
- **Krätzekraut**
- **Taubenkropf**

Richtig sammeln und anbauen

Geerntet wird während der Blütezeit das ganze Kraut. Man trocknet die Pflanze dann an einem schattigen und luftigen Ort. Erdrauch braucht nicht extra angebaut zu werden. Es reicht, eine Ecke des Gartens einfach verwildern zu lassen. In der Regel gehört dann der Erdrauch zu den Pflanzen, die sich als Erste dort ansiedeln.

Die Wirkstoffe

Fumarsäure Die Substanz ist aus der sogenannten Fumarsäuretherapie bekannt, einer Heilmethode bei Schuppenflechte (Psoriasis). Ihre Ansätze gehen bis in die sechziger Jahre zurück, geleitet von der Annahme, dass der Psoriatiker unter einer Stoffwechselstörung leidet. Dadurch wird zu wenig von der wichtigen Hautsubstanz Fumarsäure gebildet, wodurch es zu den typischen Schuppenbildungen kommt. Es scheint daher nur nahe liegend, durch Gabe von Fumarsäure diese Ursache zu beseitigen. Neben ihrem Einfluss auf die Haut reguliert Fumarsäure den – zu starken oder zu schwachen – Gallenfluss.

Heilwirkungen

- Gallenbeschwerden (akut/chronisch)
- Gallensteine
- Schuppenflechte (Psoriasis)
- Verdauungsbeschwerden und Übelkeit nach fetthaltigen Speisen
- Verstopfung (chronische)

Bitterstoffe Die Bitterstoffe des Krauts fördern den Appetit und die Verdauung, machen den Erdrauch jedoch auch zu einer Pflanze, deren Aufguss geschmacklich außerordentlich unangenehm ist. Erdrauchtee sollte daher mit Honig gesüßt oder aber mit besser schmeckenden Pflanzen angereichert werden, die ein ähnliches Wirkstoffprofil besitzen. Bei Hauterkrankungen empfiehlt sich die Beigabe von Ringelblumenblüten; zur Anregung des Gallenflusses sollte er mit Birken- und Melissenblättern kombiniert werden.

Erdrauch wirkt nicht nur einseitig hemmend oder anregend auf den Gallenfluss, sondern richtet sich in seiner Tätigkeit nach dem aktuellen Bedarf. Er kann also den Gallenfluss drosseln oder verstärken. Wissenschaftler sprechen hier von einer amphotropen Wirkungsweise.

Anwendungsformen

Erdrauchtee hilft bei Gallenbeschwerden. Außerdem kann er durch seinen hohen Fumarsäuregehalt an Schuppenflechte Erkrankten Linderung bringen. Sofern der Patient jedoch schon eine Fumarsäuretherapie hinter sich hat, die erfolglos war, hat auch die Anwendung von Erdrauch keinen Sinn.

So schützen Sie sich vor Psoriasisschüben:

- Trinken Sie weniger Alkohol! 100 Gramm Alkohol pro Tag (das entspricht etwa vier Flaschen Bier oder anderthalb Flaschen Wein) steigern das Risiko für einen Psoriasisschub um das Doppelte.
- Gehen Sie so oft wie möglich an die frische Luft, aber nicht in die heiße Mittagssonne der Sommermonate.

Tee

- 1 TL Erdrauch (eventuell mit Beimischung, siehe oben unter »Bitterstoffe«) mit 1 Tasse kochendem Wasser übergießen
- 10 Minuten ziehen lassen
- Abseihen und mit Honig süßen
- Täglich 2–3 Tassen, jeweils nach der Mahlzeit, trinken

Homöopathie

In der Homöopathie wird der Erdrauch nicht verwendet.

Vorsicht

Bei Einhalten der Tagesdosis von zwei bis drei Teelöffeln Erdrauch sind keine Nebenwirkungen zu befürchten. Eine überhöhte Dosis kann zu Bauchschmerzen führen.

Die Fichte treibt Tellerwurzeln und ist somit für den eigenen Garten nicht geeignet.

Fichte

Picea abies

Die Fichte zählt zu den in Deutschland am häufigsten gepflanzten Bäumen. Fichtennadelextrakte als Badezusatz und zum Inhalieren gehören mittlerweile zu den pflanzlichen Heilmitteln, die in großer Anzahl über die Ladentische der Apotheken wandern. Zwar gibt es vor allem gegen Erkältungen, Neuralgien und Rheuma hier zu Lande viel wirksamere Heilpflanzen, doch besitzt die Fichte zweifellos eine starke durchblutungsfördernde Wirkung.

Die Merkmale

- Größe: bis zu 50 m
- Stamm: schlank, mit dünnschuppiger Borke
- Blätter: immergrüne, vierkantige Nadeln
- Blüten: weibliche Blüten als 6 cm lange Zapfen, männliche deutlich kleiner
- Blütezeit: Mai/Juni
- Geruch: aromatischer Duft der Nadeln
- Standort: Misch- und Nadelwälder

Richtig sammeln und anbauen

Geerntet werden im April/Mai Knospen und junge Triebe. Sie werden in der Regel direkt verarbeitet, also nicht getrocknet.
Die Fichte wird sehr groß und treibt Tellerwurzeln in die Erde, über denen sich nicht mehr viel anpflanzen lässt. Für den normalen Garten ist sie daher ungeeignet.

Die Wirkstoffe

Terpentinöle Sie bestehen bei der Fichte zum überwiegenden Anteil aus Pinenen, die auf der Haut einen intensiven Rötungs- und Wärmereiz hervorrufen. Innerlich wirken sie krampf- und schleimlösend auf die Bronchien.

Vitamin C Dieses Vitamin zählt zu den wichtigsten für die Infektionsabwehr. Darüber hinaus sorgt Vitamin C in den Blutgefäßen für eine rasche Versiegelung von mikroskopischen Schäden an den Gefäßwänden.

Andere Namen:
- **Feichten**
- **Gräne**
- **Rottanne**

Heilwirkungen

- Bronchitis/Husten
- Erkältung
- Herzbeschwerden
- Neuralgien

Anwendungsformen

Fichtennadelbäder helfen über die Inhalation der Dämpfe bei Erkältungen, Bronchitis und Husten sowie über die Hautreizung bei Neuralgien. Fichtennadeltinktur eignet sich zur äußerlichen Anwendung bei funktionellen Herzbeschwerden, Husten und Bronchitis sowie bei Neuralgien.

Fichtennadelöl wird auch gern als Stimulans für das angeschlagene Herz-Kreislauf-System angepriesen. Diese Wirkung konnte bislang aber in keinem wissenschaftlichen Test nachgewiesen werden. Von Fichtennadelpräparaten für die Herz-Kreislauf-Behandlung ist deshalb abzuraten.

Bad

- 1–2 Handvoll frische Fichtennadeln oder die entsprechende Menge eines Fichtennadelextraktes ins Badewasser geben

Tinktur

- 20 g frische Sprossen in 100 ml 70-prozentigem Alkohol 10 Tage lang ziehen lassen
- Durch ein Leinentuch gießen
- Zur Anwendung mit 2 Teilen Wasser verdünnen
- Bei funktionellen Herzbeschwerden, Husten, Bronchitis: 3- bis 4-mal täglich auf dem Brustkorb einreiben
- Bei Neuralgien: auf die schmerzenden Stellen einmassieren

Homöopathie

Die deutsche Fichte findet in der Homöopathie keine Verwendung, hingegen die kanadische (Picea glauca) und die Schwarzfichte (Picea mariana) bei Magen-Darm-Beschwerden mit funktionellen Herzbeschwerden.

Vorsicht

Äußerliche Anwendungen mit Fichtennadelöl sind bei Einhalten der vorgeschriebenen Dosierung frei von Nebenwirkungen, bei überhöhter Dosis kann es zu Haut- und Schleimhautentzündungen kommen. Verzichten Sie auf Fichtennadeltee! Er ist wegen seiner starken Reizwirkung problematisch. Außerdem gibt es für Erkältungen und dergleichen Kräutertees, die viel wirksamer sind.

Frauenmantel lindert vor allem Menstruationsbeschwerden.

Frauenmantel

Alchemilla vulgaris

Schon der Name weist darauf hin, dass der Frauenmantel häufig zur Therapie von Frauenerkrankungen eingesetzt wurde. Zwar gehört er zu jenen Pflanzen, deren Wirkungen wissenschaftlich kaum erklärt werden können; das ändert jedoch nichts daran, dass Naturheilärzte mit ihm bei der Behandlung von Frauenkrankheiten beste Erfahrungen sammeln konnten und ihn daher auch heute noch verwenden.

Die Merkmale

- Größe: bis zu 50 cm
- Stängel: Hauptachse 5–15 mm dick und bis in den Blütenstand behaart
- Blätter: lang gestielt, 7- bis 11-teilig gefaltet, Ränder mit feinen Zähnchen; »Tautropfen« werden von den Blättern abgegeben und sammeln sich auf ihrer Oberfläche
- Blüten: grün- bis blassgelb, mit langem Stiel in einer Rispe zusammengefasst
- Blütezeit: Mai–September
- Standort: Bachufer, lichte Wälder, Waldränder und feuchte Wiesen

Andere Namen:
- **Frauenhilf**
- **Jungfernmantel**
- **Löwenfuß**
- **Taukraut**
- **Taublatt**
- **Wundwurz**

Richtig sammeln und anbauen

Geerntet werden die Blätter vor der Blütezeit, also von April bis Anfang Mai. Sie werden klein geschnitten und auf ein Leinentuch an einem schattigen und gut durchlüfteten Ort zum Trocknen ausgebreitet.
A. vulgaris wird im Garten in der Regel nicht angebaut. Dort setzt man eher auf A. mollis. Über die Heilwirkungen dieser Art liegen jedoch keine gesicherten Erkenntnisse vor.

Die Wirkstoffe

Gerbstoffe Die Gerbstoffe des Frauenmantels hemmen das Wachstum von bestimmten Bakterien wie etwa Staphylococcus aureus. Darüber hinaus setzen sie die Mutationsrate in unseren Zellen herab; es kommt also zu einer geringeren Zahl an Verän-

Heilwirkungen

- Durchfall
- Dysmenorrhö (Menstruation mit kolikartigen Schmerzen)
- Fluor (Weißfluss)
- Hautunreinheiten und -entzündungen
- Krebsvorbeugung

derungen im Erbgut. Dem Frauenmantel kommt daher eine wichtige Rolle bei der Vorbeugung von Krebserkrankungen zu. Nicht zu vergessen sind schließlich auch die »gerbenden« und abdichtenden Eigenschaften der Gerbstoffe auf Darm und Haut. Frauenmantel gilt in der Kosmetik als bewährtes Mittel zur Hautstraffung.

Frauenmantel soll auch die Versorgungssituation des Uterus verbessern und kann dadurch Fehlgeburten verhindern. Mitunter wird er auch eingesetzt, um Frauen nach langer ungewollter Kinderlosigkeit zu einem Baby zu verhelfen. Außerdem verringert er die Blutverluste in den ersten Tagen nach der Niederkunft.

Flavonoide Sie senken die Muskelspannung in unseren Blutgefäßen und schützen sie vor Schädigungen. Die kräftigende Wirkung des Frauenmantels auf den Uterus geht möglicherweise auf die Flavonoide zurück.

Anwendungsformen

Frauenmanteltee regelmäßig getrunken, hilft bei Fluor und Durchfall. Frauen mit starken Unterleibskrämpfen während der Menstruation beginnen mit der Teekur zwei bis drei Tage vor dem erwarteten Regeltermin. Bei unreiner und entzündeter Haut trinkt man eine Woche lang täglich Frauenmanteltee.

Gesichtsauflagen mit abgekühltem Frauenmanteltee helfen bei großporiger und welker Haut, sie wirken straffend und belebend. Am besten legt man sie abends mindestens 15 Minuten lang auf.

Tee

- 2 TL getrocknete Frauenmantelblätter mit 1 Tasse kochendem Wasser übergießen
- 10 Minuten ziehen lassen und abseihen
- Täglich 3 Tassen trinken

Homöopathie

Die Homöopathie verwendet den Frauenmantel nicht.

Vorsicht

Frauenmantel enthält Tannine, die in hohen Dosierungen zu Leberschäden führen können. Bei Einhalten der Dosis von drei bis vier Esslöffeln pro Tag sind allerdings keine Nebenwirkungen zu befürchten.

Die Flavonoide des Gänsefingerkrauts helfen Babys bei Blähungen.

Gänsefingerkraut

Potentilla anserina

Schon in mittelalterlichen Kräuterbüchern wird das Gänsefingerkraut gegen »Stuhlzwang« (Durchfall) empfohlen – daher auch der Name Zwangkraut.
Heute spielt das Kraut als Heilpflanze eher eine Außenseiterrolle. Es wird aber häufig Teemischungen gegen Darm- und Menstruationskrämpfe beigegeben.

Die Merkmale

- Größe: bis 10 cm
- Stängel: kriechend, bis zu 30 cm lang
- Blätter: gegenständig, gefiedert, Fiederblättchen tief eingeschnitten, Unterseite mit silbergrauen Seidenhaaren
- Blüten: gelb, langer Stiel, in der Nacht geschlossen
- Blütezeit: Mai–September
- Standort: Wiesen, Viehweiden, Bach- und Wegränder

Richtig sammeln und anbauen

Geerntet werden Blätter und Blüten von Mai bis August. Trocknen Sie sie an einem luftigen Ort.
Das Gänsefingerkraut bevorzugt nährstoff- und stickstoffreiche Böden in der Sonne oder im Halbschatten. Ein Anbau erübrigt sich, da die Pflanze zu den klassischen Unkräutern gehört und sich überall von selbst ansiedelt.

Andere Namen:
- Anserine
- Gänserich
- Krampfkraut
- Silberkraut
- Zwangkraut

Die Wirkstoffe

Gerbstoffe Sie verändern die Eiweißverbindungen im Darm derartig, dass sie nicht mehr von schädlichen Bakterien verwertet werden können.

Flavonoide Die Flavonoide des Gänsefingerkrauts wirken krampflösend, sehr wahrscheinlich sind aber an dieser Wirkung auch noch andere Wirkstoffe beteiligt. Die Pflanze hilft deshalb bei Darm- und Magenkrämpfen, der Dreimonatskolik von Babys sowie bei Krämpfen während der Regelblutung.

Heilwirkungen

- Blähungskoliken
- Darminfektionen
- Dreimonatskolik von Babys
- Krämpfe während der Regelblutung
- Magen-Darm-Krämpfe
- Muskelkrämpfe

Anwendungsformen

Eine Kur mit Gänsefingerkrauttee empfiehlt sich, wenn Sie häufiger unter Darm- oder Muskelkrämpfen leiden. Bei Menstruationsbeschwerden beginnen Sie mit der Teekur drei Tage vor dem erwarteten Regeltermin. Sportlern, die im Winter von Muskelkrämpfen heimgesucht werden, kann diese Teekur ebenfalls helfen. Bei Magen-Darm-Krämpfen und krampfartigen Regelschmerzen wirkt oft auch die Milchabkochung sehr gut.

Tee

- 1 EL getrocknetes Gänsefingerkraut mit 1 Tasse heißem Wasser übergießen
- 10 Minuten ziehen lassen und abseihen
- Täglich 3 Tassen trinken
- Babys erhalten den Tee in der Saugflasche pur oder löffelweise der Milchnahrung zugesetzt

Milchabkochung

- 1–2 TL getrocknetes Gänsefingerkraut mit 1 Glas Milch aufkochen, 10 Minuten ziehen lassen und abseihen
- Bei Bedarf so heiß wie möglich trinken

Erste Hilfe beim Wadenkrampf bringt folgende Übung:
Den Wadenmuskel dehnen Sie am besten in Rückenlage bei gebeugtem Kniegelenk, die Fußspitzen werden dann behutsam nach oben gezogen. Der Wadenkrampf verschwindet schneller, wenn Sie sich vor der Dehnung für fünf bis zehn Sekunden einen Beutel Eis in die Kniekehle drücken. Denn im Anschluss an diese spontane Kühlung kommt es schlagartig zu einer Erweiterung der Blutgefäße in Richtung Unterschenkel.

Homöopathie

Der homöopathische Einsatz von Gänsefingerkraut ist wenig gebräuchlich. Bei Magen-Darm-Koliken und menstruationsbedingten Bauchkrämpfen können niedere Potenzen mehrfach täglich eingesetzt werden.

Vorsicht

Gänsefingerkraut wird seit alters gegen Krämpfe eingesetzt. Pfarrer Kneipp wendete die Pflanze sogar bei Wundstarrkrampf an. Diese schwere Erkrankung muss heute jedoch unbedingt vom Arzt behandelt werden!

Goldrute

Solidago virgaurea

Als Arzneimittel ist das Goldrutenkraut schon ungefähr 700 Jahre alt. Im Mittelalter schätzte man es vor allem zur Heilung von offenen Wunden und als »Spülmittel« für träge Nieren und entzündete Harnwege.
Auch in der heutigen Medizin sind dies die Hauptanwendungsbereiche.

Die hoch wachsende Goldrute stellt keine besonderen Ansprüche an ihren Standort.

Die Merkmale

- Größe: bis 1 m
- Stängel: aufrecht, oben behaart
- Blätter: ellipsenförmig, wechselständig, unten kurz gestielt, oben sitzend, bis zu 10 cm lang
- Blüten: gelb, an den Spitzen der Triebe in dichten Rispen
- Blütezeit: August–Oktober
- Standort: Waldlichtungen, Waldränder, auf Dünen am Meer

Andere Namen:
- **Himmelbrand**
- **Ochsenbrot**
- **Wundkraut**

Richtig sammeln und anbauen

Gesammelt wird das gesamte Kraut. Am besten schneidén Sie es 50 Zentimeter über dem Boden ab und hängen es auf dem Dachboden kopfüber zum Trocknen auf.
Die Goldrute ist bescheiden und stellt keine großen Ansprüche an ihren Standort. Sie liebt lockeren und leichten Boden mit ausreichend Kalk, gedeiht in Sonne und Halbschatten.

Die Wirkstoffe

Flavonoide Die Goldrute hat einen hohen Gehalt an antibiotischen, krebs- und entzündungshemmenden Flavonoiden. Außerdem erhöhen sie Harnmenge und Natriumausscheidung.

Phenolglykoside In der Goldrute dominiert vor allem das Phenolglykosid Leiokarposid. Es wirkt schmerz- und entzündungshemmend und fördert die Urinausscheidung. Dadurch werden Nieren, Blase und Harnwege regelrecht mit entzündungshemmenden Substanzen durchgespült.

Heilwirkungen

- Entzündungen der Harnwege
- Harnsteine
- Hautabschürfungen
- Nierengrieß
- Wassersucht
- Vorbeugung von Bluthochdruck

Anwendungsformen

Goldrutentee und -tinktur sind bei allen Erkrankungen der Harnwege angezeigt. Umschläge mit frischen Blättern haben sich besonders bei nässenden und schlecht heilenden Hautabschürfungen bewährt.

Die Goldrute enthält nicht nur zahlreiche antibiotische und entzündungshemmende Substanzen, sondern sorgt auch dafür, dass sie gezielt in Nieren, Blase und Harnwegen zum Einsatz kommen.

Tee

- 1 EL Goldrutenkraut mit 1 Tasse kochendem Wasser überbrühen
- 10 Minuten ziehen lassen und abseihen
- Täglich 3 Tassen zwischen den Mahlzeiten trinken

Tinktur

- 20 g getrocknetes und zerkleinertes Kraut in 100 ml 60- bis 80-prozentigem Alkohol 8 Tage ziehen lassen
- In eine dunkle Tröpfchenzählflasche füllen
- Täglich 3-mal 10 Tropfen einnehmen

Der Staub der Goldrutenblüten gehört zu den häufigsten Auslösern von Heuschnupfen. Doch eine Allergie auf den Blütenstaub schließt eine Anwendung des Goldrutenkrauts keineswegs aus!

Frische Blätter

- Gewaschene frische Blätter des Krauts als Umschlag auf offene (aber nicht mehr blutende) Wunden legen und mit einer Mullbinde befestigen

Homöopathie

Bei chronischer Nierenentzündung, Eiweißausscheidung im Urin oder Nierensteinen, besonders wenn begleitend Hautausschläge, Lymphknotenschwellungen und Ödeme auftreten, gibt man Goldrute in der Potenz C4, dreimal täglich fünf Globuli.

Vorsicht

Bei Wasseransammlungen infolge von Herzschwäche oder verringerter Nierentätigkeit darf die Goldrute nicht zum Einsatz kommen.

Heckenrose

Rosa canina

Die Heckenrose mit ihren leuchtend roten Früchten, den Hagebutten, war schon den Menschen im Altertum bekannt. Sie ist in unseren Breiten die am häufigsten vorkommende Wildrosenart. Ihr therapeutischer Wert beruht vor allem auf ihrem hohen Gehalt an Kalzium und Vitamin C.

Hagebutten werden vor allem wegen ihres Vitamin-C-Gehalts geschätzt.

Die Merkmale

- Größe: 1–3 m
- Zweige: dornig und überhängend
- Blätter: unpaarig gefiedert, Stiele mit Dornen
- Blüten: weiß bis rosarot
- Blütezeit: Juni/Juli
- Früchte: rot, Scheinfrüchte, mit vielen kleinen Kernen
- Standort: feuchte Wiesen, Wald- und Wegränder

Richtig sammeln und anbauen

Geerntet werden die Hagebutten im Oktober. Sie werden der Länge nach halbiert und entkernt. Anschließend verarbeitet man die frischen Hagebutten sofort zu Mark, oder man trocknet sie in einem luftigen Raum für Hagebuttentee.
Wie andere Rosen bevorzugt die Heckenrose sonnige und nicht beengte Standorte mit tiefgrundig gelockertem Boden.

Andere Namen:
- Hetschepetschen
- Hiefalter
- Hundsrose
- Wildrose

Die Wirkstoffe

Vitamin C Die Hagebutte brilliert, frisch und gekocht, vor allem durch ihren hohen Gehalt an Vitamin C.

Kalzium Mit 250 Milligramm auf 100 Gramm gehört die Hagebutte zu den wichtigsten Kalziumlieferanten der Pflanzenwelt.

Flavonoide Sie sorgen dafür, dass unser Körper das Vitamin C der Hagebutte besser verwerten kann. Darüber hinaus wirken sie entzündungshemmend und antibiotisch.

Heilwirkungen

- Abwehrschwäche
- Grippale Infekte
- Osteoporose
- Zahnfleischentzündung

Anwendungsformen

Am meisten Vitamin C bleibt erhalten, wenn Sie die Hagebutte frisch zu Mark verkochen. Es ist im Kühlschrank einige Tage haltbar, in der Gefriertruhe können Sie sich einen Wintervorrat anlegen. Hagebuttenmark eignet sich zur Zubereitung von Suppe und Marmelade, und es passt hervorragend als außergewöhnliche Beilage zu Wildgerichten, Pasteten und kurz gebratenem Fleisch.
Hagebuttentee eignet sich für Frühjahrskuren und zur Stärkung bei Fieber, Erkältungen und in der Rekonvaleszenz.

Nikotin steigert den Vitamin-C-Bedarf des Menschen um ein Vielfaches. Auch Aspirin gilt als »Vitamin-C-Fresser«. Hagebutten bilden daher eine wertvolle Ergänzung für Raucher und Menschen, die regelmäßig Aspirin nehmen (z. B. chronisch Schmerzkranke und Herzinfarktpatienten).

Mark

- Frische Früchte von Stielen und Blütenresten befreien, in der Mitte auseinander schneiden, entkernen und waschen
- Mit Wasser bedecken und über Nacht stehen lassen
- Hagebutten und Einweichwasser 30 Minuten lang kochen und durch ein Sieb streichen
- Tiefgekühlt mehrere Monate haltbar

Tee

- 2 TL der getrockneten Schalen mit kochendem Wasser übergießen
- 10 Minuten ziehen lassen und abseihen
- Täglich 3 Tassen trinken

Homöopathie

In der Homöopathie ist der Einsatz der Heckenrose nicht gebräuchlich.

Genießertip

Hagebuttenwein ist ein ausgezeichnetes Stärkungsmittel. Lassen Sie 100 Gramm getrocknete Hagebutten zwei Wochen in einem Liter Rotwein ziehen, danach abseihen. Hagebuttenwein schmeckt köstlich und enthält außerdem viel Vitamin C und viele Flavonoide.

Heidelbeeren werden im Hochsommer gesammelt.

Heidelbeere

Vaccinium myrtillus

Der Name Heidelbeere führt den Sammler auf Abwege: Nicht auf Heideflächen, sondern in Laub- und Nadelwäldern findet man die niedrigen Sträucher hauptsächlich.
Heute werden Heidelbeeren vor allem in der Küche verwendet. Die schon im Mittelalter bekannte Heilwirkung, etwa bei Durchfallerkrankungen, wird erst allmählich wieder entdeckt.

Die Merkmale

- Größe: maximal 50 cm
- Zweige: grün, kantig, reich verzweigt
- Blätter: hellgrün, wechselständig, eiförmig, mit kurzem Stiel
- Blüten: grünlichweiß, einzeln hängend, kugelige Blütenkrone
- Blütezeit: Mai/Juni
- Früchte: saftige, blauschwarze Beeren
- Standort: lichte Wälder, Hochmoore, Heideflächen

Richtig sammeln und anbauen

Man sammelt die Früchte während der Hochsommermonate. Die vorsichtig gewaschenen Beeren werden im Backofen bei 45 °C getrocknet.
Der Anbau der wild wachsenden Heidelbeere ist bei uns nicht üblich, meistens wird in unseren Gärten die Kulturform Vaccinium corymbosum angepflanzt. Deren Beeren sind zwar größer und geschmacksärmer als die der Waldheidelbeere, enthalten aber etwa die gleiche Menge an Wirkstoffen.
Die Gartenheidelbeere liebt feuchte, saure und kalkfreie Böden mit relativ viel Sonne, als Dünger reicht etwas Kompost. Wichtiger ist eine ständige Mulchdecke aus Sägemehl, angerotteten Holzabfällen oder Nadelstreu. Gepflanzt wird am besten im Oktober.
Besonders wichtig ist es, die Heidelbeerpflanzung gleichmäßig feucht zu halten. Je nach Garten kann die Anlage eines Hochbeetes sinnvoll sein. Nach zwei bis drei Jahren brauchen die Heidelbeeren in der Regel einen Verjüngungsschnitt. Im Frühjahr kann man sie durch Stecklinge vermehren.

Andere Namen:
- **Bickbeere**
- **Blaubeere**
- **Rossbeere**
- **Schwarzbeere**

Die Wirkstoffe

Gerbstoffe Heidelbeeren enthalten überdurchschnittlich viel Gerbstoffe. Während jedoch reine Gerbsäure gesundheitlich eher problematisch ist, da sie die oberen Verdauungswege angreifen würde, sind die Gerbstoffe der Heidelbeere an die zahlreichen Farbstoffe der Frucht gekettet. Die Gerbstoffe müssen im Darm also erst aus ihren Verbindungen gelöst werden, wodurch ihre Wirkung genau in der richtigen Geschwindigkeit und Dosierung für den menschlichen Organismus freigesetzt wird.
Gerbstoffe wirken »gerbend« auf die entzündete Darmschleimhaut: Sie lassen das Gewebe sich zusammenziehen, festigen es und schränken die Schleimsekretion ein.

In der Volksmedizin besitzt die Heidelbeere einen vorzüglichen Ruf. Ein alter Spruch lautet: »In der Heidelbeerzeit kann der Arzt auf Urlaub gehen.«

Myrtillin Myrtillin gibt der Heidelbeere ihre typische Farbe und hemmt das Wachstum von Krankheitserregern im Darm.

Ellagsäure Diese Substanz wird nur in geringem Maß verdaut und schnell wieder ausgeschieden. Sie ist in der Lage, eine Reihe von Entgiftungsenzymen aus den Darmwänden zu ziehen. Dadurch eignet sich die Ellagsäure als Heilmittel gegen chronische und akute Vergiftungen. Außerdem hindert sie krebsauslösende Stoffe daran, im Darm aktiv zu werden. Sie ist also ein wirksames Mittel zur Vorbeugung gegen Darmkrebs.

Pektine gehören zu den Ballaststoffen. Sie sind imstande, erhöhte Cholesterinwerte im Blut zu senken.

Anwendungsformen

Heidelbeeren – in getrocknetem Zustand – sind ein bewährtes Mittel insbesondere gegen Durchfallerkrankungen. Man kann einfach vor den Mahlzeiten einige Beeren zerkauen; bei empfindlichen Menschen rufen die Kerne jedoch leicht Magenreizungen hervor, was durch eine Abkochung verhindert wird. Der so zubereitete Tee ist sogar für Säuglinge und Kleinkinder gut verträglich. Eine rasche Hilfe gegen Durchfall stellt auch das Heidelbeerkonzentrat dar, das in Reformhäusern erhältlich ist.
Gegen Maden- und Spulwürmer, vor allem bei Kindern, ist eine Heidelbeerkur angezeigt. Während der Kur dürfen Sie höchstens etwas Zwieback oder Salzstangen essen (Trinken ist natürlich erlaubt!).
Zur allgemeinen Stärkung auch von Kindern und älteren Menschen eignet sich Heidelbeersirup. So werden sie selbst von schwachen Magenwänden gut vertragen.

Heidelbeersaft, selbst gepresst oder aus dem Reformhaus, kann – kurmäßig getrunken – zur Nieren- und Blasenstärkung eingesetzt werden. Er scheint einen Stoff zu enthalten, der die Erreger von Blasenentzündungen bekämpft. Frauen und Mädchen, die häufig unter Blasenkatarrhen leiden, sollten täglich ein Gläschen Heidelbeersaft trinken.

Heilwirkungen

- Blasenschwäche
- Darmentzündungen
- Durchfallerkrankungen
- Spul- und Madenwürmer
- Vergiftungen

Heidelbeerbuttermilch wirkt in starkem Maß entzündungshemmend im Darm, die kombinierten Heilstoffe aus Heidelbeeren und Buttermilch bringen die Mikroflora von strapazierten Därmen wieder ins Gleichgewicht.
Heidelbeer-Birnen-Saft wirkt sanft abführend. Er schmeckt recht lecker, so dass er auch von geschmacksempfindlichen Menschen gern genommen wird. Heidelbeerlikör unterstützt den Verdauungstrakt bei seiner Arbeit.

Der sogenannte Zahnungsdurchfall bei Säuglingen, der während des Durchbrechens der Zähne auftreten kann, wird nicht durch das Zahnen selbst ausgelöst. Vielmehr hängt er wohl mit einer gleichzeitig auftretenden allgemeinen Abwehrschwäche der Babys zusammen oder damit, dass diese sich mit nicht ganz sauberen Gegenständen oder Fingern die schmerzenden Zahnleisten massieren und so die Erreger in den Darm gelangen.

Kur

- 3 Tage lang ausschließlich rohe oder kurz aufgekochte Heidelbeeren essen
- Tagesdosis maximal 5 EL

Heidelbeerbuttermilch

- 400 g Heidelbeeren verlesen und im Mixer oder mit dem Pürierstab zermusen
- Mit braunem Zucker verrühren (Menge nach Geschmack)
- Mit 1/2 l Buttermilch verquirlen

Heidelbeer-Birnen-Saft

- 200 g Birnen waschen, entkernen, schneiden und entsaften
- 200 g Heidelbeeren verlesen und ebenfalls entsaften
- Beide Säfte gut miteinander vermischen
- Täglich 2 Gläser trinken

Sirup

- 1 l selbst gepressten oder gekauften (Reformhaus) Heidelbeersaft mit 3–4 EL Honig kurz aufkochen
- Heiß in Glasflaschen füllen
- Täglich 1 kleines Glas davon trinken oder mit Mineralwasser zu einem Erfrischungsgetränk verdünnen

Likör

- 2–3 Handvoll frische Beeren in 1 l Branntwein geben
- Etwa 8 Tage lang ziehen lassen, dabei täglich gut durchschütteln, anschließend filtern und mit 400 g Rohrzucker süßen
- Gläschenweise zu den Mahlzeiten trinken

Tee

- 5 gehäufte EL (bei Kindern 3 EL) getrocknete Früchte zerquetschen und in 1/2 l Wasser geben
- Etwa 10 Minuten kochen lassen und abseihen
- Bei Zahnungsdurchfall von Säuglingen: täglich 3- bis 5-mal je 1–2 TL der Flaschennahrung zugeben oder dem gestillten Kind direkt in den Mund träufeln
- Bei Durchfall von Kindern: täglich 3- bis 5-mal je 3–5 EL ungesüßten Tee geben
- Bei Durchfall von Erwachsenen: täglich mehrmals 1 kleine Tasse ungesüßten Tee trinken

Die frischen Früchte können Sie auch als Kuchenbelag, Kompott oder unter Quark und Joghurt gemischt zur allgemeinen Stärkung zu sich nehmen. Bei Durchfall dürfen Sie aber nur die getrockneten Beeren verwenden. Frische Heidelbeeren könnten den Durchfall sogar verstärken.

Homöopathie

Dreimal täglich sieben Globuli bzw. Tropfen der Potenz C4 helfen bei Durchfällen, Darm- und Mundschleimhautentzündungen.
Dreimal täglich drei Globuli C4 gibt man bei Verdauungsstörungen oder Ekzemen von Säuglingen.
Dreimal täglich 14 Globuli bzw. Tropfen C4 können vor den Mahlzeiten zur Unterstützung bei Diabetes mellitus verabreicht werden.

Vorsicht

Wenn Sie die Beeren selbst sammeln, müssen Sie sicher sein, dass keine wild lebenden Füchse mit den Beerensträuchern in Berührung gekommen sind. Wenn Sie das nicht ausschließen können, sollten Sie auf das Sammeln verzichten, um die lebensgefährliche Infektion mit dem Fuchsbandwurm zu vermeiden.
Essen und verarbeiten Sie bei Durchfallerkrankungen nur die getrockneten Früchte! Die frischen Beeren können zu Magen- und Darmproblemen führen, bereits bestehender Durchfall kann verstärkt werden.
Bei empfindlichen Menschen können die winzigen Kerne der Heidelbeeren Reizungen der Magenschleimhaut verursachen, was durch die Zubereitung als Tee verhindert wird.
Die Heidelbeere wird außerdem gern mit der Rauschbeere (Vaccinium uliginosum) verwechselt, deren Früchte Schwindelgefühle auslösen können. Man unterscheidet die Pflanzen an den Blättern: Sie sind bei der Rauschbeere blaugrün, bei der Heidelbeere hingegen hellgrün.

Himbeere

Rubus idaeus

Die Himbeere ist bei uns heimisch, ihr Name kommt aus dem Althochdeutschen: In den Sträuchern der »hintberi« versteckte sich die »Hinde«, die Hirschkuh, mit ihrem Kalb. Der griechische Arzt Dioskurides berichtet im 1. Jahrhundert n. Chr., dass gute Himbeeren auf dem Berg Ida in Kleinasien wachsen würden: Aus dem Strauch des Berges Ida wurde schließlich Rubus idaeus.

Himbeeren sollten frisch verzehrt werden, da beim Trocknen wertvolle Wirkstoffe verloren gehen.

Die Merkmale

- Größe: bis zu 2 m
- Zweige: mit zahlreichen kurzen Stacheln
- Blätter: auf der Unterseite mit weißem Filz, 3- bis 5-zählig gefiedert
- Blüten: weiß bis rosa, in rispigen Blütenständen
- Blütezeit: Mai–Juli
- Beeren: rot, sogenannte Sammelsteinfrüchte
- Standort: Berghänge, Hecken, Halden, Waldränder und -lichtungen, angebaut in Gärten

Richtig sammeln und anbauen

Die Blätter sammelt man von Juni bis September. In einem luftigen, trockenen Raum werden sie in dünner Schicht ausgebreitet und unter mehrfachem Umwenden getrocknet.

Die Beeren reifen ab Juni. Das typische Aroma einer frischen Himbeere resultiert aus sage und schreibe 100 unterschiedlichen Substanzen, die beim Konservieren jedoch breitflächig verloren gehen – allein das spricht dafür, die Früchte möglichst frisch zu verzehren.

Als einer der am häufigsten in unseren Gärten angebauten Beerensträucher ist die Himbeere in zahlreichen Zuchtsorten erhältlich. Himbeersträucher stellen gewisse Ansprüche an Boden- und Lichtverhältnisse. Sie bevorzugen windgeschützte Plätze im lichten Schatten mit tiefgrundigem und lockerem humosen und leicht sauren Boden, der außerdem den Regen gut versickern lässt. Um den leicht sauren Boden zu erhalten, geben Sie in das Pflanzloch Laubkompost oder Rindenhumus.

Andere Namen:
- Hennebeer
- Hohlbeere
- Hummelbeer
- Kornbeer
- Malin(k)a

Himbeersträucher brauchen einen regelmäßigen Schnitt, und zwar jedes Jahr nach der Ernte. Seien Sie beim Schnitt nicht zu sparsam, jede Pflanze behält lediglich fünf bis sieben starke Neutriebe; alte Zweige und schwächliche Neutriebe können bis dicht über dem Boden abgeschnitten werden.

Die Wirkstoffe

In den Blättern

Gerbsäuren Sie machen etwa zehn Prozent der Blatttrockenmasse aus. Die Gerbstoffe unterstützen die Arbeit des Darms und schützen ihn vor schädlichen Bakterien. Außerdem ziehen sie bei Entzündungen die Blutgefäße zusammen. Gurgellösungen aus Himbeerblättern helfen daher bei Rachen- und Mundentzündungen.

Himbeerblättertee wurde in Notzeiten gern als wohlschmeckender Ersatz für schwarzen Tee getrunken. Diesem früher weit verbreiteten Getränk wurden teils in gleicher Menge auch Brombeerblätter beigegeben. Eine andere beliebte Mischung enthielt die Samen der Heckenrose, also die Kerne aus den Hagebutten, Himbeer- und Brombeerblätter.

Vitamin C Dieses für unser Immunsystem äußerst wichtige Vitamin spielt außerdem eine große Rolle bei der Vorbeugung von Krebs- und Arterienerkrankungen.

In den Beeren

Kalium 100 Gramm Himbeeren enthalten durchschnittlich 170 Milligramm Kalium. Das Mineral spielt eine entscheidende Rolle in unserem Wasserhaushalt, darüber hinaus ist es unentbehrlich für das Arbeiten unserer Muskeln und Nerven.

Vitamin E Mit 100 Gramm Himbeeren nimmt man etwa 4,5 Milligramm Vitamin E zu sich. Das Vitamin regt das Immunsystem an und schützt wichtige Biostoffe vor dem Angriff freier Radikale.

Vitamin C 100 Gramm Himbeeren enthalten im Durchschnitt 25 Milligramm Vitamin C. Dieses für unser Immunsystem äußerst wichtige Vitamin spielt außerdem eine große Rolle bei der Vorbeugung von Krebs- und Arterienerkrankungen.

Fruchtsäuren regen den Darm an. Hervorzuheben sind bei der Himbeere vor allem der Gehalt an Apfelsäure (0,4 Milligramm auf 100 Gramm) und Zitronensäure (1,7 Milligramm auf 100 Gramm).

Tannine Tannine hemmen die Vermehrung von bestimmten Mikroparasiten und werden über den Urin ausgeschieden. Deshalb eignen sich Himbeeren zur Behandlung von Harnwegsinfektionen.

Heilwirkungen

Blätter
- Beschwerden des Magen-Darm-Traktes, vor allem Durchfall und Darmentzündungen
- Entzündungen der Atemwege
- Entzündungen im Mund- und Rachenbereich

Beeren
- Dysmenorrhö (schmerzhafte Regel blutung)
- Hämorrhoiden
- Harnwegsinfektionen
- Immunschwäche
- Verstopfung
- Vitaminmangelzustände

Anwendungen

Manche Frauen berichten von der erfolgreichen Anwendung des Himbeerblättertees zur Erleichterung der Geburt. Er soll die Eröffnungswehen weniger schmerzhaft und die Presswehen stärker und wirkungsvoller machen. Da der Tee keine Nebenwirkungen besitzt, ist gegen einen Versuch, mit Himbeerblättertee die Geburt zu erleichtern, nichts einzuwenden.

Um die Inhaltsstoffe der Beeren möglichst vollständig auszunützen, sollte man die Früchte frisch verzehren. Himbeersaft aus den frischen Beeren hilft bei starker und schmerzhafter Regelblutung. Auch Mischsäfte mit Himbeeren empfehlen sich bei Erschöpfungszuständen und Vitaminmangel. Sie werden auch von Kindern gern genommen. Himbeer-Rhabarber-Saft sollte man beim Trinken ruhig etwas länger im Mund behalten, er kräftigt das Zahnfleisch. Ein wohlschmeckendes Sommergetränk ist auch die Himbeerbowle. Himbeerblättertee hilft bei Darmbeschwerden. Die Gurgellösung kommt bei Entzündungen im Mund- und Rachenraum zum Einsatz.

Saft
- Von selbst gepresstem oder gekauftem (Reformhaus) Himbeersaft täglich 2- bis 5-mal je 1 Gläschen trinken

Himbeer-Aprikosen-Saft
- 300 g Aprikosen waschen, entsteinen und entsaften
- 200 g Himbeeren verlesen und entsaften
- Beide Säfte gut miteinander vermischen

Himbeer-Brombeer-Saft
- Je 200 g Brombeeren und Himbeeren verlesen und entsaften
- Beide Säfte gut miteinander vermischen

Himbeer-Weintrauben-Saft
- 300 g Himbeeren verlesen und auspressen
- 100 g süße, kernlose Weintrauben verlesen und auspressen
- Säfte gut miteinander vermischen

Himbeer-Rhabarber-Saft
- 250 g Himbeeren und 50 g Rhabarber auspressen
- Die Säfte gut miteinander vermischen

Bowle
- 200 g Himbeeren auspressen
- Mit 100 g ganzen Himbeeren vermischen
- Nach Geschmack mit braunem Zucker süßen
- Mit 1 Flasche leicht sprudelndem Mineralwasser auffüllen

Tee
- 1 EL getrocknete Himbeerblätter mit 1 großen Tasse Wasser in einen Topf geben
- 10 Minuten lang köcheln lassen und abseihen
- Täglich 3–4 Tassen trinken

Der sehr vitaminreiche, immunstärkende Himbeersaft eignet sich hervorragend als Durstlöscher für fiebrige Kinder.

Gurgellösung
- 2 EL getrocknete Himbeerblätter mit 1 großen Tasse Wasser in einen Topf geben
- 10 Minuten lang köcheln lassen und abseihen
- Jeweils nach den Mahlzeiten mindestens 3 Minuten gurgeln

Homöopathie

In der Homöopathie ist der Einsatz der Himbeere nicht gebräuchlich.

Gartentip

Wer die Himbeere im eigenen Garten anbauen möchte, sollte zu einer der geläufigen Zuchtsorten greifen.

- **Malling Promise**
Kräftiger Wuchs, die Früchte eignen sich zu Frischverzehr und Saftgewinnung. Wächst am besten im windgeschützten Hausgarten.
- **Preußen**
Hellrote Früchte an kräftigen Ruten. Von edlem Geschmack, jedoch anfällig für Krankheiten.
- **Schönemann**
Früchte mittelgroß und dunkelrot. Schönemann wächst auch in rauheren Lagen.
- **ZEFA 1**
Kräftiger, robuster Wuchs. Eignet sich auch für rauhere Lagen, hat einen sehr hohen Ertrag.

Himbeeren helfen hervorragend gegen Verstopfung. Die häufigsten Ursachen für akute Verstopfung:
- Stress
- Bananen, Schokolade und bestimmte Medikamente (wie etwa manche Husten- und Schmerzmittel, Abführmittel)
- Bewegungsmangel
- Übergewicht
- Ballaststoffarme Ernährung
- Mangelnde Flüssigkeitszufuhr
- Ungelöste psychische Konflikte

Holunder

Sambucus nigra

Mancherorts erzählen die Bauern ihren Enkeln noch heute, dass man vor jedem Holunderstrauch, an dem man vorbeigeht, den Hut zu ziehen habe. Denn an ihm sei alles nutzbar: Blüten, Blätter, Früchte, Rinde und Wurzeln. Tatsächlich wurden von der Wurzelabkochung gegen Schlangenbisse bis zur Rinde als Abführmittel durch die Jahrhunderte alle Teile des Strauchs verwendet.

Blüten und Beeren des Holunderstrauches werden therapeutisch genutzt.

Die Merkmale

- Größe: bis zu 8 m
- Zweige: glatt, mit weißem Mark gefüllt
- Blätter: oval, kurz gestielt, unpaarig gefiedert, mit gesägten Rändern
- Blüten: gelblichweiß, in flachen Doldenrispen vereint, typischer süß-aromatischer Geruch
- Blütezeit: Juni/Juli
- Beeren: schwarz, bis kirschkerngroß, in Trugdolden
- Standort: Hecken, Schutthalden, Waldränder, vor Mauern; bevorzugt auf Böden mit hohem Stickstoffgehalt

Andere Namen:
- **Ellhorn**
- **Flieder**
- **Holder**
- **Holler**
- **Pisseke**

Richtig sammeln und anbauen

Gesammelt werden Blüten und Beeren. Die früher ebenfalls verwendeten Teile Rinde, Blätter und Wurzeln werden heute nicht mehr angewendet, weil sie Blausäure enthalten.
Die Blüten sammelt man zu Beginn der Blütezeit. Sie müssen schnell und sorgfältig im Schatten getrocknet werden. Die Beeren erntet man erst, wenn sie tiefschwarz sind. Am besten ist es, wenn Sie sie gleich frisch zu Kompott verarbeiten; dann können Sie den Vitamingehalt der Beeren optimal nützen.
Holundersträucher sind sehr bescheiden in ihren Ansprüchen, schätzen jedoch eine gute Stickstoffversorgung und viel Platz. Sie wachsen in der Sonne und im Halbschatten.
Holundersträucher sind ebenso selbständig wie robust. Sie brauchen keinen regelmäßigen Schnitt, andererseits kann ihnen ein kräftiger Rückschnitt nichts anhaben. Sie können problemlos durch Stecklinge vermehrt werden.

Die Wirkstoffe

In den Beeren

Vitamin C 100 Gramm Holunderbeeren enthalten durchschnittlich 18 Milligramm Vitamin C, das für die Arbeit unseres Immunsystems benötigt wird. Es schützt außerdem unser Zellgewebe und auch wichtige Biostoffe unserer Nahrung vor dem Angriff aggressiver Substanzen, den sogenannten freien Radikalen. Deshalb muss Vitamin C auch zu den für die Krebsvorbeugung wichtigen Substanzen gerechnet werden.

Niazin Das B-Vitamin wird vor allem in unserem Gehirn sowie für die Gesunderhaltung von Darm und Haut benötigt. Hohe Dosierungen von Niazin helfen bei Konzentrationsschwäche und bei Neuralgien. Mit 1,5 Milligramm auf 100 Gramm zählt die Holunderbeere zu den wichtigsten Niazinversorgern.

Die Holunderblüten können Sie – in Pfannkuchenteig getaucht – im heißen Fett auf der Pfanne zu Holunderküchlein backen.

Kalium Mit 305 Milligramm auf 100 Gramm gehören Holunderbeeren zu den wichtigen Kaliumlieferanten der Natur. Das Mineral wird für die Kontrolle des Wasserhaushalts benötigt. Hohe Kaliumdosierungen fördern die Arbeit der Nieren und helfen dadurch gegen Ödeme (Wassersucht).

Fluor Mit 40 Mikrogramm auf 100 Gramm gehört die Holunderbeere zu den wichtigen Fluorlieferanten. Das Mineral wird vor allem für die Gesunderhaltung von Zähnen und Knochen benötigt. Die Knochenerkrankung Osteoporose geht häufig nicht nur mit Kalzium-, sondern auch mit Fluormangel einher.

Karotinoide 100 Gramm Holunderbeeren enthalten 360 Mikrogramm Karotinoide. Diese Wirkstoffe bilden zum Teil die Vorstufe für Vitamin A, das für die Schleimhäute und das Sehpurpur wichtig ist. Karotinoide wirken außerdem entzündungshemmend und stimmulieren das Immunsystem.

In den Blüten

Glykoside Sie regen unsere Schweißbildung an. Dadurch helfen Holunderblüten vor allem als Schwitzkuren bei Schnupfen und grippalen Infekten.

Flavonoide Sie wirken antibiotisch, schleimlösend und harntreibend. In den Holunderblüten dominiert das Flavonoid Rutin, von dem bekannt ist, dass es nicht nur antibiotisch wirkt, sondern auch wichtige Vitamine wie etwa Vitamin C und A vor dem Angriff freier Radikale schützt.

Eine Erkältung kann schwerwiegenderen Erkrankungen den Weg bereiten wie Bronchitis, echter Grippe und Lungenentzündung. Ärztliche Hilfe ist ratsam, wenn sich die Symptome nach drei Tagen nicht gebessert haben und sich zusätzlich eine der folgenden Beschwerden einstellt:

- Atemprobleme
- Kreislaufstörungen, Schwindelanfälle, Übelkeit, Erbrechen
- Herzjagen
- Krampfartiger Husten
- Beim Husten Auswurf von zähflüssigem Schleim
- Schmerzen im Bereich von Wangen und Stirn

Heilwirkungen

Beeren

- Erkältungen
- Gicht
- Grippale Infekte
- Harnsteine
- Konzentrations- und Lernschwäche
- Neuralgien
- Wassersucht

Blüten

- Erkältungen
- Grippale Infekte
- Hautunreinheiten
- Husten

Anwendungsformen

Der Verzehr der frischen Beeren ist umstritten: Nur sie enthalten bedeutsame Mengen an Vitaminen, allerdings kann ihr Genuss zu erheblichen Magenproblemen führen.

Der in Reformhäusern erhältliche oder selbst hergestellte Holunderbeersaft wird – pur oder gemischt – in der Regel gut vertragen und ist außerdem noch sehr vitaminreich. Der Saft empfiehlt sich bei grippalen Infekten, Konzentrations- und Lernschwäche sowie bei Neuralgien. Wer täglich geistige Arbeit verrichtet oder seine Sinnesorgane einseitig beansprucht – etwa bei der Arbeit am Computerbildschirm –, sollte jeden Tag ein Glas Holunderbeersaft trinken.

Tee aus getrockneten Holunderblüten ist ein bewährter Fiebertee. Er wirkt schweißtreibend und fördert dadurch die fiebersenkende Verdunstungskälte auf der Haut.

Zur Behandlung von Harnsteinerkrankungen oder Wassersucht empfiehlt sich eine Teekur über eine Dauer von mindestens vier Wochen.

Wer unter schmerzhaften Gichtanfällen leidet, kann versuchen, sie mit Holunderessig zu beseitigen.

Ein Holunderbad ist hilfreich bei fettender, unreiner Haut am Körper – meist am Dekolleté und auf dem Rücken.

Inhalationen mit Holunder unterstützen bei zähem Husten das Abhusten des Schleims.

Bei der Anwendung von Holunderblütentee als Fiebertee ist es besonders wichtig, ihn so heiß wie möglich zu trinken, damit er seine schweißtreibende Wirkung optimal entfalten kann.

Tee

- 1 EL getrocknete Blüten mit 1 großen Tasse kochendem Wasser übergießen
- 5–10 Minuten zugedeckt ziehen lassen
- Abseihen
- Täglich 4 Tassen trinken

Saft
- Holunderbeeren aufkochen und gut auspressen
- Täglich 2 Gläser (à 200 ml) trinken

Essig
- 15 g frische Holunderblüten in 1/2 l Weinessig geben
- 2 Wochen ziehen lassen und abseihen
- Täglich 2 EL davon einnehmen

Inhalation
- 15 g Holunderblüten mit 1 l heißem Wasser übergießen
- 10 Minuten ziehen lassen und den Dampf inhalieren (siehe Seite 25)

Bad
- Leinensäckchen mit 2 Handvoll Holunderblüten füllen und ins einlaufende Badewasser hängen
- 10 Minuten lang darin baden

Wenden Sie ohne Rücksprache mit dem Arzt keine alten Rezepte mit Rinde, Blättern und Wurzeln des Holunders an. Sie enthalten Blausäure und können Vergiftungen hervorrufen.

Homöopathie

Holunder wird in der Homöopathie bevorzugt bei zwei Beschwerdebildern der Kinder angewendet: bei fiebrigen Erkältungen mit Schnupfen und verstopfter Nase, wenn es bei im Schlaf trockener Hitze beim Erwachen zu reichlichem Schweißausbruch am ganzen Körper kommt, und bei anfallartigem Krampfhusten, der meist um Mitternacht auftritt mit plötzlichem Erwachen. Man gibt anfangs zweistündlich drei Globuli der Potenz C4 bis C6, bei Besserung drei- bis einmal täglich fünf Globuli.

Manche Patienten mit chronischem Rheuma schwören auf Holunderbeersaft gegen akute schmerzhafte Anfälle. Um Rheumaschüben vorzu beugen, empfehlen sie, mindestens vier bis acht Wochen lang täglich dreimal ein Gläschen Saft zu trinken.

Vorsicht

Der Verzehr von Holunderbeersaft ist in der Regel unbedenklich, frische Holunderbeeren sollten jedoch nur in Maßen gegessen werden. Der Tee der Blüten gilt als risikolos; Naturheilärzte empfehlen sogar, mindestens vier Tassen pro Tag zu trinken, da er sonst seine harn- und schweißtreibende Wirkung nicht entfaltet.
In unseren Wäldern finden sich neben Sambucus nigra auch noch Sambucus ebulus (Zwergholunder; sehr niedriger Wuchs von maximal 60 Zentimeter Höhe) und der Sambucus racemosa (Traubenholunder; korallenrote Früchte). Ihre Früchte und Blüten sind für Heilzwecke ungeeignet.

Hopfen dient besonders zur Beruhigung.

Hopfen

Humulus lupulus

Aus dem germanischen Wortstamm »hupp« (= Quaste) und dem alten Wort »hummeln« für »Herumtasten« entstanden die Namen dieser Pflanze mit den zapfenförmigen Blütenständen, die sich mit ihren »herumtastenden« Ranken überall festhält. Die Volksmedizin setzt den Hopfen von jeher gegen schlechte Laune und Nervosität ein.

Die Merkmale

- Größe: bis zu 6 m
- Zweige: mit meist rechts gedrehten Windungen
- Blätter: gegenständig, grob gesägt, mit langem Stiel
- Blüten: grünlichgelb; eiförmige, zapfenartige Blütenstände; typischer aromatischer Geruch
- Blütezeit: Juli/August
- Standort: gelegentlich wild in Niederungen und an Flussufern, meist kultiviert

Andere Namen:
- **Hupfen**
- **Hopf**
- **Hoppen**

Richtig sammeln und anbauen

Man erntet im September die Hopfenzapfen der weiblichen Pflanzen. Sie werden gebündelt und in einem luftigen Raum getrocknet. Einige Bitterstoffe des Hopfens sind flüchtig; er sollte daher nicht länger als ein Jahr gelagert werden.

Hopfen bevorzugt halbschattige und sonnige Standorte und nährstoffreiche Böden. Seine großen dekorativen Blätter und sein dichtes Laubwerk machen ihn zum idealen sommerlichen Sicht- und Windschutz, wenn man ihn an Wänden oder frei stehenden Klettergerüsten zieht.

Vor dem Einpflanzen im Herbst muss jedes Unkraut penibel entfernt werden, denn wenn es erst einmal in den Wurzelstöcken der Hopfenpflanze wuchert, wird es zur hartnäckigen Plage. Zum Schutz vor Bodenaustrocknung sät man einjährige Sommerblumen, wie etwa die Ringelblume, unter den Hopfen.

Der Hopfen treibt Jahr für Jahr seine Ranken neu aus dem Wurzelstock heraus. Er muss also im Herbst nach dem Laubfall bis auf den Boden zurückgeschnitten werden.

Die Wirkstoffe

Bitterstoffe Sie bilden die Hauptwirkstoffe des Hopfens. Die wichtigsten sind Lupulon und Humulon. Sie wirken beruhigend und schlaffördernd. Außerdem können sie die negativen Effekte des Nikotins auf unsere Nerven dämpfen. Die Bitterstoffe sind nicht stabil, nach drei Jahren Lagerung sind sie zum Teil komplett aus dem Hopfen verschwunden.

Hopfen kann die negativen Wirkungen des Zigarettengiftes Nikotin (wie etwa die Ausschüttung von Stresshormonen, Beschleunigung des Pulsschlages, Verengung der Hautblutgefäße) dämpfen. Wer also auf das Rauchen nicht verzichten mag, sollte regelmäßig Hopfentee trinken, am besten zwei Tassen pro Tag.

Ätherische Öle Sie sorgen für den typischen Geruch der Hopfenzapfen. Von großer Bedeutung ist das Methylbutenol, das in unserem zentralen Nervensystem beruhigend wirkt. Es kommt besonders bei Anwendungen mit Bädern und Kissen aus Hopfenzapfen zum Tragen.

Flavonoide Unter den Flavonoiden ist vor allem das hopfentypische Xanthohumol wichtig. Es besitzt ähnliche Eigenschaften wie das weibliche Hormon Östrogen, weshalb der Hopfen auch bei Wechseljahrebeschwerden sowie bei sexuellen Zwangsvorstellungen und vorzeitigen Samenergüssen des Mannes eingesetzt wird.

Gerbstoffe Sie sind im Hopfen in einer Konzentration von zwei bis vier Prozent enthalten. Beim Bierbrauen übernehmen sie die Rolle des Klärmittels, indem sie die Eiweißstoffe der Bierwurze ausfüllen. Die therapeutisch wichtigen Hopfengerbstoffe bilden die sogenannten Prozyanidine. Sie erweitern die Blutgefäße.

Gesichtsauflagen mit Hopfen wirken anregend auf die Blutgefäße der Haut und helfen bei blassem Teint. Lassen Sie zwei Esslöffel frische Zapfen in einem halben Liter kochendem Wasser zehn Minuten ziehen. Dann abseihen und etwas abkühlen lassen. Schließlich tränken Sie mit dem Sud ein Leinentuch, das Sie auf das gereinigte Gesicht legen.

Polysaccharide Man vermutet, dass sie ähnlich wie die weiblichen Hormone, die Östrogene, wirken. Sie unterstützen dadurch die Wirkungen des Hopfens bei sexuellen Funktionsstörungen wie etwa Wechseljahrebeschwerden bei Frauen. Hitzewallungen, Schweißausbrüche und andere klimakterische Beschwerden können durch die Polysaccharide des Hopfens gelindert werden. Sie dämpfen außerdem die Gefühle und Zwangsvorstellungen von sexuell übererregten Männern.

Anwendungsformen

Es gibt zahlreiche Möglichkeiten, die Wirkstoffe des Hopfens zu nutzen. Als bewährtes Schlafmittel gilt Hopfentee. Weitaus intensiver wirkt Hopfentinktur; man sollte sie daher nur einnehmen, wenn man sich wirklich zum Schlafen hinlegen will! Das Gleiche gilt für ein Hopfenbad: Die beim Baden emporsteigen-

Heilwirkungen

- Appetitmangel
- Hitzewallungen
- Menstruationsschmerzen
- Nervöse Ängste
- Nervöse Übererregbarkeit
- Priapismus (schmerzhafte Erektion)
- Schlafstörungen (vor allem Einschlafstörungen)
- Sexuelle Zwangsvorstellungen
- Sexuelle Übererregbarkeit

Bitterstoffe gehören zu den natürlichen Appetitanregern. In der Pflanzenheilkunde werden daher zur Therapie von Appetitstörungen gern besonders bittere Kräuter eingesetzt. Wenn Sie sehr geschmacksempfindlich sind, können Sie die Bitterkeit reduzieren, indem Sie den Tee nur zwei bis fünf Minuten lang ziehen lassen.

Wer den außerordentlich bitteren Hopfentee nicht zur Appetitanregung, sondern als Einschlaf- und Beruhigungsmittel trinken möchte, kann den Geschmack durch die Beigabe der gleichen Menge Melissenblätter verbessern.

den Methylbutenoldämpfe wirken als regelrechte Einschlafkeule. Auch ins Kopfkissen gefüllt, fördern die Hopfenzapfen sanft den Schlaf. Hopfenmilch als Schlaftrunk schmeckt weniger bitter als der Tee, weil die Milch den Geschmack etwas abmildert. Hopfentee wird wegen seiner Bitterstoffe auch zur Appetitanregung eingesetzt. Der Kaltauszug aus Hopfen beruhigt und entspannt den gereizten Magen.
Auch als Kosmetikum kann Hopfen eingesetzt werden: Regelmäßig angewendet beruhigt Hopfengesichtswasser die gereizte, empfindliche Haut.

Tee

- 2 gehäufte TL getrocknete Hopfenzapfen mit 1 Tasse kochendem Wasser übergießen
- 10–15 Minuten zugedeckt ziehen lassen und abseihen
- Mit 1 TL Honig süßen
- 1 Stunde vor dem Zubettgehen trinken

Tinktur

- 10 g frische Hopfenzapfen in 20 ml 70-prozentigen Alkohol geben
- 7 Tage ziehen lassen
- Filtern und in eine dunkle Flasche geben
- 1 Stunde vor dem Schlafengehen 1 TL einnehmen

Bad

- 1–2 Handvoll Hopfenzapfen ins Badewasser geben
- Maximal 10 Minuten baden

Kissen

- 2 Handvoll getrocknete Hopfenzapfen in kleine Leinensäckchen füllen
- Ins Kopfkissen stecken
- Füllung jedes Jahr auswechseln

Milch
- 2 TL Hopfenzapfen mit 1 TL Honig und 1 großen Tasse Milch kurz aufkochen
- 5 Minuten ziehen lassen
- Abseihen
- Unmittelbar vor dem Schlafengehen trinken

Kaltauszug (nach Pahlow)
- 1 EL Hopfenzapfen mit 1 Tasse lauwarmem Wasser übergießen
- 5 Stunden ziehen lassen
- Abseihen
- 2-mal täglich jeweils 1 Tasse zu den Mahlzeiten trinken

Die jungen Hopfensprossen können frisch wie Spargel als wohlschmeckendes Gemüse zubereitet werden – ein Gericht, das schon bei den Römern beliebt war.

Gesichtswasser
- 2 EL Hopfenzapfen mit 1 Tasse Wasser übergießen
- 10 Minuten ziehen lassen und abseihen
- In ein luftdicht verschließbares und lichtundurchlässiges Gefäß füllen
- Mehrmals täglich das Gesicht mit einem in dem Gesichtswasser getränkten Wattebausch betupfen

Homöopathie

Die homöopathische Zubereitung Humulus lupulus kann in der Potenz C6, ein- bis dreimal täglich fünf Globuli, gegeben werden: bei Nervosität, nächtlichen Schlafstörungen mit Schläfrigkeit tagsüber, bei sexueller Übererregtheit und vorzeitigem Samenerguss.

Vorsicht

In einigen Fällen wird von der »gedankenlähmenden« Eigenschaft des Hopfens berichtet: In hohen Dosierungen kann er tatsächlich zu – manchmal unerwünschter – Schläfrigkeit führen. Deshalb wendet man Hopfenpräparate am besten abends an, etwa eine Stunde vor dem Schlafengehen. Hopfen enthält Substanzen, die in ihrer Wirkung den weiblichen Sexualhormonen ähneln. Dadurch hilft er Männern, die vor oder während des Geschlechtsverkehrs unter starken Ängsten und vorzeitigen Samenergüssen leiden. Sollten sich die sexuellen Ängste allerdings in Impotenz äußern, dürfen Sie Hopfen nicht anwenden!

Der Huflattich wächst gern an Bahndämmen.

Huflattich

Tussilago farfara

Schon der lateinische Name zeigt, worin der therapeutische Wert des Huflattichs besteht: »Tussim ago« bedeutet »ich vertreibe den Husten«. Früher ließ man die Patienten sogar den Rauch der brennenden Pflanze einatmen, oft sogar mit großem Erfolg. Aus heutiger Sicht sollte man sich freilich auf weniger »zündende« Anwendungsformen beschränken.

Die Merkmale

- Größe: bis zu 20 cm
- Stängel: Blütenstängel dicht behaart, mit Schuppenblättern besetzt; erscheint im März vor den Blättern
- Blätter: rundlich-herzförmig, mit grob gezahntem Rand
- Blüten: leuchtend gelb
- Blütezeit: März/April
- Standort: Bahndämme, Bach- und Wegränder, Böschungen, felsiges Gelände

Andere Namen:
- **Brustlattich**
- **Hufblatt**
- **Hustenkraut**
- **Lehmblüml**
- **Plotschen**

Richtig sammeln und anbauen

Im Mai werden die Blätter der Pflanze geerntet. Man zerschneidet sie grob, trocknet sie und lagert sie in Blechdosen.
Huflattich gehört zu den klassischen »Unkräutern« des Gartens. Er bevorzugt lehmigen, kalkreichen und feuchten Boden, und da dieser in unseren heimischen Gärten überwiegt, stellt die Pflanze sich immer wieder als Gast ein.

Die Wirkstoffe

Schleimstoffe Sie schützen unsere angegriffenen Schleimhäute in Verdauungs- und Atemwegen vor dem Angriff von Parasiten und Fremdkörpern.

Bitterstoffe Sie unterstützen die Wirkungen der Schleimstoffe. Darüber hinaus wirken sie tonisierend, d.h., sie verbessern das Allgemeinbefinden des Patienten, steigern seinen Appetit und fördern seinen Schlaf.

Heilwirkungen

- Bronchitis
- Darmentzündungen
- Gastritis
- Husten (besonders Reizhusten)
- »Offene Beine«
- Rachen- und Kehlkopfkatarrhe
- Staublunge
- Venenentzündungen

Gallussäure gehört zu den Phenolsäuren, die das Immunsystem stärken, antibiotisch und entzündungshemmend wirken.

Gerbstoffe Sie entziehen den Parasiten der Darmwände die Nährstoffgrundlagen. Bei Ulcus cruris, den sogenannten offenen Beinen, ziehen sie Eiweiße aus dem Wundsekret, so dass Keime keine Vermehrungsgrundlage mehr finden. Darüber hinaus versiegeln sie das angegriffene Gewebe.

Huflattich hilft vor allem bei trockenem Husten und bei Husten mit zähem Schleimauswurf. Wenn allerdings der Schleim beim Husten bereits gut abgehustet werden kann, ist die Anwendung der alten Heilpflanze überflüssig.

Anwendungsformen

Huflattichtee hilft bei Entzündungen der Schleimhäute in den Atem- und Verdauungswegen. Umschläge mit dem Tee fördern das Abheilen von Venenentzündungen und »offenen Beinen«.

Tee

- 2 TL Huflattichblätter mit 1 Tasse kochendem Wasser übergießen
- 5 Minuten ziehen lassen und abseihen
- 3-mal täglich jeweils nach den Mahlzeiten 1 Tasse trinken

Huflattich kann auch als erste Hilfe bei Insektenstichen verwendet werden: Zerquetschte Blätter auf die frische Einstichstelle auflegen.

Homöopathie

In der Homöopathie ist der Einsatz des Huflattichs nicht üblich.

Vorsicht

Die Pyrrolizidinalkaloide des Huflattichs fördern in hoher Dosierung und bei längerfristiger Anwendung die Entstehung von Krebsgeschwüren in der Leber. Auf Nummer Sicher geht, wer den Huflattichtee grundsätzlich nicht länger als fünf Minuten ziehen lässt, da in dieser kurzen Zeit kaum Alkaloide in die Flüssigkeit übertreten können. Die Huflattichanwendung sollte nicht länger als vier Wochen dauern.

Die Blüten des Johanniskrauts enthalten die meisten Wirkstoffe.

Johanniskraut

Hypericum perforatum

Auf die frühen Christen geht die Sage zurück, wonach die Pflanze mit ihrem roten Saft aus dem Blut Johannes des Täufers hervorgegangen sei. Der Teufel habe wütend auf die Blätter der Pflanze eingestochen. Daher rühre das Löchermuster in den Blättern – die Tüpfel, die der Pflanze zu dem Namen Tüpfelhartheu verhalfen. Johanniskraut wird nach wie vor als Wundheilmittel, heute aber auch gegen Depressionen eingesetzt.

Die Merkmale

- Größe: bis zu 1 m
- Stängel: rund, kahl, mit zwei Längskanten, im oberen Bereich stark verzweigt
- Blätter: länglich; enthalten die Öldrüsen, die die Blätter, gegen das Licht betrachtet, wie durchlöchert erscheinen lassen
- Blüten: goldgelb, zu Scheindolden vereinigt; beim Zerquetschen tritt blutroter Saft aus
- Blütezeit: Juni–September
- Standort: sonnige und trockene Hänge von Hügeln und Bergen, Wegränder, vor Mauern

Andere Namen:
- **Blutkraut**
- **Herrgotts Wundkraut**
- **Johannisblut**
- **Tüpfelhartheu**
- **Wilder Magram**

Richtig sammeln und anbauen

Gesammelt werden alle oberirdischen Triebe, also Blüten, Blätter und Stängel. Die meisten Wirkstoffe enthalten die Blüten. Beste Sammelzeit sind die Tage zwischen 15. Juni und 1. September. Sammeln Sie am besten bei zunehmendem Mond, da das Kraut dann besonders reich an Wirkstoffen ist!

In ihrer Bodenwahl ist die Pflanze recht bescheiden, sie wächst auf lehmigen und kalkhaltigen genauso gut wie auf mageren und trockenen Böden. Dadurch eignet sie sich zur Verschönerung von unansehnlichen Mauern oder als Wegeinfassung.

Die Aufzucht per Saatgut erfordert viel Geduld. Einfacher ist es, die fertigen Pflanzen aus Staudengärtnereien zu beziehen und im Spätherbst oder im Frühjahr einzusetzen. Vor dem Pflanzen gräbt man den Boden tiefgründig um und reichert ihn mit Kompost an. Schwere Böden macht man durch Beimengung von scharfem Sand locker.

Die Wirkstoffe

Serotonin ist ein Botenstoff in unserem Gehirn, der den Schlaf fördert und für positive Gefühle sorgt. Die Johanniskrautflavonoide sorgen dafür, dass die Aktivitäten des Serotonins nicht behindert werden.

Hyperizin Dieser Hauptwirkstoff des Johanniskrauts entspannt und hemmt Depressionen, indem er sich in den Neurotransmitterhaushalt unseres Gehirns einschaltet. Außerdem harmonisiert er über seinen Einfluss auf die Zirbeldrüse unseren Tages- und Nachtrhythmus: Durch Hyperizin können wir nachts wieder gut schlafen und tagsüber aktiv und guter Dinge sein.

Flavonoide Johanniskraut besitzt eine Reihe von »Spezialflavonoiden«: in den Blättern die beiden Flavonoide Querzitrin und Querzetin, in den Blüten Biapigenin und Amentoflavon. Querzitrin und Querzetin gelten als wirkungsvolle Hemmer des Enzyms Monoaminoxydase (MAO-Substanzen), zu deren Aufgaben es gehört, im Gehirn die Aktivitäten von Serotonin zu blockieren. Sie sorgen also dafür, dass Serotonin in ausreichendem Umfang im Gehirn zum Einsatz kommt – und das hat eine ganze Reihe von positiven Auswirkungen. Der Neurotransmitter Serotonin wird mitunter auch als »Glückshormon« bezeichnet, weil er Wohlbefinden, Zufriedenheit und ein angenehmes Gefühl der Sättigung hervorruft. Außerdem erleichtert er das Einschlafen und sorgt für die Freisetzung von schmerzlindernden Substanzen. Biapigenin fühlt sich unwiderstehlich von Rezeptoren angezogen, die beruhigende Signale an unser Gehirn aussenden. Bekommt unser Körper also ausreichende Mengen dieses Johanniskrautflavonoids, so werden wir ruhiger, ausgeglichener, angstfreier. Amentoflavon lässt sich ebenso wie Biapigenin gern auf Rezeptoren nieder, die für unsere Beruhigung sorgen. Darüber hinaus hemmt es die Entwicklung von Entzündungen und Geschwüren im Magen-Darm-Bereich.

Hyperforin Hyperforin besitzt keimtötende Eigenschaften. Es wird jedoch unter Hitze und starker Lichtbestrahlung in großem Umfang zerstört. Dieser Stoff ist deshalb nur in der frischen Pflanze und in frisch hergestelltem Johanniskrautöl zu finden.

Gerbstoffe Johanniskraut wird zuweilen als Gerbstoffdroge bezeichnet, so hoch ist sein Gehalt an diesen bioaktiven Stoffen. Die Gerbstoffe des Krauts steigern die Durchblutung des Herzmuskels und verbessern seine Kraft.

Ätherische Öle Äußerlich aufgetragen wirken die ätherischen Öle kühlend und schmerzlindernd; Johanniskraut eignet sich daher zur Behandlung von Sportverletzungen. Innerlich entfalten die ätherischen Öle beruhigende Wirkungen.

Heilwirkungen

Psychische Störungen und Erkrankungen

- Angst
- Bettnässen
- Depressionen von leichtem und mittlerem Schweregrad
- Erschöpfungszustände
- Konzentrationsstörungen
- Nervosität (vegetative Dystonie)
- Schlafstörungen

Sportverletzungen

- Blutergüsse
- Muskelzerrungen
- Prellungen
- Quetschungen
- Reizergüsse
- Verrenkungen
- Verstauchungen

Offene Wunden

- Eitrige Hautpickel
- Kleinere Stichwunden
- Offene Hautblasen
- Schürfwunden
- Verbrennungen ersten Grades

Sonstiges

- Wechseljahrebeschwerden
- Wetterfühligkeit

Aufgrund seines weiten Wirkungsspektrums und seines geringen Nebenwirkungsrisikos eignet sich Johanniskraut vorzüglich als Hausmittel für die Selbstmedikation. Bei schweren Depressionen sollte jedoch in jedem Fall der Arzt aufgesucht werden.

Anwendungsformen

Johanniskrautöl, auch Johannisöl oder Rotöl genannt, eignet sich zur Behandlung von offenen und stumpfen Verletzungen. Zur innerlichen Anwendung gegen psychische Erkrankungen und Störungen wird Johanniskrauttee kurmäßig angewendet.

Johanniskrauttinktur kann innerlich zur Behandlung von nervösen Magen- und Darmstörungen bei vegetativer Dystonie und äußerlich zur Behandlung von Sportverletzungen und offenen Wunden eingesetzt werden.

Einer der Vorteile von Johanniskrautpulver liegt darin, dass es recht konzentriert und schnell wirksam ist und außerdem relativ viele der krebshemmenden und stimmungsaufhellenden Flavonoide enthält. Bei akuten Stimmungstiefs kann ein Teelöffel davon mitunter eine rasche Hilfe geben. Trinken Sie jedoch immer viel Flüssigkeit, wenn Sie das Pulver einnehmen! Sie können es übrigens auch für die Zubereitung des Johanniskrauttees verwenden. Es verliert allerdings beim Lagern schneller an Geschmack und Wirkstoffen als die unzerkleinerten Trockenblüten.

Das Heilen von chronischen Ängsten durch Heilkräuter funktioniert nicht über Nacht. Eine Johanniskrauttherapie entfaltet ihre Wirkungen erst nach drei bis vier Wochen, sie sollte mindestens sechs Wochen dauern.

Öl

- 125 g frisch geerntete Blüten zerstoßen
- Mit 500 ml Olivenöl vermischen und in eine Flasche (kein gefärbtes Glas!) füllen
- 6 Wochen lang gut verschlossen auf einer sonnigen Fensterbank stehen lassen, möglichst täglich schütteln
- Wenn die Flüssigkeit eine leuchtend rote Farbe bekommen hat, durch ein Leinentuch seihen und den Satz gut auspressen
- In kleine Fläschchen abfüllen

Tee

- 2 TL der getrockneten Droge mit 1 großen Tasse siedendem Wasser übergießen
- 10 Minuten zugedeckt ziehen lassen und abseihen
- Täglich 2–3 große Tassen trinken, mindestens 4 Wochen lang

Immer mehr Menschen wissen den Wert einer nachmittäglichen Teepause zu schätzen. Sie trägt uns für eine Weile aus der Berufswelt heraus, bringt uns dazu, in der Muße wieder geistige Kräfte zu sammeln. Heilkräutertees, etwa aus Johanniskraut, verstärken diesen Effekt noch.

Tinktur

- 20 g frische oder getrocknete Blüten in einem Mörser zerkleinern
- 10 Tage lang in 100 ml 70-prozentigem Alkohol ziehen lassen
- Filtern und in dunklen Fläschchen mit Tröpfchenzählaufsatz aufbewahren
- Jeweils zu den Mahlzeiten 8–10 Tropfen einnehmen
- Mindestens 2, maximal 4 Wochen anwenden

Homöopathie

Die homöopathische Aufbereitung des Johanniskrauts, Hypericum perforatum C6, empfiehlt sich in der Dosis zweimal täglich fünf Globuli bei Nervenverletzungen mit Schmerzen oder Sensibilitätsstörung nach Prellungen, stumpfen Verletzungen und Schnittwunden, bei Nervenschmerzen nach Zahnextraktion, bei Steißbeinschmerzen nach der Geburt und bei Phantomschmerzen amputierter Gliedmaßen. In der Potenz C4 gibt man dreimal täglich sieben Globuli bei depressiven Verstimmungen.

Vorsicht

Johanniskraut besitzt bei angemessener Dosierung keine Nebenwirkungen.
Häufig wird vor der durch die Droge ausgelösten Überempfindlichkeit gegenüber Licht gewarnt, die bei Einhalten der vorgeschriebenen Dosis jedoch ebenfalls ausgeschlossen werden kann.

Ein echtes Universalheilmittel: Die Kamille gehört in jede Hausapotheke.

Kamille

Matricaria chamomilla

Im Griechenland der Antike erhielt die Kamille ihren Namen: »Chamaimelon« bedeutet »am Boden wachsender Apfel« – der würzige Duft der Blüten wurde als apfelartig empfunden. In der Volksmedizin gilt die Kamille seit jeher als Universalheilmittel bei allen möglichen Leiden der Atem- und Verdauungswege, bei Frauenleiden und Säuglingskoliken. Auch heute sollte das Heilkraut in keiner Hausapotheke fehlen.

Die Merkmale

- Größe: bis zu 50 cm
- Stängel: aufrecht und verzweigt
- Blätter: wechselständig
- Blüten: in Blütenköpfchen mit durchschnittlich 15 weißen Zungenblüten; kegelförmiger und hohler gelber Blütenboden
- Blütezeit: Mai/Juni, im Garten je nach Aussaattermin auch bis August
- Geruch: aromatischer Geruch der Blüten, Blätter geruchlos
- Standort: Äcker, Schuttplätze, Wegränder, Böschungen

Andere Namen:
- **Echte Kamille**
- **Gemeine Feldkamille**
- **Hermelin**
- **Kummerblume**

Richtig sammeln und anbauen

Geerntet werden die Blüten von Mai bis August. Sie werden an einem schattigen Ort zum Trocknen ausgelegt.
In der freien Natur bevorzugt die Kamille Plätze an sonnigen Feldrändern. Einen ähnlichen Ort als Randpflanze sollte man ihr auch im Garten zuweisen. Die Samen sind im Handel erhältlich. Die Aussaat erfolgt im April in Reihen mit 30 bis 40 Zentimeter Abstand oder einfach in breitem Wurf auf ein Beet.
Die Kamille bevorzugt humusreichen, etwas lehmigen Boden. Sie braucht außerdem recht viel Sonne. Die Setzlinge werden auf 30 Zentimeter Abstand vereinzelt, um ihnen mehr Platz zum Verzweigen zu schaffen. Günstig ist es, die Kamille als Nachbarin von Kohl, Kartoffeln, Sellerie und Lauch zu verwenden. Denn die aromatische Blume gehört zu den Pflanzen, die den Kompost aktivieren und zahlreiche Nutzinsekten anlocken. In jedem Fall sollte sie nicht aus dem Gemüsebeet entfernt werden, wenn sie sich dort von selbst angesiedelt hat.

Heilwirkungen

Krämpfe

- Gallenkolik
- Gebärmutterkrämpfe
- Menstruationsbeschwerden
- Nierenkolik

Entzündliche Erkrankungen des Verdauungsapparates

- Blähungen
- Brechreiz
- Durchfall
- Darmentzündung
- Gastritis
- Hämorrhoiden
- Magengeschwür
- Übelkeit

Entzündliche Erkrankungen der Atemwege

- Entzündungen der Mundschleimhaut
- Erkältungen
- Grippale Infekte
- Halsentzündung
- Rachenentzündung

Sonstige Entzündungen

- Entzündliche Veränderungen der Haut (z. B. Abszesse, Furunkel, Hämorrhoiden)
- Husten
- Nagelbettentzündungen
- Schlecht heilende Wunden

Die Wirkstoffe

Azulen und andere ätherische Öle Die ätherischen Öle verleihen den Kamillenblüten ihr typisches Aroma und sind für eine Reihe ihrer Heilwirkungen verantwortlich. Von Bedeutung ist vor allem ihre entzündungshemmende Eigenschaft. Leider gehen die ätherischen Öle bei der Teezubereitung nur zu 60 Prozent in den Tee über. In der Apotheke käufliche Extrakte oder selbst hergestellte Kamillentinkturen sind wesentlich wirksamer.

Die Kamille gehört zu den Heilpflanzen, die sehr gut erforscht sind. Ihre Wirkstoffe sind weitgehend bekannt, dennoch trifft bei ihr – wie bei vielen anderen Heilkräutern auch – die sogenannte Synergismusregel zu, wonach nicht die einzelnen Wirkstoffe, sondern ihre pflanzentypische Kombination für den Heileffekt verantwortlich sind.

Flavonoide Auch die Flavonoide der Kamille sind überdurchschnittlich wirkungsvoll: Sie beseitigen Blähungen und Krämpfe und hemmen ebenfalls Entzündungen. Da besonders die krampflösenden Flavone, eine Untergruppe der Flavonoide, hauptsächlich in den alkoholischen Auszug der Pflanze übergehen, sollte man bei der Behandlung von krampfartigen Beschwerden der Kamillentinktur den Vorzug gegenüber dem Tee geben.

Sie entfalten ihre Wirkungen sowohl äußerlich (beispielsweise bei schlecht heilenden Wunden oder Nagelbettentzündungen) als auch innerlich (etwa bei Magen- und Darmentzündungen).

Anwendungsformen

Auslösend oder zumindest verstärkend auf Gastritis wirken nachgewiesenermaßen Medikamente, Nikotin und zu viel Alkohol.

Kamillentee hilft – regelmäßig getrunken – bei Magengeschwüren, Gastritis, Menstruationsbeschwerden und Gebärmutterkrämpfen. Gurgeln und Mundspülungen mit Kamillentee fördern die Heilung von Zahnfleisch- und Mundschleimhautentzündungen sowie von Entzündungen in Hals und Rachen. Gegen dieselben Beschwerden ist Kamillentinktur angezeigt. Kamillentinktur ist auch ein erstklassiges Erste-Hilfe-Mittel bei Nieren- und Gallenkoliken. Kamille als Badezusatz wirkt zweifach: Die entstehenden Kamillendämpfe helfen gegen Husten und grippale Infekte, das Kamillenwasser fördert die Heilung von Wunden; auch bei chronischen Ekzemen und juckender Haut ist es außerordentlich wohltuend. Kamillensitzbäder empfehlen sich gegen Hämorrhoiden. Mit Finger- und Fußbädern lassen sich hartnäckige Nagelbettentzündungen erfolgreich bekämpfen. Kamilleinhalationen helfen bei allen entzündlichen Erkrankungen der oberen Atemwege.

Wer viel Sport treibt und häufig unter Menstruationsbeschwerden leidet, sollte einmal versuchen, Sport unmittelbar vor und während der Periode zu meiden. Joggen, stundenlange Gymnastik oder Aerobic direkt vor oder während der Menstruation vermindert und verkürzt oft die Blutung, was zu erheblichen Menstruationsbeschwerden führen kann.

Tee

- 3 TL Kamillenblüten mit 1 Tasse kochendem Wasser übergießen
- 10 Minuten zugedeckt ziehen lassen und abseihen
- Täglich 3–4 Tassen trinken, mindestens 4 Wochen lang

Tinktur

- 20 g getrocknete Kamillenblüten in 100 ml 70-prozentigen Alkohol geben und 1 Woche ziehen lassen
- Abseihen und in dunkle Tröpfchenzählflaschen abfüllen
- Bei Gastritis und Magengeschwür: täglich nach den Mahlzeiten 10–15 Tropfen einnehmen, mindestens 4 Wochen lang
- Bei Menstruationsbeschwerden: ab 3 Tage vor Eintreten der Regelblutung bis zum Abklingen der Blutung täglich nach den Mahlzeiten 10–15 Tropfen einnehmen
- Bei Rachen- und Halsentzündungen: 1 Teil Tinktur mit 3 Teilen Wasser verdünnen und regelmäßig damit gurgeln
- Bei akuten Nieren- und Gallenkoliken: sofort 20 Tropfen einnehmen, alle 5–10 Minuten wiederholen, bis Besserung eintritt

Bäder

Vollbad

- 2 Handvoll getrocknete Kamillenblüten in das heiße Badewasser geben
- 10 Minuten baden

Sitzbad
- 1 Handvoll getrocknete Kamillenblüten in das heiße Badewasser geben
- Auf Körpertemperatur abkühlen lassen
- 10 Minuten lang hineinsetzen

Finger- oder Fußbad
- 2 EL getrocknete Kamillenblüten in 1/2 l heißes Wasser geben
- Auf Körpertemperatur abkühlen lassen
- Mindestens 10 Minuten lang Finger oder Füße darin baden

Inhalation
- 2 EL getrocknete Kamillenblüten in eine Schüssel geben und mit heißem Wasser überbrühen
- Gesicht über die Schüssel senken, über Hinterkopf und Nacken ein Handtuch legen
- Täglich 2-mal inhalieren (siehe Seite 25)
- Unmittelbar nach der Inhalation nicht in die Kälte gehen

Kopfdampfanwendungen dürfen nicht durchgeführt werden, wenn der Patient an entzündlichen Hauterkrankungen, Augenbeschwerden oder Herz-Kreislauf-Erkrankungen leidet. Gönnen Sie sich nach der Inhalation etwas Ruhe. Gehen Sie vor allem nicht direkt danach hinaus in die kalte Luft – das würde Ihre frisch durchwärmten Bronchien wie ein Schlag treffen!

Homöopathie

Die Kamille ist auch in der Homöopathie ein oft angezeigtes Heilmittel, besonders bei Kleinkindern. Zahnungsbeschwerden mit Durchfall, Zahn- oder Ohrenschmerzen, fiebrige Infekte, Magenschmerzen und Blähungskoliken, aber auch unerträgliche Rücken- oder Wadenschmerzen legen ein Kamillenpräparat nahe, besonders wenn der Patient unruhig, reizbar und absolut unzufrieden is: Niemand kann es ihm recht machen. Man gibt dann die Potenz C6, anfangs drei Globuli alle zwei Stunden; bei Besserung sind ein- bis zweimal täglich fünf Globuli ausreichend.

Vorsicht

Neben der Echten Kamille gibt es in Deutschland noch einige andere Kamillensorten; hervorzuheben sind die Hundskamille und die Strahlenlose Kamille. Die Erstere ist medizinisch bedeutungslos, sie unterscheidet sich von der Echten durch ihren schwächeren Geruch und ihren flachen Blütenboden. Die Strahlenlose Kamille besitzt wohl einige Heilwirkungen, ist aber insgesamt ebenfalls nicht mit der Echten zu vergleichen. Sie besitzt keine weißen Randblüten, dafür aber einen recht strengen und unangenehmen Geruch.

Die selten gewordene Kornblume wird vor allem zu kosmetischen Zwecken benutzt.

Kornblume

Centaurea cyanus

Die Griechen verhalfen dieser Heilpflanze zu ihrem botanischen Namen: Der Zentaur aus der Mythologie bedeckte Achilleus mit Kornblumen und anderen Heilpflanzen, um dessen Wunden zu heilen. Im Lauf der Geschichte wurden jedoch zur Wundheilung wirkungsvollere Heilkräuter entdeckt: Arnika, Johanniskraut, Beinwell, Schafgarbe.
Heute wird die Kornblume vor allem in der Kosmetik eingesetzt.

Die Merkmale

- Größe: bis zu 60 cm
- Stängel: kantig, behaart, oben verzweigt
- Blätter: unten kurz gestielt, oben sitzend
- Blüten: himmelblau
- Blütezeit: Juni–September
- Standort: Getreidefelder, Wegränder, Schuttplätze

Richtig sammeln und anbauen

Die Wirkstoffe stecken überwiegend in den Blüten, doch geerntet wird das gesamte blühende Kraut. Bündeln Sie die Pflanzen zu Sträußen, die dann auf dem Dachboden kopfüber zum Trocknen aufgehängt werden. Nach dem Trocknen zupfen Sie die Blüten ab. Wenn die Blüten schon bei der Ernte vom Stängel getrennt werden, verlieren sie binnen weniger Tage Wirkstoffe und Farbe. Braucht man für ein Rezept frische Blüten, zupft man natürlich die Blüten sofort ab.
Mittlerweile gibt es zahlreiche Zuchtformen der Kornblume, deren Wirkstoffgehalt wahrscheinlich ähnlich wie bei der Wildform ist. Sie brauchen viel Sonne und humusreichen Boden.

Andere Namen:
- Augenkraut
- Kornnelke
- Roggenblume
- Zachariasblume

Die Wirkstoffe

Gerbstoffe Die Gerbstoffe der Kornblume wirken leicht zusammenziehend.

Bitter- und Farbstoffe Diese durchblutungsfördernden Stoffe bewirken den kosmetischen Effekt der Kornblume.

Heilwirkungen

Kornblumen eignen sich als geschmacklich und optisch attraktive Beimischung zu Kräutertees gegen Magen- und Darmbeschwerden. Für den alleinigen Einsatz bei diesen Beschwerden ist ihr Gerbstoffanteil zu gering.
In der Kosmetik verwendet man Kornblumen zur Vorbeugung von Falten und gegen Kopfschuppen.

Anwendungsformen

Auflagen mit Kornblumentee helfen gegen müde Haut.
Tinktur aus Kornblumenblüten ist ein wirksames Mittel gegen hartnäckige Kopfschuppen.
Kornblumengesichtswasser empfiehlt sich zur Pflege fettiger und großporiger Haut.

Als Heilpflanze bei Krankheiten ist die Kornblume eher von untergeordneter Bedeutung, doch für die Schönheit von Haut und Haaren wird sie schon lange mit großem Erfolg eingesetzt.

Auflage

- 25 g getrocknete Kornblumenblüten mit 1/2 l kochendem Wasser übergießen
- 10 Minuten ziehen lassen
- Abseihen
- Dünnes Leinentuch damit tränken
- Täglich morgens und abends lauwarm auf das Gesicht legen

Tinktur

- 50 g frische Kornblumenblüten mit 1 l Weißwein vermischen, 1 Tag ziehen lassen und abseihen
- Täglich morgens und abends in die Kopfhaut einmassieren

Homöopathie

In der homöopathischen Therapie spielt die Kornblume keine Rolle.

Vorsicht

Wer die Kornblume nicht im eigenen Garten ernten kann, sollte sich die Blüten in der Apotheke holen. Da die Pflanze bei uns überwiegend in Getreidefeldern zu finden ist, deren Boden und Saatgut mit Chemikalien behandelt wurden, ist vom Sammeln an diesen Standorten abzuraten.

Kümmel wirkt vorbeugend gegen Verdauungsbeschwerden.

Kümmel

Carum carvi

Schon Römer und Griechen schätzten den Kümmel – allerdings als Speisegewürz. Erst im Mittelalter fand er schließlich immer mehr Verwendung als Heilpflanze bei Verdauungsbeschwerden. Auch heute ist das noch das hauptsächliche Einsatzgebiet dieser Pflanze.

Die Merkmale

- Größe: bis zu 1 m
- Stängel: kantig, gerillt, bereits unten verzweigt
- Blätter: fein gefiedert
- Blüten: weiß mit rosa Schimmer, in 8- bis 16-strahligen Blüten
- Blütezeit: Juni–August
- Früchte: glatte, eichelförmig gekrümmte Kümmelfrüchte mit fünf Längsrippen
- Geruch: nach Möhren
- Standort: auf Wiesen, Bahndämmen und Ödland

Andere Namen:
- **Brotkümmel**
- **Feldkümmel**
- **Garbe**
- **Kumach**
- **Wiesenkümmel**

Richtig sammeln und anbauen

Gesammelt werden die Früchte im Juni, bevor sie vollständig ausgereift sind. Man hängt die Dolden kopfüber auf dem Dachboden zum Trocknen auf und legt Papier unter die Büschel. Die Kümmelfrüchte fallen schließlich auf das Papier, wo man sie trocknen lässt.
Kümmel braucht feuchten, lockeren, tiefgrundigen, humosen und kalkhaltigen Lehmboden mit relativ viel Sonne.

Die Wirkstoffe

Ätherische Öle Unter den ätherischen Ölen des Kümmels dominieren Carvon und Limonen. Interessant ist ihre Wirkung auf den Verdauungstrakt: Sie regen den Magen an, wirken aber beruhigend und krampflösend auf den Darm. Außerdem stabilisieren sie die Darmflora: Nützliche Mikroorganismen werden in ihrem Wachstum gefördert, schädliche gehemmt.

Heilwirkungen

- Blähungen
- Darmkoliken
- Dreimonatskoliken von Babys
- Magenschwäche
- Milchmangel bei stillenden Frauen
- Mundgeruch

Anwendungsformen

Kümmeltee zu den Mahlzeiten getrunken, regt die Verdauung an und verhindert Blähungen und Völlegefühl bereits im Vorfeld. Dieselbe Wirkung hat Kümmelschnaps. Kümmelsamen können als Gewürz Brot, aber auch Kohlgerichte wohlschmeckend und leichter verdaulich machen. Die Kümmelauflage hat sich vor allem bei den Koliken von Babys bewährt.

Das besondere Problem der Säuglingsblähungen liegt darin, dass sie weniger eine Erkrankung darstellen, als vielmehr eine Entwicklungsstörung: Der Darm der Babys ist einfach noch nicht so weit, die Milch problemlos zu verdauen. Machen Sie sich daher auch bei Heilkräuteranwendungen nicht zu viele Hoffnungen!

Tee

- 1 EL zerstoßene Kümmelsamen mit 1 Tasse kochendem Wasser übergießen
- 12–15 Minuten ziehen lassen und abseihen
- Jeweils zu den Mahlzeiten 1 Tasse trinken

Auflage

- Kümmelsamen in ein Leinensäckchen füllen
- Im Wasser erwärmen
- Mehrmals täglich für einige Minuten auf den Bauch legen

Schnaps

- 50 g zerstoßene Kümmelsamen mit 3/4 l Kornschnaps übergießen, etwa 10 Tage ziehen lassen und abfiltern
- Nach blähenden Speisen 1 Likörglas davon trinken

Homöopathie

Die Homöopathie verwendet den Kümmel nicht.

Vorsicht

Der Kümmel wird leicht mit dem Wiesenkerbel verwechselt. Wichtige Unterscheidungsmerkmale sind die stärker glänzenden Blätter des Kerbels sowie seine reinweißen, flachen Blütendolden (im Unterschied zu den rosa schimmernden, »eingedellten« Kümmeldolden).

Der Wirkstoffgehalt der Lindenblüten (hier Tilia platyphyllos) ist kurz nach dem Aufblühen am höchsten.

Linde

Tilia cordata (Winterlinde)
Tilia platyphyllos (Sommerlinde)

Schon im Altertum war die Linde als heilkräftige Pflanze bekannt, allerdings wurden früher vorwiegend Rinde, Lindenholzkohle und Saft des Baumes verwendet. Erst seit dem 18. Jahrhundert tritt der Tee aus den Blüten in den Vordergrund.
Heute gilt er als »Klassiker« gegen fiebrige Infekte und Katarrhe der oberen Atemwege.

Die Merkmale

- Größe: bis zu 30 m
- Stamm: mit schwärzlichgrauer Borke
- Blätter: rundlich, am Rand gesägt, Blätter der Sommerlinde etwas größer als die der Winterlinde
- Blüten: Kronblätter gelblichweiß, in Trugdolden
- Blütezeit: Juni–August
- Standort: Mischwälder, Alleen

Richtig sammeln und anbauen

Geerntet werden die Blüten ein bis vier Tage nach dem Aufblühen. Zu dieser Zeit ist ihr Wirkstoffgehalt am höchsten. Danach kommen sie an einen luftigen und schattigen Ort zum Trocknen. Nach dem Trocknen werden die Blüten in luftdichten, trockenen und lichtundurchlässigen Behältern aufbewahrt.
Die Linde ist für den normalen Garten zu groß. Lindenblüten holt man sich in der freien Natur oder in der Apotheke.

Andere Namen:
- **Bastbaum**
- **Bastholzlinde**
- **Steinlinde**
- **Waldlinde**

Die Wirkstoffe

Flavonoide Sie wirken antibiotisch und erhöhen über ihren Einfluss auf das Wärmeregulationszentrum im Gehirn die Aktivität der Schweißdrüsen und des Immunapparats. Darüber hinaus dichten sie »Lecks« an den feinen Blutgefäßen ab.

Ätherische Öle Die ätherischen Öle der Lindenblüten, vor allem das Farnesol, sorgen für ihren angenehmen, aromatischen Geschmack. Medizinisch sind sie allerdings eher bedeutungslos.

Heilwirkungen

- Erkältungen
- Fieber
- Grippale Infekte
- Schnupfen

Anwendungsformen

Die klassische Anwendung der Lindenblüten ist die Zubereitung als Tee bei fiebrigen Erkältungskrankheiten. Lindenblütenauflagen erfrischen müde und »schattige« Haut mit Fältchen.

Schweißtreibende Getränke wie Lindenblütentee haben morgens nur geringe Wirkungen. Ihr schweißtreibender Effekt kommt am besten am Nachmittag und am Abend zum Tragen.

Tee

- 2 TL getrocknete Lindenblüten mit 1 Tasse kochendem Wasser überbrühen
- 10 Minuten ziehen lassen und abseihen
- Täglich 3 Tassen trinken, die 1. Tasse aber nicht vor 14 Uhr

Auflage

- 3 TL getrocknete Lindenblüten mit 1 Tasse kochendem Wasser überbrühen
- 10 Minuten ziehen lassen
- Abseihen und auf Körpertemperatur abkühlen lassen
- Leinentüchlein damit tränken
- Morgens und abends für 10 Minuten auf das Gesicht legen

Homöopathie

Das homöopathische Mittel Tilia (europaea) wird eingesetzt bei Laufschnupfen mit häufigem Niesreiz, bei Gesichtsneuralgien mit dem Gefühl eines Schleiers vor den Augen und bei Hautausschlägen mit kleinen roten, heftig juckenden Pickeln, während es gleichzeitig oft zu starken warmen Schweißausbrüchen direkt nach dem Einschlafen kommt. Hier ist die Potenz C4 angezeigt, dreimal täglich sieben Globuli.

Die Ärzte einer Chicagoer Kinderklinik erzielten große Erfolge mit ihrer Behandlungsstrategie, Kinder mit fiebrigen grippalen Infekten Lindenblütentee zusammen mit Azetylsalizylsäure (u. a. als Aspirin bekannt) einnehmen zu lassen. Der Heileffekt war größer als bei einer Behandlung mit starken Antibiotika!

Vorsicht

Bei Einhalten der Dosis von drei bis vier Esslöffeln täglich sind keine Nebenwirkungen zu befürchten. Starke Überdosierungen belasten über ihren Einfluss auf das Wärmeregulationszentrum des Hirns das Herz. Als ständiges Alltagsgetränk ist Lindenblütentee – auch wenn er recht gut schmeckt – nicht geeignet!

Löwenzahnblätter können auch als Salat angerichtet werden.

Löwenzahn

Taraxacum officinale

Seinen lateinischen Namen verdankt der Löwenzahn der Tatsache, dass er früher bei Augenentzündungen eingesetzt wurde. Taraxacum setzt sich aus zwei griechischen Wörtern zusammen: »taraxis« (= Augenentzündung) und »akeomai« (ich heile).
Heutige Pflanzenheilkundige schätzen ihn weniger als Augentrost denn als Heilmittel bei Arthritis und Ödemen.

Die Merkmale

- Größe: etwa 20 cm, unter günstigen Bedingungen auch 50 cm
- Stängel: kantig, hohl
- Blätter: grundständig, zugespitzt, Sägemuster an den Rändern
- Blüten: Zungenblüten, in dickem gelben Blütenkopf
- Blütezeit: Mai/Juni
- Standort: Wiesen, Ödland, Schuttplätze, Wegränder

Richtig sammeln und anbauen

Man sammelt das Kraut unmittelbar vor der Blüte und die Wurzeln im Herbst. Die gewaschenen Wurzeln werden der Länge nach halbiert, in Scheiben geschnitten und bei 45 °C getrocknet, das Kraut trocknet man klein geschnitten im Schatten.
Wer Wildwiesen in seinem Garten hat, braucht den Löwenzahn nicht extra anzubauen. Er wird sich dort von selbst ansiedeln.

Die Wirkstoffe

Andere Namen:
- Augenwurz
- Kettenblume
- Pfaffenröhrlein
- Pusteblume

Taraxin schmeckt bitter und regt dadurch den Appetit an. Außerdem gelten Sesquiterpenlaktone wie Taraxin allgemein als entzündungshemmend.

Inulin ist eine besondere Zuckerform, die uns lang anhaltend wach und konzentriert hält. Wichtigste Inulinquelle in der Löwenzahnpflanze sind die Wurzeln.

Kalium Löwenzahnblätter sind durch ihren hohen Kaliumgehalt ein wirksames Mittel gegen Wassersucht und Harnsteine.

Heilwirkungen

- Appetitlosigkeit
- Arthritis
- Diabetes mellitus (unterstützend)
- Funktionsstörungen der Gallenblase
- Gicht
- Konzentrationsschwäche
- Lebererkrankungen
- Nierenerkrankungen
- Rheumatische Erkrankungen
- Wassersucht (Ödeme)
- Warzen

Der Milchsaft aus der frischen Pflanze wirkt haut- und schleimhautreizend. Kinder sollten deshalb die Stängel der Pusteblumen nicht in den Mund nehmen.

Anwendungsformen

Kuren mit Löwenzahntee fördern die Konzentration und die Entschlackung sowie den Heilungsprozess von Rheuma-Erkrankungen und von Diabetes. Frische Löwenzahnblätter (Salat) ergänzen die Teekur. Für Rheumapatienten empfehlen sich auch Umschläge mit Löwenzahntee oder mit frischen Wurzeln.

Zerschnittene und leicht geröstete Löwenzahnwurzeln hat man früher als beliebten Ersatz für den für viele unerschwinglichen Bohnenkaffee verwendet: Die gerösteten Wurzeln werden gemahlen, in Wasser aufgekocht und abgeseiht.

Tee

- 1 EL Wurzeln und Kraut mit 1 Tasse kaltem Wasser übergießen
- 1 Minute kochen, 15 Minuten ziehen lassen und abseihen
- Täglich 2 Tassen trinken, mindestens 8 Wochen lang
- Zur Therapieunterstützung bei Diabetes: 6 Wochen lang zu jeder Mahlzeit 1 Tasse trinken

Manche Menschen schwören auf Löwenzahn als Antiwarzenmittel: Man betupft die Warze täglich mehrmals mit dem Milchsaft aus der frischen Pflanze.

Umschläge mit frischen Wurzeln

- Leinentuch mit heißem Wasser tränken und 3 EL klein gehackte frische Löwenzahnwurzeln darin einwickeln
- Auf die schmerzenden Gelenke legen und mit einem Handtuch umwickeln

Homöopathie

Taraxacum officinale wird in der Potenz C4, dreimal täglich fünf Globuli, eingesetzt bei Funktionsstörungen oder Erkrankungen von Leber, Gallenblase oder Niere, bei Gelbsucht, bei Landkartenzunge mit grauem Belag und bei nächtlichem Schwitzen.

Vorsicht

Größere Mengen an Löwenzahntee können bei empfindlichen Menschen zu Magenbeschwerden führen.

Die nach Zitrone duftenden Melissenblätter wirken entspannend.

Melisse

Melissa officinalis

Die Heilkraft der Melisse war schon den Griechen der Antike bekannt, und im mittelalterlichen Klostergarten baute man sie sogar auf höchsten Befehl Karls des Großen an. Der berühmte Melissengeist wurde jedoch erst im 16. Jahrhundert entwickelt. Die Klosterfrau Maria Clementine Martin (1775–1843) setzte ihn erstmals zur Linderung von Herz- und Nervenleiden ein.

Die Merkmale

- Größe: bis zu 1 m
- Stängel: vierkantig und stark verästelt
- Blätter: gegenständig, untere Blätter lang gestielt und gesägt
- Blüten: weiß, manchmal mit leicht rosafarbenem Ton
- Blütezeit: Juli–September
- Geruch: starker Zitronengeruch
- Standort: lichte Gebirgswälder, häufig als Gartenpflanze

Andere Namen:
- **Citronelle**
- **Frauenkraut**
- **Gartenmelisse**
- **Herzkraut**
- **Herztrost**
- **Mutterkraut**
- **Zitronenmelisse**

Richtig sammeln und anbauen

Gesammelt werden die Blätter im Mai und im Juni. Man trocknet sie im Schatten und füllt sie zerkleinert in luftdichte und lichtundurchlässige Behälter. Die Melisse ist robust und ihr Anbau daher kein Problem. Sie bevorzugt humusreiche Böden oder lehmigen Sand mit viel Sonne und wenig Wind. Im Winter sollte sie mit einer Reisigdecke vor Frost geschützt werden.

Die Wirkstoffe

Ätherische Öle Melisse gehört zu den Pflanzen mit besonders hohem Gehalt an ätherischen Ölen. Sie wirken krampflösend und hemmen das Wachstum von Pilzen und Viren.

Bitterstoffe Von ihnen geht die appetitsteigernde Wirkung der Melisse aus.

Gerbstoffe wirken entzündungshemmend und antibiotisch, darüber hinaus stärken sie das Herz.

Heilwirkungen

- Appetitmangel
- Fußpilz
- Hautunreinheiten
- Herpes
- Herz-Kreislauf-Schwäche
- Kopfschmerzen
- Magenkrämpfe
- Menstruationsbeschwerden
- Nervosität
- Schlafstörungen (leichte)

Die Namen Frauenkraut und Mutterkraut verweisen auf die volksmedizinische Anwendung der Melisse als Heilmittel bei Frauenkrankheiten. Ihre Wirkung als Herz- und Kreislaufmittel kommt in Namen wie Herzkraut und Herztrost zum Ausdruck.

Anwendungsformen

Eine Teekur mit Melissentee ist bei Herzbeschwerden nervösen Ursprungs sowie allgemein bei Nervosität und Appetitmangel und bei durch Stress hervorgerufenen Kopfschmerzen angezeigt. Die Einnahme von Melissentinktur hilft bei Herz- und Kreislaufbeschwerden. Äußerlich angewendet wird die Tinktur bei Kopfschmerzen, Herpes und einigen Fußpilzarten.

Tee

- 2 TL Melissenblätter mit 1 Tasse heißem Wasser übergießen, zugedeckt 10 Minuten ziehen lassen und abseihen
- 4–6 Wochen lang täglich 3 Tassen trinken

Tinktur

- 20 g Melissenblätter mit 100 ml 70-prozentigem Alkohol übergießen, 10 Tage lang an einem warmen Platz ohne direkte Sonneneinstrahlung ziehen lassen und abfiltern
- Bei Herz- und Kreislaufbeschwerden: täglich 2-mal 15 Tropfen einnehmen
- Bei Herpes und Fußpilz: mehrmals täglich die im Verhältnis 1:1 mit Wasser verdünnte Tinktur auftragen
- Bei Kopfschmerzen: die im Verhältnis 1:1 mit Wasser verdünnte Tinktur in die Schläfen einmassieren

Ursprünglich stammt die Melisse aus dem Mittelmeerraum. Doch sie wurde wahrscheinlich schon vor vielen Jahrhunderten in unseren Breiten heimisch. Auch die Tatsache, dass sie bei uns wild und kultiviert ohne Probleme gedeihen kann, macht sie zu einer echten Pflanze unserer Heimat.

Homöopathie

In der Homöopathie wird die Melisse nicht verwendet.

Gartentip

Melisse wuchert auch im Blumenkasten sehr üppig. Auf einem sonnigen und windgeschützten Balkon kann sie mit Thymian und Salbei ein Duftgärtchen bilden.

Die lange Zeit vergessene Mistel zählt wieder zu den wichtigsten Heilpflanzen.

Mistel

Viscum album

Die Mistel wurde als Heilpflanze schon von Galliern, Römern und Griechen geschätzt. Nach dem Mittelalter geriet die Pflanze für lange Zeit in Vergessenheit.
Heute wird sie wieder zu den wichtigen Heilpflanzen gezählt; als Blutdrucksenker feiert sie Erfolge, und als Heilmittel für Krebskranke – nur unter Anleitung eines Arztes! – sorgt sie für Aufsehen.

Die Merkmale

- Durchmesser: bis zu 1 m
- Zweige: grünlich gelb, gabelig verzweigt
- Blätter: gegenständig, mit schwachen Längsadern
- Blüten: unscheinbar, Blütenhülle mit gelblichem Farbton
- Blütezeit: März/April
- Standort: als Halbschmarotzer auf Bäumen

Richtig sammeln und anbauen

Man erntet die Mistelzweige während der Blüte, also im zeitigen Frühjahr. Mancherorts werden sie einfach mit Stangen von den Bäumen heruntergeschlagen, was allerdings Baum und Mistel großen Schaden zufügen kann. Besser ist es, die Baumkrone zu erklettern und nur einige Mistelzweige abzuschneiden. Am besten und ungefährlichsten ist es jedoch, sich die standardisierten Präparate in der Apotheke oder die getrockneten Blätter im Kräuterladen zu besorgen. Der Anbau der schmarotzenden Mistelsträucher ist für den Gärtner nicht zu empfehlen.

Andere Namen:
- **Donnerbesen**
- **Drudenfuß**
- **Glückszweig**
- **Hexenbesen**
- **Hexennest**
- **Vogelleimkraut**
- **Wintergrün**

Die Wirkstoffe

Lektine sind Eiweißsubstanzen, die das Immunsystem mobilisieren können. Ihnen wird der Erfolg von Mistelpräparaten als Begleiter von Strahlentherapien bei Krebs zugeschrieben. Da die Lektine jedoch durch unseren Verdauungsapparat zerstört werden, können sie in unserem Körper nur mittels spezieller Präparate und Injektionen aktiv werden. Tinktur und Tee aus Mistelblättern wirken hingegen nicht krebshemmend.

Heilwirkungen

- Bluthochdruck
- Herzschwäche
- Konzentrationsstörungen
- Krebserkrankungen (vorbeugend und therapiebegleitend)
- Ohrensausen

Cholin Dieses B-Vitamin wird vor allem für Stoffwechselvorgänge im Gehirn benötigt. Es hilft bei Gedächtnis- und Konzentrationsschwäche.

Mistelbüsche wachsen in der Regel sehr weit oben in den Baumkronen. Es ist daher nicht ungefährlich, sie zu pflücken. Außerdem sollte man die Mistel sparsam ernten, denn die Büsche wachsen sehr langsam. Für Mensch und Natur ist es deshalb besser, in der Apotheke standardisierte Präparate oder im Kräuterladen die getrockneten Blätter zu besorgen.

Anwendungsformen

Misteltee hilft bei Bluthochdruck und wird auch zur Stärkung des geschwächten Herzmuskels bei älteren Patienten oder in der Rekonvaleszenz nach Infektionskrankheiten eingesetzt. Misteltinktur nimmt man bei Ohrensausen und Herzschwäche ein.

Tee

- 2 TL Mistelkraut mit 1 Tasse kochendem Wasser übergießen
- 10 Minuten ziehen lassen und abseihen
- Täglich 3 Tassen trinken

Tinktur

- 20 g frisches, klein geschnittenes Mistelkraut mit 100 ml 70-prozentigem Alkohol übergießen
- An einem dunklen Ort 1 Woche lang stehen lassen, auspressen und in ein Fläschchen mit Tropfenzählvorrichtung füllen
- Nehmen Sie täglich 3-mal je 20 Tropfen Misteltinktur in einem Kognakglas Wasser ein

Die Mistel gehört zu den sogenannten Halbschmarotzern. Das bedeutet: Sie ernährt sich zwar überwiegend von dem Saft der Bäume, auf denen sie lebt, doch sie fügt ihnen dabei keinen Schaden zu.

Homöopathie

Von der homöopathischen Arznei Viscum album C6 werden ein- bis zweimal täglich fünf Globuli gegeben bei rheumatischen Schmerzen in Schultern und Ellbogen und zugleich in Knien und Fußgelenken, die sich im Winter, in der Bettwärme und beim Liegen auf der linken Seite verschlimmern.

Vorsicht

Mistelzubereitungen dürfen nicht von Personen mit niedrigem Blutdruck eingenommen werden.

Odermennig

Agrimonia eupatoria

Die wohl »Ackermännchen« oder »Ackermond« bedeutenden deutschen und botanischen Bezeichnungen deuten lediglich auf den Standort der Pflanze hin. Die lange Liste seiner Zweitnamen zeigt bereits, dass der Odermennig zu recht unterschiedlichen Zwecken eingesetzt wurde und als »Königs-« oder »Lebenskraut« große Wertschätzung genoss. Heute verwendet man ihn bei Entzündungen der Darm-, Rachen- und Mundschleimhäute.

Das »Lebenskraut« Odermennig wird im Juni und Juli geerntet.

Die Merkmale

- Größe: 0,5 bis 1 m
- Stängel: aufrecht, zottig behaart
- Blätter: gefiedert, Unterseite mit filziger Behaarung
- Blüten: goldgelb, in langen Trauben
- Blütezeit: Juni–September
- Standort: magere Wiesen, Schutthalden, Wegränder, Hecken

Richtig sammeln und anbauen

Man erntet von Juni bis Juli das gesamte Kraut. Es wird gebündelt und auf dem Dachboden an einer Leine zum Trocknen aufgehängt. Nach dem Trocknen die dicken Stängel aussortieren. Die Lagerung erfolgt in Leinensäckchen.

Wer eine Magerwiese in seinem Garten hat, wird auch den Odermennig darin finden. Auf mageren Böden in sonniger Lage lässt sie sich mit Saatgut für Wildblumenwiesen anlegen.

Andere Namen:
- **Ackermännchen**
- **Bruchwurz**
- **Königskraut**
- **Leberkraut**
- **Lebenskraut**
- **Magenkraut**
- **Schlangenkraut**

Die Wirkstoffe

Gerbstoffe Der Odermennig enthält viele Gerbstoffe. Wo sie in Kontakt mit lebendem Gewebe kommen, wird das Zellgefüge verdichtet. Die Oberfläche des Gewebes wird ausgetrocknet, und die dortigen Eiweiße werden in Verbindungen umgewandelt, die den Mikroparasiten nicht mehr als Nahrung dienen können. Darüber hinaus verringern Gerbstoffe die Durchblutung und das Schmerzempfinden. Das Zellgewebe wird so robuster, und schädliche Mikroorganismen finden dort keine Lebensgrundlagen mehr.

Heilwirkungen

- Darmentzündungen
- Durchfall
- Gallenerkrankungen
- Halsentzündungen
- Magensäuremangel
- Rachenentzündungen
- Verdauungsstörungen nach fettreichem Essen

Bitterstoffe Die Bitterstoffe des Odermennigs wirken appetit- und gallenanregend sowie allgemein kräftigend.

Flavonoide wirken entzündungshemmend und antibiotisch.

Durch seinen hohen Anteil an Gerbstoffen wirkt der Odermennig hemmend auf Entzündungen und die Entwicklung von schädlichen Mikroorganismen in den Schleimhäuten. Als Tee hilft er vor allem bei Erkrankungen im Darm, als Tinktur zum Gurgeln bei Entzündungen im Mund- und Rachenraum.

Anwendungsformen

Odermennigtee hilft bei Darm- und Gallenerkrankungen. Die Tinktur aus dem Kraut ist eine wirksame Spül- und Gurgellösung gegen Entzündungen im Mund- und Rachenraum.

Tee

- 1 TL getrocknetes Odermennigkraut mit 1 Tasse kochendem Wasser übergießen
- 10 Minuten ziehen lassen und abseihen
- Täglich 3 Tassen trinken

Tinktur

- 20 g getrocknetes Odermennigkraut in 100 ml 70-prozentigen Alkohol geben
- 10 Tage ziehen lassen
- Abseihen
- Vor der Anwendung mit 2–3 Teilen Wasser verdünnen
- Mit der Lösung 3- bis 4-mal täglich gurgeln

Homöopathie

In der Homöopathie ist der Odermennig weniger gebräuchlich. Er wird bei Nierenschmerzen, Verdauungsbeschwerden oder lockerem Husten mit viel Auswurf und unfreiwilligem Harnabgang in niedrigen Potenzen, meist in der Urtinktur, eingesetzt.

Vorsicht

Die Tagesdosis von drei Teelöffeln sollte nicht überschritten werden.

Petersilie sollte immer auf verschiedenen Beeten angesät werden.

Petersilie

Petroselinum crispum

Der Name Petroselinum stammt von den beiden griechischen Begriffen »petros« (= Fels) und »selinon« (= Sellerie). »Crispum« steht für »kraus« – es handelt sich also um einen »krausen Felsensellerie«!
Das beliebte Küchenkraut gehört zu den Pflanzen, die in allen Teilen zu therapeutischen Zwecken einsetzbar sind, doch verwendet man heute überwiegend die Wurzeln und das sehr vitaminreiche Kraut.

Die Merkmale

- Größe: 30–100 cm, krause Sorten niedriger
- Blätter: glatt, dunkelgrün, gefiedert und mit glänzender Oberseite; krause Sorten: gekraust, heller grün
- Blüten: grünlichgelb gefärbt, in Dolden an sehr langen, kantigen Blütenstängeln
- Blütezeit: Juni–August
- Samen: graubraun, etwa 2,5 mm groß, reifen im September
- Standort: in Gärten kultiviert

Andere Namen:
- **Bittersilche**
- **Peterli**
- **Peterling**
- **Silk**

Richtig ernten und anbauen

Geerntet werden die Wurzeln und das Kraut. Die Blätter können während des ganzen Jahres abgeschnitten werden, nicht aber während der Blüte, da sie zu dieser Zeit sehr bitter schmecken. Die Wurzeln holt man erst im November aus dem Boden.
Das Kraut isst man am besten frisch, da beim Trocknen viele der wertvollen Inhaltsstoffe verloren gehen. Zur Konservierung des Krauts eignet sich das Tiefgefrieren.
Die Wurzeln trocknet man bei 80 °C im Backofen. Danach können sie im Keller recht lange gelagert werden.
Die winterharte Petersilie wächst in sonnigen und halbschattigen Lagen und braucht einen lockeren, nährstoffreichen Boden mit genügend Feuchtigkeit. Sie wird mehrere Male von März bis Juni ausgesät. Dabei müssen die Petersiliensamen leicht mit Erde bedeckt werden – es handelt sich um Dunkelkeimer. Petersilie ist sehr empfindlich gegen Trockenheit, muss also regelmäßig gegossen werden. Petersilie sollte nicht immer auf demselben Beet gezogen werden, das würde den Boden auslaugen.

Die Wirkstoffe

Im Kraut

Vitamin C 100 Gramm Petersilie enthalten 166 Milligramm Vitamin C. Damit gehört das Kraut zu den besten Lieferanten des wichtigen Immunvitamins.

Folsäure Das B-Vitamin ist wichtig für Blutbildung, Wachstum, Arbeit der Nerven- und Gehirnzellen sowie für die Funktionen des Verdauungstraktes. 100 Gramm Petersilienblätter enthalten 170 Mikrogramm Folsäure. Sie zählen damit zu den wichtigsten pflanzlichen Lieferanten dieses B-Vitamins, das ansonsten in Milch, Käse und Innereien enthalten ist.

Bei Infektionen muss die Behandlung mit eisenhaltigen Kräutern oder Präparaten unterbrochen werden. Denn für die meisten Bakterien gehört Eisen zu den Nährstoffen.
Eine Ausnahme bilden eisenhaltige Kräuter, bei denen die antibiotischen Wirkungen im Vordergrund stehen, wie Brennnessel und Petersilie.

Niazin Petersilie enthält 2,8 Milligramm aktives Niazin. Das B-Vitamin wird vor allem für den Stoffwechsel von Kohlenhydraten und Proteinen gebraucht, außerdem spielt es eine große Rolle für den Schlaf und die Stabilität des Cholesterinspiegels.

Vitamin E Das Vitamin unterdrückt die Produktion von Entzündungsstoffen; man kann es deshalb vorbeugend und zur Behandlung bei entzündlichen Erkrankungen wie etwa Rheuma einsetzen. 100 Gramm Petersilienkraut enthalten 4,5 Milligramm Vitamin E.

Kalium Petersilie gehört zu den Kaliumbomben. Das Mineral ist unentbehrlich für unseren Wasserhaushalt, außerdem gewährleistet es als Bestandteil der sogenannten Natrium-Kalium-Pumpe die Funktionstüchtigkeit unserer Muskeln. 100 Gramm Petersilienblätter enthalten 1000 Milligramm Kalium!

Kalzium Mit 245 Milligramm Kalzium auf 100 Gramm gehört die Petersilie zu den bedeutenden Lieferanten dieses Minerals. Kalzium wird vor allem für die Muskelarbeit und den Aufbau von Knochen und Zähnen benötigt.

Eisen Eisen ist ein unentbehrlicher Bestandteil der Blutbildung. Mit 5,5 Milligramm auf 100 Gramm gehört die Petersilie zu den wichtigen Eisenlieferanten.

Mangan Bereits 60 Gramm Petersilie decken unseren Tagesbedarf an Mangan. Hohe Dosierungen an Mangan senken den Blutzuckerspiegel bei Diabetikern, außerdem können gute Laune und euphorische Stimmungen nur unter ausreichender Beteiligung von Mangan aufgebaut werden.

Heilwirkungen

Kraut

- Arteriosklerose und Folgeerkrankungen (wie Angina pectoris und Herzinfarkt)
- Blasenschwäche
- Diabetes
- Eisenmangel
- Harnsteine
- Harnwegsentzündungen
- Herpesinfektionen
- Osteoporose
- Verzögerte oder zu schwache Regelblutung
- Wassersucht

Wurzeln

- Appetitstörungen
- Blähungen
- Harnsteine
- Krebs (Vorbeugung und Therapieunterstützung)
- Wassersucht

Durch ihren hohen Gehalt an Vitaminen und Mineralien stellt die Petersilie eines unserer wichtigsten und universell einsetzbaren Heilkräuter dar. Das Zusammenspiel ihrer zahlreichen Wirkstoffe macht ihren Einsatz auch sinnvoll zur Vorbeugung von schweren Krankheiten wie Arteriosklerose und Krebserkrankungen.

Apiol Dieser Wirkstoff regt die Verdauungsvorgänge leicht an. Er wirkt auch menstruationsfördernd und in geringem Umfang keimabtötend. Wichtiger ist jedoch sein erweiternder Einfluss auf die Blutgefäße der Nieren, wodurch die Nierentätigkeit mobilisiert wird. Das Zusammenspiel mit dem Mineral Kalium macht die Petersilie zu den wirksamsten Harntreibern überhaupt.

Flavonoide Petersilie enthält zahlreiche Flavonoide. Diese Stoffe wirken krebshemmend, antibiotisch (vor allem auf Herpesviren) und antioxidativ (sie schützen beispielsweise Vitamin C vor dem Angriff von aggressiven Sauerstoffmolekülen).

In den Wurzeln

Das Wirkstoffprofil der Wurzeln ähnelt dem des Krauts. Hervorzuheben ist allerdings der sehr hohe Gehalt an Vitamin C und Phtaliden, die zu den sekundären Pflanzenstoffen mit krebshemmender Wirkung gezählt werden.

Anwendungen

Kalium, im Petersilienkraut überreichlich vorhanden, ist unentbehrlich für die Zellerneuerung; es beugt Herzrhythmusstörungen und -infarkt vor und kurbelt Appetit und Verdauung an.

Am wirksamsten ist die Petersilie, wenn man sie frisch verzehrt: Sie sollte bei der Speisenzubereitung regelmäßig verwendet werden und mindestens zweimal pro Woche auf den Tisch kommen. Tee aus Petersilienwurzeln ist appetitanregend und sehr stark harntreibend. Eine Augenauflage aus Petersilienaufguss wirkt ungemein erfrischend auf müde Augen, als Gesichtsauflage mildert sie erste Fältchen.

Tee
- 2 TL getrocknete Petersilienwurzeln mit 1 großen Tasse kochendem Wasser übergießen
- 10 Minuten ziehen lassen
- Abseihen
- Täglich 2 Tassen trinken

Auflage
- 1 Handvoll frisches Petersilienkraut mit 1/2 l kochendem Wasser übergießen
- 10 Minuten ziehen lassen
- Abseihen
- Leinentüchlein damit tränken und bei Bedarf für mindestens 10 Minuten auf die geschlossenen Augen bzw. auf das Gesicht legen

Das in der Petersilie enthaltene Vitamin E kann auch eine positive Wirkung auf die männlichen Keimdrüsen haben und so leichte Störungen der Fruchtbarkeit bei ansonsten gesunden Männern beheben. Darüber hinaus schützt es die Zellen des Herzmuskels und hilft, Schadstoffe im Blut abzubauen.

Homöopathie

Die homöopathische Aufbereitung der Petersilie, Petroselinum crispum C4, dreimal täglich sieben Globuli, ist angezeigt bei Harnröhrenentzündungen mit plötzlich auftretendem, heftigem Harndrang und starkem Beißen oder Jucken tief im Innern der Harnröhre und bei Hämorrhoiden mit starkem Juckreiz.

Vorsicht

Schon sehr früh wusste die Volksmedizin von der abortiven Wirkung der Petersilie zu berichten; im Mittelalter wurde das Kraut sogar dazu verwendet, unerwünschte Schwangerschaften abzubrechen. In der Tat können große Mengen des Petersilienwirkstoffes Apiol Frühgeburten auslösen, oftmals einhergehend mit erheblichen Nebenwirkungen auf Nerven und Nieren. Aus heutiger Sicht der Forschung muss entschieden davor gewarnt werden, während der Schwangerschaft mehr als einen Esslöffel Petersilie pro Tag zu essen.
Allergische Reaktionen auf Wurzeln und Kraut der Petersilie können vorkommen; diese Fälle sind aber sehr selten.
Die glattblättrige Petersilie kann mit der giftigen Hundspetersilie und dem noch giftigeren Fleckenschierling verwechselt werden, die sich auch gern in Petersilienbeete einschleichen. Sicherheitshalber sollte man daher die krausblättrigen Zuchtformen vorziehen.

Pfefferminze

Mentha piperita

Minzen waren schon in der Antike bekannt. Man schätzte sie als Bestandteil kultischer Duftöle, aber auch als Heilmittel gegen Krämpfe und Kopfschmerzen. Die Pfefferminze übersiedelte wohl schon sehr früh zu uns, da sie seit dem Mittelalter neben der Kamille zu den in der Volksmedizin gebräuchlichsten Heilpflanzen überhaupt zählt.

Die Pfefferminze zählt zu den gebräuchlichsten Hausmitteln.

Die Merkmale

- Größe: 50–80 cm
- Stängel: kahl
- Blätter: gegenständig, mit groben Zähnen und kurzem Stiel
- Blüten: rosa Lippenblüten in dichten Ähren
- Blütezeit: Juni–September
- Geruch: das ganze Kraut riecht frisch-aromatisch
- Wurzeln: flaches Wurzelwerk mit zahlreichen Ausläufern
- Standort: meist kultiviert in Gärten

Andere Namen:
- **Edelminze**
- **Englische Minze**
- **Frauenminze**
- **Gartenminze**
- **Krauseminze**
- **Minze**
- **Teeminze**

Richtig sammeln und anbauen

Geerntet wird zunächst das ganze Kraut, im günstigsten Fall im Juli, kurz bevor es blüht. Nach dem Trocknen zupft man die Blätter ab. In ihnen befinden sich die meisten Wirkstoffe. Sie werden am besten in einer luftdicht verschließbaren Dose aufbewahrt.

Die Pfefferminze bevorzugt feuchte Standorte in der Sonne oder in lichtem Halbschatten. Sie wuchert stark und sollte daher nicht neben schwachwüchsigen Pflanzen stehen, die sie gern verdrängt. Wenn Sie einen Gemüsegarten besitzen, sollten Sie die aromatische Staude zwischen Kartoffeln, Salaten oder Kohl anpflanzen. Denn dort wehrt sie Schädlinge ab.

Die Jungpflanzen werden im Frühjahr (April/Mai) oder im Herbst (September/Oktober) ins Freie gesetzt. Die Pfefferminze bevorzugt humusreichen Boden mit viel Feuchtigkeit, leichte Lehmböden sind ideal. Geben Sie ihr reichlich Kompost, im Winter hilft ihr eine Reisig- oder Laubdecke beim Überstehen des Frosts.

Die Pfefferminze kann gut durch Wurzelableger vermehrt werden, die man im Frühjahr flach und im Abstand von 30 Zentimetern in die lockere Erde legt.
Schlimmster Feind der Pfefferminze ist der Pfefferminzrost. Er bevorzugt Kulturen, in denen die Pflanzen zu eng beieinander stehen. Kurz vor der Blüte bildet er rostrote Flecken an den Blättern. In diesem Fall müssen die Pflanzen radikal zurückgeschnitten werden, der Neuaustrieb zeigt sich danach meistens wieder bei bester Gesundheit.

Die Wirkstoffe

Menthol gehört zu den ätherischen Ölen und ist verantwortlich für die wichtigsten Heilwirkungen der Pfefferminze. Im Vordergrund steht vor allem der krampflösende Effekt des Menthols. Die Pfefferminze wird dadurch zu einer wirksamen Heilpflanze bei allen Krankheiten, die mit starken Krämpfen einhergehen, wie etwa Darmkoliken oder Menstruationsbeschwerden.
Daneben wirkt Menthol leicht betäubend auf die Magenschleimhaut und leicht anregend auf den Gallenfluss. Die Pfefferminze bietet dadurch eine wertvolle Hilfe bei Magenreizungen, der verstärkte Gallenfluss wirkt sich positiv auf den Fettstoffwechsel aus. Womöglich lassen sich dadurch sogar erhöhte Cholesterinwerte senken.
Wer unter Spannungskopfschmerzen leidet, muss sich normalerweise damit abfinden, dass bis heute kein spezielles Medikament dafür entwickelt wurde. Doch die Wissenschaftler hoffen auch hier auf die Pfefferminze. Ihr Öl wirkt bei lokaler Anwendung auf der Haut – beispielsweise auf Stirn und Schläfen – kühlend und schmerzlindernd. Außerdem hemmen das im Öl enthaltene Menthol und weitere Substanzen die Wirkung der Botenstoffe Serotonin und Substanz P, die als biologische Übermittler des Kopfschmerzes gelten. In einem Experiment an 164 Patienten mit Spannungskopfschmerzen vermochte zehnprozentiges Pfefferminzöl bereits nach 15 Minuten die Schmerzintensität deutlich zu verringern. Damit erzielt es ähnliche Erfolge wie Parazetamol und Azetylsalizylsäure (Aspirin) – ohne freilich deren Nebenwirkungen und Risiken zu besitzen.

Die ursprüngliche Heimat der Pfefferminze liegt wahrscheinlich im Mittelmeerraum. Die Pflanze hat sich allerdings schon längst an unser rauheres Klima gewöhnt und übersteht normale Winter problemlos. Wenn der Frost allerdings zu hart wird und keine Schneedecke die Erde schützt, ist auch die Pfefferminze froh über eine Abdeckung aus Stroh oder Reisig.

Peroxydase und Katalase Die beiden Enzyme sind unentbehrlich für das reibungslose Arbeiten der roten und weißen Blutkörperchen. Sie machen die Pfefferminze zu einem wirksamen Immun- und Blutkräftigungsmittel.

Bitterstoffe Sie fördern Verdauung und Appetit.

Heilwirkungen

- Appetitstörungen
- Darmkoliken
- Durchfall
- Konzentrationsschwäche
- Kopfschmerzen
- Menstruationsbeschwerden
- Reizmagen
- Übelkeit

Die Pfefferminze sorgt auch bei längerfristigem Gebrauch nicht für Nebenwirkungen. Dennoch sollte sie – ob als Öl oder als Tee – nicht täglich angewendet werden, denn wer sie täglich benützt, wird die Heilwirkungen der Pfefferminze allmählich immer weniger verspüren.

Kalium Die Pfefferminze enthält 260 Milligramm Kalium auf 100 Gramm. Das Mineral wird für unsere Muskelarbeit benötigt. Außerdem ist es an der Kontrolle des Wasserhaushalts beteiligt.

Kalzium Mit 210 Milligramm auf 100 Gramm ist die Pfefferminze als Kalziumlieferant durchaus ernst zu nehmen. Für die Osteoporosetherapie – eine Kalziummangelkrankheit – eignet sie sich jedoch nicht, da die Pfefferminze nicht über einen längeren Zeitraum hinweg angewendet werden soll.

B-Vitamine Die Pfefferminze enthält überdurchschnittlich viele B-Vitamine, vor allem Riboflavin, Niazin und Folsäure. Der belebende Effekt der Pfefferminze muss sicherlich auch zu einem großen Teil auf diese nerven- und gehirnaktiven Vitamine zurückgeführt werden. Ihr Anteil ist in den frischen Blättern am höchsten. Frische Pfefferminzblätter können deshalb eine wertvolle Hilfe sein bei Konzentrations- und Lernschwäche. Packungen aus frischer Pfefferminze wirken wunderbar belebend auf die Haut; sie helfen außerdem bei Pickeln und Hautunreinheiten.

Anwendungsformen

Pfefferminztee ist besonders bei Verdauungsbeschwerden, bei gereiztem Magen und Übelkeit hilfreich. Er unterstützt die Verdauung von fetten Speisen. Eine Stunde vor dem Essen getrunken, kurbelt er den Appetit an.
Pfefferminzsirup wirkt kräftigend und erfrischend bei Konzentrationsschwäche und Erschöpfung.
Pfefferminzöl hilft gegen Kopfschmerzen.
Packungen mit frischer Pfefferminze erfrischen und können auch erschöpfungsbedingte leichte Kopfschmerzen lindern. Doch auch ohne Kopfschmerzen sollte man sich etwa nach einem langen Arbeitstag ab und zu diese belebende Packung gönnen. Pfefferminzpackungen hemmen außerdem Entzündungen und reinigen die Haut.

Tee

- 1–2 TL Pfefferminzblätter mit 1 Tasse kochendem Wasser übergießen
- 10 Minuten zugedeckt ziehen lassen
- Abseihen
- Täglich 3 Tassen trinken

Frische und getrocknete Pfefferminzblätter, in ein Leinensäckchen genäht und unter das Kopfkissen gelegt, halten Mücken fern; in Schränken helfen sie gegen Motten.

Sirup

- 2 Handvoll frische Pfefferminzblätter in 1 l heißes Wasser geben
- 20 Minuten weichen lassen und abseihen
- 2 kg Zucker hinzugeben, gut durchrühren
- Bei Bedarf 1 EL einnehmen

Öl

- 2 Handvoll frische Pfefferminzblätter in 1/2 l gutes Pflanzenöl (z. B. Distel- oder Olivenöl) geben
- In eine durchsichtige Flasche füllen und 6 Wochen auf die warme Fensterbank stellen
- Abseihen und die Rückstände gut auspressen
- In einer dunklen Flasche luftdicht verschließen und so aufbewahren
- Bei Kopfschmerzen in die Schläfen einmassieren

Packungen mit frischer Pfefferminze

- Frische Pfefferminzblätter leicht quetschen und in ein Mulltuch einschlagen
- Dieses Tuch direkt auf die Haut legen

Homöopathie

Die Pfefferminze findet in der Homöopathie keine Verwendung.

Vorsicht

In hohen Dosierungen kann Pfefferminze giftig sein, vor allem wegen ihrer ätherischen Öle und der beiden Enzyme Peroxydase und Katalase, die am Zellgewebe Oxidationen in Gang setzen können. Die Dosis von einem Esslöffel Blätter bei Erwachsenen und einem halben bei Kindern sollte daher nicht überschritten werden.
Für die längerfristige Anwendung bei Verdauungsbeschwerden ist Kümmel unproblematischer.

Die Quecke (hier Agropyron repens) wird zur Behandlung von Haut und Nägeln eingesetzt.

Quecke

Agriopyrum repens oder *Triticum repens*

»Kwikw«, der germanische Wortstamm für »lebendig«, steckt in diesem Namen: Die nicht auszurottenden Wurzeln verleihen diesem »Unkraut« seine Lebenskraft. Früher wurde die Quecke vor allem als harntreibendes Mittel eingesetzt. Ihre positive Wirkung auf Haare und Nägel sowie auf bestimmte Pilzerkrankungen ist allerdings heute von viel größerer Bedeutung.

Die Merkmale

- Größe: bis zu 1,5 m
- Stängel: aufrecht und glatt
- Blätter: blaugrün, schmal, flach
- Blüten: grün, aus 10–15 Ährchen bestehende Ähren
- Blütezeit: Juni–August
- Standort: Wegränder, Äcker, als »Unkraut« im Garten

Andere Namen:

- Ackergras
- Flechtgras
- Hundsgras
- Schnürgras
- Spitzgras
- Wurmgras

Richtig sammeln und anbauen

Geerntet werden im Frühjahr oder im Herbst die Wurzelstöcke der Quecke. Man befreit sie von den Nebenwurzeln, reinigt sie und trocknet sie anschließend im Backofen bei 50 °C.
Der Anbau der Quecke ist überflüssig. Wo Gemüse oder Getreide im Freien kultiviert wird, kommt bald auch die Quecke hinzu.

Die Wirkstoffe

Ätherische Öle Die ätherischen Öle der Quecke sind gegen viele Hautpilzarten wirksam.

Schleimstoffe Sie schützen die Schleimhäute der Atemwege vor dem Angriff von Parasiten und Fremdkörpern.

Mineralien Die Quecke besticht durch ihren hohen Gehalt an Mineralien, die für das Haar- und Nägelwachstum günstig sind.

Vitamine Frische Queckenwurzeln enthalten sehr viele Vitamine, vor allem Karotinoide und Vitamine aus der B-Gruppe.

Heilwirkungen

- Bronchitis
- Fußpilz
- Hauterkrankungen
- Haut-, Nagel- und Haarpflege
- Harnsteinleiden
- Husten
- Müdigkeit und Abgeschlagenheit infolge von Verschlackung der Gewebe
- Rheuma-Beschwerden

Anwendungsformen

Tee aus Queckenwurzeln hilft bei Bronchitis und Husten. Kurmäßig angewendet entschlackt er den Körper im Frühjahr und befreit ihn von Stoffwechselgiften. Brüchige Fingernägel beseitigt er bei regelmäßiger Anwendung ebenso.
Der hohe Vitamingehalt des Frischsafts macht ihn zum Heilmittel bei akuten Schleimhautentzündungen in den oberen Atemwegen sowie bei Entzündungen der Haut. Gegen Fußpilz hilft ein Queckenfußbad.

Die Quecke gehört zu den Heilpflanzen mit einem hohen Mineraliengehalt. Aufgrund ihres großen Anteils an Kieselsäure, Mangan und Kalzium eignet sie sich als Kosmetikum für Haare und Nägel. Brüchige Fingernägel können durch eine kombinierte Anwendung von innerlich und äußerlich verabreichtem Tee relativ schnell beseitigt werden.

Tee

- 1 EL getrocknete Queckenwurzeln mit 1 Tasse Wasser kurz aufkochen, 5–8 Minuten ziehen lassen und abseihen
- Gegen Bronchitis und Husten: täglich 3 Tassen trinken
- Bei brüchigen Fingernägeln: täglich 2 Tassen trinken und täglich 2-mal die Finger in Queckentee baden
- Zur Entschlackung: 4–6 Wochen täglich 2–3 Tassen trinken

Saft

- Die frischen Wurzeln in einer Saftpresse entsaften
- Mit 3 Teilen Apfelsaft vermischen
- Täglich 3 Gläser trinken

Fußbad

- 1 Handvoll Queckenwurzeln mit 1 l Wasser aufkochen
- 10 Minuten lang köcheln lassen und abseihen
- Täglich 4-mal für jeweils 10 Minuten die Füße darin baden

Homöopathie

Die Quecke wird in der Homöopathie selten verwendet. Meist wird sie in der Urtinktur oder niedrigen Potenzen bis C4, drei- bis viermal täglich 15 Tropfen bzw. sieben Globuli, bei Erkrankungen im Urogenitalbereich eingesetzt.

Ringelblume

Calendula officinalis

Die Ringelblume ist eine Heilpflanze mit langer Geschichte. Sie wird überwiegend in der Kosmetik und als gut verträgliches Medikament bei leichteren Hauterkrankungen und oberflächlichen Wunden eingesetzt. Allerdings scheint die Pflanze auch die Therapie bestimmter Krebserkrankungen und von Arteriosklerose zu unterstützen.

Die hauptsächlich in der Kosmetik eingesetzte Ringelblume sollte am besten bei sonnigem, trockenem Wetter geerntet werden.

Die Merkmale

- Größe: bis zu 60 cm
- Stängel: kantig, filzig behaart
- Blätter: wechselständig, untere Blätter fast spatelförmig, obere länglich, mit feiner Behaarung
- Blüten: gelborange, mit zahlreichen Zungenblüten, die Blütenkörbchen von etwa 5 cm Durchmesser bilden
- Blütezeit: Juni–Oktober
- Geruch: starker, eher unangenehmer Geruch
- Standort: Wegränder, Weinberge, Schuttplätze; hauptsächlich kultiviert in Gärten

Andere Namen:
- **Goldblume**
- **Sonnenwendblume**
- **Studentenblume**
- **Totenblume**
- **Warzenkraut**

Richtig sammeln und anbauen

Geerntet werden die voll geöffneten Blütenköpfe bei sonnigem, trockenem Wetter, am besten bei zunehmendem Mond. Zupfen Sie die Zungenblüten vorsichtig ab, und trocknen Sie sie an einem luftigen Ort. Die Blüten behalten auch nach dem Trocknen weitgehend ihre orangegelbe Farbe; dadurch eignen sie sich zur optischen Verbesserung von Säften sowie schwarzen und grünen Tees.

Die einjährige Calendula ist recht anspruchslos. Sie bevorzugt sonnige Plätze mit etwas lehmigem und nährstoffreichem Boden. Die Aussaat erfolgt Ende März bis Anfang Mai ins Freie. Wenn nötig, werden die Sämlinge auf 20 bis 30 Zentimeter Abstand verpflanzt. Verblühte Blüten gehören entfernt, um den nachwachsenden nicht ihre Kraft zu rauben. Die Aussaat bleibt in der Regel eine einmalige Angelegenheit, denn wer die Pflanze einmal im Garten hat, wird sie so schnell nicht mehr los: Die

Ringelblume sät sich immer wieder von selbst aus. In einem biologischen Garten sollte sie aufgrund ihrer Farbenpracht und ihrer bodenverbessernden Eigenschaft nicht fehlen.

Die Wirkstoffe

Calendulasaponoside Sie sind im Wesentlichen für die entzündungshemmende Eigenschaft der Ringelblume verantwortlich. Interessanterweise kommen sie jedoch vor allem in der Ringelblumensalbe zur Entfaltung; Extrakte aus Ringelblumen besitzen hingegen nur eine geringe Saponosidwirkung.
Die Saponoside sind offenbar auch in der Lage, unseren Blutfettspiegel zu senken und die Entwicklung von Krebsgeschwüren in der Haut (wie etwa bestimmte Melanome) zu hemmen. Damit würde das Einsatzspektrum der Ringelblume natürlich gewaltig erweitert, und sie müsste damit sogar als eine der wertvollsten Heilpflanzen angesehen werden.

Immer noch gilt die Ringelblume vor allem als Pflanze für die Haut, kommt sie doch beispielsweise in Kosmetik und Babypflege zum Einsatz. Zunehmend wird sie jedoch auch zur Unterstützung der ärztlichen Therapie von Krebserkrankungen und erhöhtem Blutfettspiegel angewendet. Bei Menschen mit fortgeschrittener Arteriosklerose verhindert sie ein weiteres Aufquellen der Gefäßinnenwände. Dadurch können Herzinfarkte wirksam vermieden werden.

Karotinoide Die Karotinoide zählen zu den wichtigsten Faktoren für eine gesunde Haut. Frappant ist vor allem ihre Wirkung auf die Immunaktivitäten der Haut: Unter Karotineinfluss bewegen sich die Killerzellen des Immunsystems besser, außerdem entwickeln sie einen größeren »Appetit« auf ungebetene Eindringlinge wie Bakterien und Pilze. Darüber hinaus wird die körpereigene Wundversorgung beschleunigt: Offene Hautwunden werden schneller mit einer Kruste abgedichtet, die Narben bleiben relativ klein.

Polysaccharide Sie haben einen modulierenden Einfluss auf das Immunsystem. Die Polysaccharide sorgen also dafür, dass der Immunapparat auf Infektionen oder Fremdkörper weder zu stark noch zu schwach antwortet. Die Polysaccharide sind vermutlich dafür verantwortlich, dass allergische Reaktionen auf Wespen- oder Bienenstiche rasch abklingen, wenn man sie mit frischen Ringelblumenblüten bestreicht.

Ätherische Öle Den ätherischen Ölen der Ringelblume wird eine antimikrobielle Wirkung zugeschrieben. Sie wirken vor allem gegen Pilze und Bakterien. Gegenüber Viren sind die Öle jedoch nur sehr schwach wirksam.

Fettsäuren Ihre Anwesenheit in den Blüten verbessert die Verarbeitung der Ringelblume zu Salben und Cremes. Außerdem sorgen die Fettsäuren für eine verbesserte Verwertung der Karotinoide.

Als Wundheilmittel besitzt die Ringelblume ähnliche Wirkungen wie Arnika, ohne allerdings wie diese Hautreizungen zu verursachen. Während Arnikatinktur bevorzugt bei stumpfen Verletzungen wie Prellungen, Quetschungen, Verstauchungen mit unverletzter Hautoberfläche zur Anwendung kommt, empfiehlt sich Calendulatinktur oder -essenz bei offenen Wunden oder Hautabschürfungen, mit vier Teilen Wasser verdünnt, als Waschung oder Umschlag.

Heilwirkungen

- Akne
- Arteriosklerose und Folgeerkrankungen (wie Herzinfarkt und Angina pectoris)
- Erhöhte Blutfette
- Frostbeulen
- Hautekzeme
- Hautkrebs
- Hautpilz
- Insektenstiche
- Krampfadern
- Lymphknotenschwellung und -entzündung
- »Offene Beine«
- Schlecht heilende Wunden
- Venenstauungen
- Verbrennungen
- Wundliegen

Anwendungsformen

Die Ringelblume enthält außerordentlich viele Karotinoide. Aus diesem Grund wird sie in der Lebensmittelindustrie oft dazu missbraucht, den teuren Safran zu »strecken« oder ihn sogar komplett zu ersetzen. Dessen Würzkraft kann die Ringelblume freilich nicht ersetzen.

Ringelblumentee unterstützt die Heilung von Venenentzündungen sowie Arteriosklerose und deren Folgeerkrankungen. Wegen der guten Verträglichkeit der Ringelblume kann der Tee bedenkenlos auch als Alltagsgetränk verabreicht werden. Schon zwei Tassen täglich haben eine vorbeugende Wirkung.

Ringelblumentinktur eignet sich vor allem für Umschläge bei schlecht heilenden Wunden, Insektenstichen, Hautpilz und Entzündungen der Haut. Hier kommt auch die Ringelblumensalbe als altbewährtes Heilmittel zum Einsatz.

Ringelblumencreme ist die ideale Pflege für strapazierte Hände und Fingernägel.

Tee

- 2 TL getrocknete Ringelblumenblüten mit 1 Tasse kochendem Wasser übergießen
- 10 Minuten ziehen lassen
- Abseihen
- Bei Venenentzündungen, Arteriosklerose: täglich 3 Tassen trinken
- Zur Vorbeugung: täglich 2 Tassen trinken

Tinktur

- 15 g frische Blüten mit 100 ml 70-prozentigem Alkohol mischen
- 10 Tage lang ziehen lassen
- Abfiltern und Satz gut auspressen
- Vor dem Gebrauch mit 4 Teilen Wasser verdünnen
- Mit der Lösung ein Mulltüchlein tränken und als Umschlag auf die betroffene Stelle legen

Salbe

- 200 g frische Ringelblumenblüten mit 150 ml 90-prozentigem Alkohol und 5 ml 10-prozentigem Ammoniak in ein Glas geben
- Verschließen und 12 Stunden lang stehen lassen
- Die entstandene nasse orangefarbene Masse in 1 kg geschmolzene Wachssalbe einarbeiten
- 6 Stunden im Backofen bei 60 °C stehen lassen
- Mehrmals täglich auf die betroffene Stelle auftragen

Creme

- 1 Handvoll getrocknete Ringelblumen mit 100 ml Olivenöl 20 Minuten kochen lassen
- Blüten herausfiltern
- Satz gut auspressen
- 20 g Bienenwachs und 3 Tropfen Melissenöl hinzugeben und gut durchrühren
- In ein Marmeladenglas geben und erstarren lassen
- Täglich mehrmals Hände und Nagelbett eincremen

Beim Stillen werden die Brustwarzen mitunter stark strapaziert. Hier kann durch Ringelblumensalbe Entzündungen vorgebeugt werden, die Brustwarze bleibt weich und geschmeidig.

Homöopathie

Gemäß dem homöopathischen Arzneimittelbild wird Calendula bevorzugt in niedrigen Potenzen angewendet.
Man verabreicht dreimal täglich sieben Globuli der Potenz C4 zur innerlichen Unterstützung bei Hautverletzungen, gegen extreme Infektanfälligkeit bei feuchtkaltem Wetter, bei Magenfunktionsstörungen mit Sodbrennen und Gänsehaut, zur innerlichen Behandlung von Warzen am Gebärmuttermund, bei fiebrigen Erkrankungen mit starkem Kältegefühl und Überempfindlichkeit gegen frische Luft bei warmer Haut, gegebenenfalls auch unterstützend bei Krebserkrankungen.

Gesundheitstip

Vitamin A versiegelt die Darmschleimhaut, so dass über die Nahrung weniger Parasiten in den Blutkreislauf und schließlich zu den Gelenken durchkommen. In einigen Fällen von arthritischen Beschwerden können daher Kräuter mit hohem Karotin-(Provitamin A-)Gehalt hilfreich sein. Hier sind unter den einheimischen Wildgewächsen vor allem die Ringelblume und die Hagebutte zu nennen, unter den kultivierten Gemüsepflanzen besonders Möhre und Grünkohl.

Salbei

Salvia officinalis

Schon die Herleitung des Namens von lateinisch »salvus« (=gesund) zeigt an, dass es sich beim Salbei um eine seit dem Altertum als heilkräftig bekannte Pflanze handelt. Neben seiner Funktion als wichtiges Küchenkraut schätzen ihn Heilkundige seit alters als schweißregulierend und entzündungshemmend wirkende Pflanze.

Salbei ist vornehmlich als Gewürz bekannt, verfügt aber auch über starke entzündungshemmende Eigenschaften.

Die Merkmale

- Größe: 50–100 cm
- Stängel: vierkantig, am unteren Drittel verholzt
- Blätter: graugrün, länglich-eiförmig, mit feinen Kerben
- Blüten: violett, Lippenblüten
- Blütezeit: Juni/Juli
- Geruch: Salbei besitzt einen angenehm aromatischen Geruch, der an Muskat erinnert
- Standort: sonnige Hänge mit mageren Böden

Richtig sammeln und anbauen

Geerntet werden die Blätter (ohne Stiele) kurz vor der Blüte bei zunehmendem Mond; zu dieser Zeit besitzen die Blätter den höchsten Wirkstoffgehalt. Die Blätter werden im Schatten an einem luftigen Ort recht schnell trocken.

Im April kann der Salbei in einer Schale auf der Fensterbank ausgesät werden; einfacher ist es jedoch, sich die vorgezogenen Pflanzen beim Gärtner zu besorgen. Sie werden dann im Mai ins Freie gesetzt. Aus den heruntergebogenen Zweigen älterer Pflanzen lassen sich problemlos Ableger gewinnen.

Im Garten lohnt sich der Anbau von Salbei nicht nur aus medizinischen Gründen. Sein Aroma bildet einen wirksamen Schutz vor Raupen, Läusen und Schnecken. Er eignet sich daher zur Randbepflanzung von Stauden- und Gemüsebeeten. Salbei ist nicht völlig winterhart. Er muss daher im Herbst zurückgeschnitten und mit einer großzügigen Schicht aus Reisig abgedeckt werden. Schneiden Sie im Frühjahr bereits die Sprossen bis auf Handbreite herunter, dann treiben sie zeitig wieder aus.

Andere Namen:
- **Edelsalbei**
- **Gartensalbei**
- **Königssalbei**
- **Salfat**
- **Silb**

Die Wirkstoffe

Ätherische Öle Sie hemmen über ihren Einfluss auf das Wärmeregulationszentrum im Gehirn die Schweißabsonderung. Einige ätherische Öle des Salbeis wirken außerdem entzündungshemmend, antiseptisch sowie in Haut und Schleimhaut durchblutungsfördernd.

Salvin Salvin wirkt ähnlich wie Penizillin und tötet bestimmte Bakterien ab – wie etwa den Staphylococcus aureus. Dieser Mikroorganismus siedelt sich schon kurz nach unserer Geburt im oberen Nasen-Rachen-Raum an. Wenn es dann dort zu einer Verletzung kommt oder allgemein eine Immunschwäche vorliegt, wird er aktiv und sorgt für allerlei Krankheiten, vom Abszess bis zu Entzündungen am Herzen.

Cirsimaritin Das einzige Flavonoid des Salbeis, dem eine therapeutische Wirkung zukommt. Es tötet Bakterien ab.

Rosmarinsäure wirkt als zielgerichteter Entzündungshemmer. Sie blockiert nämlich zwei Enzyme, die am Zustandekommen von typischen Entzündungsreaktionen (Schwellung, Rötung und Schmerzen) beteiligt sind. Außerdem wirkt Rosmarinsäure adstringierend. Dies bedeutet im Falle von Entzündungen, dass sie die oberen Zellschichten abdichtet und die Sekretion des entzündeten Gewebes hemmt, mit der Folge, dass die entzündete Stelle vor Umweltreizen geschützt und trocken bleibt. Der Heilungsverlauf wird dadurch erheblich beschleunigt.
Die Kombination aus Rosmarinsäure und den typischen ätherischen Ölen des Salbeis machen ihn zu einem der wirksamsten entzündungshemmenden Heilmittel überhaupt.

Karnosol und Karnosolsäure Diese beiden Stoffe wirken antioxidativ, schützen also Körperzellen und wichtige Nährstoffe wie etwa Vitamine vor dem Angriff aggressiver Substanzen.

Eisen Mit 4,7 Milligramm auf 100 Gramm enthält Salbei viel Eisen, das vor allem zur Blutbildung benötigt wird.

Zink 100 Gramm Salbei enthalten 1,7 Milligramm Zink – unentbehrlich für Immunsystem und Haut.

Karotinoide wirken entzündungshemmend und antibiotisch, bilden zum Teil die Vorstufe zu Vitamin A. Frische Salbeiblätter sind allerdings als Karotinquelle ergiebiger als Salbeitee.

Es gibt sehr viele Menschen, die zu starker Schweißbildung neigen. Besonders betroffen sind Pubertierende, Lungenkranke und Patienten mit einer Überfunktion der Schilddrüse (Hyperthyreose). Salbei hilft aber auch bei starker Schweißabsonderung infolge von Stress.

Salbei gehörte zu den wichtigsten Heilmitteln der früheren Jahrhunderte. Anfang des 20. Jahrhunderts ereilte ihn das Schicksal vieler anderer Heilkräuter, dass er nämlich zu Gunsten der modernen Pharmazie verdrängt wurde. Doch heute wird er immer häufiger Präparaten vor allem gegen Zahnfleischbluten und Husten beigemischt. Das eigenhändige Aufziehen und Sammeln des frischen Krauts ist freilich erheblich preiswerter – und bietet außerdem noch eine pikante Erweiterung des Gewürzsortiments in der Küche.

Heilwirkungen

- Blähungen
- Darmentzündungen
- Durchfall
- Erleichterung des Abstillens (milchflusshemmend)
- Grippale Infekte
- Halsentzündungen
- Hyperhydrosis (übermäßige Schweißabsonderung)
- Magenentzündungen
- Nachtschweiß (etwa während der Wechseljahre oder bei Hyperthyreose)
- Rachen- und Zahnfleischentzündungen

Anwendungsformen

So bleibt Ihr Zahnfleisch gesund:

- Täglich mindestens zweimal Zähne putzen, am besten nach den Mahlzeiten! Das Putzen sollte jeweils mindestens drei Minuten dauern.
- Die Zahnzwischenräume sollten nach dem Zähneputzen mit Zahnseide gereinigt werden.
- Kauen Sie öfter einmal ein zuckerfreies Kaugummi!
- Vitamin C erhöht die Abwehrkraft und versiegelt im Zahnfleisch geschädigte Blutgefäße. Essen Sie viel frisches Obst und Gemüse, vor allem Kiwis, Orangen und Zitronen.

Salbeitee hilft bei Magen- und Darmentzündungen sowie bei feuchtkalten Füßen und Händen, Blähungen, Verdauungsstörungen und Durchfall. Kurz vor dem Schlafengehen getrunken, verhindert er übermäßigen Nachtschweiß. Wer Salbei auf dem Balkon oder im Garten selbst ziehen kann, sollte den Tee aus frischen Blättern bereiten. Er schmeckt dann viel aromatischer.

Die Wasser- oder Milchabkochung mit Salbei empfiehlt sich besonders bei grippalen Infekten und Husten.

Gurgeln mit Salbeitinktur lässt Zahnfleisch- und Rachenentzündungen abheilen.

Salbeipulver aus den getrockneten Blättern hilft hervorragend gegen Fußschweiß.

Über Jahrhunderte wurden getrocknete Salbeiblätter oder Zubereitungen daraus als Zahnputzmittel verwendet. Auch heute kann ein Abreiben von Zähnen und Zahnfleisch mit Salbeiblättern das tägliche Zähneputzen unterstützen. Es wirkt vorbeugend und heilend gegen Zahnfleischentzündungen.

Frischer, zerriebener Salbei eignet sich als aromatisches Gewürz für Salate und Saucen. Er macht Fisch, Lamm und Leber leichter verdaulich und wirkt vorbeugend gegen Magen- und Darmentzündungen. Mit Salbei gewürzte Speisen sind außerdem länger haltbar.

Tee

- 1 EL frische oder getrocknete Salbeiblätter mit 1 Tasse kochendem Wasser übergießen
- 10 Minuten ziehen lassen
- Abseihen
- Täglich 2–3 Tassen trinken
- Gegen Nachtschweiß: 1 Tasse vor dem Schlafengehen trinken

Pulver

- Einige getrocknete Salbeiblätter im Mörser zu Pulver zerstoßen
- In jeden Schuh 1 TL des Pulvers streuen
- Täglich erneuern

Mit Salbei gewürzte Speisen sind länger haltbar. Hauptverantwortlich dafür sind die Inhaltsstoffe Karnosolsäure, Karnosol und Rosmarinsäure. Mittlerweile gibt es sogar Kartoffelchips, die mit Salbeisubstanzen länger haltbar gemacht wurden.

Wasserabkochung

- 3 EL frische Salbeiblätter in 1/2 l Wasser aufkochen
- 10 Minuten ziehen lassen
- Abseihen
- Mit etwas Honig süßen
- Alle 3 Stunden 1 Tasse trinken; die Wirkung wird noch verstärkt, wenn Sie dem Absud einige klein gehackte Petersilienblätter beigeben

Milchabkochung

- 1 TL getrockneten Salbei mit 1 Tasse Milch aufkochen
- 3 Minuten ziehen lassen
- Abseihen
- 3-mal täglich 1 Tasse so heiß wie möglich in kleinen Schlucken trinken

Tinktur

- 20 g getrocknete Salbeiblätter mit 100 ml 60- bis 70-prozentigem Alkohol mischen
- 10 Tage lang stehen lassen
- Abseihen und in eine Tröpfchenzählflasche füllen
- Vor der Anwendung mit 2 Teilen Wasser verdünnen

Eine übermäßige Schweißbildung über längere Zeit kann ein Hinweis auf eine mehr oder weniger unbewusste, chronische psychische Belastung sein:
Die Steuerung der Feuchtigkeitsabgabe erfolgt durch das vegetative Nervensystem, und zwar über sehr empfindlich reagierende Zentren im Zwischenhirn und im Rückenmark. Diese Zentren stehen in engem Kontakt mit Bereichen des Gehirns, die unser Gefühlsleben steuern. Darum schwitzen wir, wenn wir uns aufregen, Angst haben oder unter starkem Stress stehen.

Homöopathie

Die Homöopathie verwendet den Salbei in der Urtinktur bei Kitzelhusten, Milchfluss und bei übermäßiger erschöpfender Schweißbildung infolge Kreislaufschwäche. Man nimmt dreimal täglich 20 Tropfen in etwas Wasser.

Vorsicht

Stillende Mütter sollten auf Salbei verzichten, da die Pflanze den Milchfluss hemmt.
Größere Mengen an Salbei können zu Sehstörungen, Schwindelanfällen, Herzjagen und Mundtrockenheit führen. Hauptverantwortlich für diese Beschwerden ist das Salbeiöl Thujon.

Schachtelhalm

Equisetum arvense

Der Ackerschachtelhalm wurde früher aufgrund seines hohen Kieselsäuregehaltes zum Silberputzen verwendet, was auch in seinen Zweitnamen zum Ausdruck kommt. Heute wird sein Kieselsäuregehalt zu therapeutischen Zwecken genutzt, vor allem um das Bindegewebe zu kräftigen und die Harnausscheidung anzuregen.

Der Schachtelhalm stärkt aufgrund seines hohen Kieselsäuregehalts das Bindegewebe.

Die Merkmale

- Größe: bis zu 30 cm
- Stängel: im Frühjahr braune Sporentriebe, im Sommer grüne, gerippte Stängel mit trichterförmigen Scheiden und dünnen, quirlständigen Seitenästen
- Standort: Auen, feuchte Wiesen und Äcker, Bahndämme

Richtig sammeln und anbauen

Geerntet werden die jungen Sommertriebe. Man legt sie lose zum Trocknen aus. Sollte sich das Kraut gelb verfärben, ist die Trocknung nicht richtig erfolgt, der Schachtelhalm besitzt dann kaum noch Wirkstoffe. Die getrocknete Pflanze bewahrt man am besten in Leinensäckchen auf.
Eine Aufzucht des Schachtelhalms im eigenen Garten erübrigt sich in der Regel, da die Pflanze überall zu finden ist.

Andere Namen:
- Ackerschachtelhalm
- Katzenwedel
- Pfannebutzer
- Scheuerkraut
- Zinnkraut

Die Wirkstoffe

Kalium wirkt mild harntreibend.

Kieselsäure ist eine Verbindung aus Siliziumdioxid und Wasser. Das Metall Silizium erfüllt in unserem Organismus zahlreiche Aufgaben wie etwa als Baustoff für Knochen, Knorpel und Bindegewebe. Es fördert die Wundheilung und steigert die Abwehrkraft gegenüber Infektionen und Umweltgiften.

Flavonoide Die Flavonoide regen in Zusammenarbeit mit Kalium und Kieselerde die Harnausscheidung an.

Heilwirkungen

- Blähungen
- Blasenschwäche
- Brüchige Fingernägel
- Chronische Bronchitis
- Darmkrämpfe
- Dreimonatskolik der Babys
- Harnwegsentzündungen
- Hautausschläge
- Heuschnupfen
- Nasenbluten
- »Offene Beine«
- Schlecht heilende Wunden
- Wassersucht
- Wundliegen

Anwendungsformen

Schachtelhalmtee hilft gegen Wasseransammlungen im Gewebe, gibt brüchigen Fingernägeln neue Stabilität und hilft bei Blähungen. Spülungen mit Schachtelhalmtee wirken lindernd bei Heuschnupfen. Schachtelhalmbäder kräftigen das Bindegewebe und fördern die Heilung von Wunden; sie lindern außerdem Nasenbluten, Blasenentzündungen und Blasenschwäche.

Tee

- 1 EL Schachtelhalm mit 250 ml Wasser mischen
- 12 Stunden lang ausziehen lassen, dann kurz erwärmen
- Erwachsene: täglich 2 Tassen trinken
- Säuglinge: täglich einige TL Tee ins Fläschchen füllen und vor den Mahlzeiten zu trinken geben
- Bei Heuschnupfen: täglich 3- bis 5-mal den Tee durch die Nasenlöcher einziehen

Bad

- 2 Handvoll Schachtelhalm in ein heißes Bad geben
- 10 Minuten baden

Homöopathie

Die Homöopathie verwendet Schachtelhalm bei verschiedenen Beschwerden der Harnwege. Man gibt die Verdünnung C6, zweimal täglich fünf Globuli.

Vorsicht

Ödeme infolge von verringerter Herz- oder Nierenleistung nicht mit Schachtelhalm behandeln.

So schützen Sie sich vor Heuschnupfen:

- **Beginnen Sie sechs Wochen vor dem Einsetzen des Pollenflugs, also etwa Mitte Januar, mit einer Magnesiumkur. Das Mineral dämpft allergische Prozesse.**
- **Sorgen Sie für ausreichend Vitamin C in Ihrer Nahrung. Das Vitamin ist imstande, einen Teil des überschüssigen Histamins – des unmittelbar auslösenden Stoffs – zu binden und zu einer harmlosen Säure abzubauen. Sie finden das Vitamin unter den Heilpflanzen vor allem in Brunnenkresse, Holunderbeeren, Petersilie und Löwenzahnblättern.**

Schafgarbe

Achillea millefolium

Der Name Schafgarbe rührt angeblich daher, dass Schafe dieses würzige Kraut als Futterpflanze schätzen.
»Blutstellkraut« und »Wundkraut« sowie der lateinische Gattungsname Achillea weisen da schon mehr auf die medizinische Verwendung der Schafgarbe hin: Achilleus, Held der griechischen Mythologie, soll nach der Schlacht von Troja die Wunden eines Freundes mit dem Heilkraut behandelt haben.

Die Schafgarbe ist weit verbreitet und muss deshalb nicht selbst angebaut werden.

Die Merkmale

- Größe: 10–80 cm
- Stängel: aufrecht, mit Längsrillen
- Blätter: schmal, aus bis zu 50 Einzelblättchen bestehend
- Blüten: weiß bis rosa, in Trugdolden am Ende des Stängels
- Blütezeit: Mai–Oktober
- Standort: Wiesen, Wegränder, Böschungen, Schutthalden

Richtig sammeln und anbauen

Gesammelt werden die Blüten oder das blühende Kraut. Die Blüten legt man in einem luftigen Raum zum Trocknen aus, das Kraut wird kopfüber in Büscheln aufgehängt. Wer die weit verbreitete Pflanze in seinem Garten kultivieren will, holt sich am besten im Frühjahr die Jungpflanzen aus der Staudengärtnerei.

Die Wirkstoffe

Andere Namen:
- Blutstellkraut
- Grundheil
- Lämmlizung
- Raingarbe
- Wundkraut

Ätherische Öle beheben Krämpfe im Magen-Darm-Bereich und wirken entzündungshemmend.

Flavonoide Sie wirken antibiotisch und unterstützen den krampflösenden Effekt der ätherischen Öle.

Salizylsäure ist für den schmerzstillenden Effekt verantwortlich.

Sesquiterpene hemmen die Ausbildung von Ödemen, das Sesquiterpen Achillizin gilt außerdem als blutungsstillend.

Heilwirkungen

- Appetitlosigkeit
- Blähungen
- Brandwunden (z. B. Sonnenbrand)
- Darm- und Magenkrämpfe
- Hämorrhoiden
- Menstruationsbeschwerden (Brustspannen, Unterleibskrämpfe, starke Regelblutung)
- Ödeme (Wassersucht)
- Schürfwunden
- Stichwunden

Anwendungsformen

Schafgarbentee hilft bei Unterleibskrämpfen und gegen Appetitlosigkeit. Seine entwässernde Wirkung entfaltet er in einer Kur. Schafgarbenumschläge legt man auf offene Wunden, Sonnenbrand und Hämorrhoiden. Schafgarbenbäder lösen Krämpfe während der Regelblutung.

Hildegard von Bingen empfahl die Schafgarbe vor allem zur Behandlung von Wunden: »Wenn ein Mensch durch einen Stich verwundet wird, so binde man die warme Schafgarbe, nachdem die Wunde mit Wein gewaschen und die Schafgarbe mäßig in Wasser gekocht und das Wasser mäßig ausgedrückt wurde, leicht über jenes Tuch, das über der Wunde liegt.«

Tee
- 2 TL des Krauts mit 1 Tasse kochendem Wasser übergießen
- 10 Minuten zugedeckt ziehen lassen und abseihen
- Täglich 3 Tassen trinken, bei Ödemen 4 Wochen lang

Umschlag
- 50 g des Krauts in 1 l Wasser geben
- 10 Minuten lang kochen lassen und abseihen
- Leinentüchlein damit tränken und auflegen

Bad
- 1 Handvoll des getrockneten Krauts in das Badewasser geben
- 10 Minuten baden

Homöopathie

Schafgarbe verabreicht man in der Potenz C4, dreimal täglich sieben Globuli, bei hellroten Blutungen aus Nase, Blase, Gebärmutter oder Mastdarm (medizinisch abklären!) und bei schmerzhaften Krampfadern während der Schwangerschaft.

Wenn in der Folge eines Sonnenbrands oder einer anderen Verbrennung die Haut nässt oder sich eine weiße Färbung mit tiefer Schorfbildung zeigt, handelt es sich um Verbrennungen höheren Grades. Hier muss umgehend der Arzt hinzugezogen werden.

Vorsicht

Bei empfindlichen Menschen kann der Hautkontakt mit Schafgarbe eine allergische Reaktion hervorrufen.

Beim Sammeln des Schöllkrauts sollte man die Hände vor seiner die Haut reizenden Milch schützen.

Schöllkraut

Chelidonium majus

Der lateinische Name der Pflanze kommt vielleicht vom griechischen Wort »chelidon« für »Schwalbe«: Das Schöllkraut beginnt zeitgleich mit dem Eintreffen der Schwalben zu blühen und verschwindet mit deren Abzug wieder. Seit alters wird der frische Milchsaft des Schöllkrauts als Hausmittel gegen Warzen benützt.

Andere Namen:

- **Drudenmilch**
- **Gilbkraut**
- **Goldwurz**
- **Schellkraut**
- **Schwalbenkraut**
- **Warzenkraut**

Die Merkmale

- Größe: 30–70 cm
- Stängel: zottig behaart
- Blätter: wechselständig; Oberseite blassgrün, Unterseite dunkel- bis blaugrün; mehrfach gefiedert (bis zu 7-mal!)
- Blüten: goldgelb, in kleinen Dolden, zahlreiche Staubgefäße
- Blütezeit: April–Oktober
- Geruch: unangenehmer Geruch beim Zerreiben des Krauts
- Standort: Mauern, Wegränder, Zäune, Schuttplätze, Brachland

Richtig sammeln und anbauen

Gesammelt werden von April bis Mai das Kraut und von August bis Oktober die Wurzeln. Schützen Sie dabei Ihre Hände mit Handschuhen vor der hautreizenden Milch des Krauts!
Die Frischpflanze ist giftig und sollte möglichst schnell getrocknet werden. Allerdings darf Schöllkraut maximal sechs Monate gelagert werden, danach haben sich die Wirkstoffe verflüchtigt.
Die Pflanze ist giftig und eignet sich daher nicht zum Anbau im eigenen Garten.

Die Wirkstoffe

Alkaloide Die Alkaloide des Schöllkrauts entspannen und entkrampfen die Muskeln in Magen und Darm.

Proteolytische Enzyme sind imstande, die Zellwände von Bakterien zu »knacken«, und sie blockieren unerwünschte Zellvermehrungen in der Haut.

Heilwirkungen

- Gallenkoliken
- Gestörter Gallenfluss/Gallenbildung
- Hühneraugen
- Magen-Darm-Krämpfe
- Warzen
- Reizhusten (chronischer)

Anwendungsformen

Mit Schöllkrautumschlägen behandelt man Hühneraugen und Bauchkrämpfe.

Wer wie unsere Großmütter Schöllkraut zur Behandlung von Warzen einsetzen möchte, sollte bedenken, dass der Saft die Haut stark reizt und daher nur die betroffenen Stellen mit dem frischen Milchsaft mehrmals täglich betupft werden sollten.

Umschlag

- 3–5 EL des getrockneten Krauts und der Wurzeln mit 1 l Wasser zum Sieden bringen
- Mit geschlossenem Deckel 10 Minuten köcheln
- Auf Körperwärme abkühlen lassen
- Mit dem abgeseihten Sud Leinentücher tränken und 3-mal pro Tag für 10 Minuten auf die betroffenen Körperstellen legen

Homöopathie

Die homöopathische Aufbereitung des Schöllkrauts, Chelidonium majus, wird in der Potenz C6, zweimal täglich fünf Globuli, bei einer Vielzahl von überwiegend auf der rechten Körperseite auftretenden Beschwerdebildern eingesetzt: bei rechtsseitigem Kopfschmerz und Neuralgie über dem rechten Auge; bei Gallenwegserkrankungen oder Gallenkoliken mit dauernden Schmerzen am unteren Schulterblattwinkel rechts; bei rechtsseitiger Lungenentzündung; bei Magenschmerzen mit Wechsel zwischen Durchfall und Verstopfung und bei linksseitigen Gesichtsschmerzen mit Steifigkeit.

Vorsicht

Das Schöllkraut eignet sich bei innerlicher Anwendung – beispielsweise in Form von Tee – keinesfalls zur Selbstmedikation, da hier die Gefahr von Vergiftungen besteht. Für Personen, die an Bluthochdruck leiden, ist das Kraut generell ungeeignet, da seine Wirkstoffe zu weiteren Blutdruckerhöhungen führen.
Äußerliche Anwendungen sind in der Regel nebenwirkungsfrei.

Spitzwegerich

Plantago lanceolata

Als Wundheilmittel wurde der Wegerich wahrscheinlich schon in der Steinzeit eingesetzt. Die Assyrer legten seine frischen oder getrockneten Blätter auf Schwellungen, die Griechen schätzten ihn als Heilpflanze »gegen alle möglichen bösen Zufälle«.
Die moderne Naturheilkunde wendet ihn als wirksames Hustenmittel an, obwohl sein Wirkungsmechanismus noch nicht endgültig geklärt ist.

Der als Heilmittel schon lange bewährte Spitzwegerich wird heute gegen Husten verwendet.

Die Merkmale

- Größe: bis zu 50 cm
- Blätter: in einer grundständigen Rosette vereinigt, lanzettlich geformt, mit parallel verlaufenden Rippen
- Blüten: in Ähren an bis zu 40 cm hohen Blütenschäften
- Blütezeit: Mai–September
- Standort: Wiesen, Weiden, Wegränder, Ödland

Richtig sammeln und anbauen

Geerntet wird das gesamte Kraut während der Blütezeit. Man trocknet es klein geschnitten möglichst schnell an einem luftig-schattigen Ort. Für die Zubereitung von Salat nimmt man frische, junge Spitzwegerichblätter.
Der Anbau dieses weit verbreiteten »Unkrauts« erübrigt sich.

Andere Namen:
- **Heilwegerich**
- **Rippenkraut**
- **Schafzunge**
- **Spitzfederich**
- **Wegetritt**

Die Wirkstoffe

Schleimstoffe fördern den Heilungsprozess von Infektionen an den Rachenschleimhäuten und wirken in den Bronchien reizmildernd auf übersensible Hustenrezeptoren.

Aucubin Dieses Glykosid besitzt antibiotische Eigenschaften.

Gerbstoffe Sie schützen die Schleimhäute in den Bronchien und im Verdauungstrakt vor dem Angriff von Bakterien, indem sie ihnen wichtige Nährstoffe entziehen. Außerdem entziehen sie dem Darminhalt Flüssigkeit und wirken dadurch festigend auf den Stuhl.

Heilwirkungen

- Bronchitis
- Durchfallerkrankungen
- Husten
- Keuchhusten
- Mund- und Rachenschleimhautentzündung

Anwendungsformen

Frische, junge Spitzwegerichblätter können als herbe Beigabe unter die meisten Salate gemischt werden.
Als Tee wirkt Spitzwegerich hervorragend gegen Husten – ebenso wie als Hustensirup, den auch Kinder gern einnehmen.

Einige Heilpraktiker verwenden den Spitzwegerich, um Rauchern den Abschied von der Zigarette zu erleichtern. Pharmazeutisch gibt es bislang keine Erklärung für diese Wirkung. Nichtsdestoweniger feiert die Wegerichentwöhnungskur mitunter bemerkenswerte Erfolge.

Tee

- 2 TL Spitzwegerichkraut mit 1 Tasse kochendem Wasser übergießen, 10 Minuten ziehen lassen und abseihen
- Täglich 3 Tassen trinken (nach Belieben mit Honig süßen)

Sirup

- 50 g frisches oder getrocknetes Kraut mit 1 l heißem Wasser übergießen und 30 Minuten ziehen lassen
- Abseihen und die Rückstände auspressen
- Sud in einen Topf geben und ohne Deckel bei mäßiger Hitze so lange kochen lassen, bis er sich um die Hälfte reduziert hat
- 300 g Honig dazugeben und unter Rühren auflösen
- Noch warmen Sirup in Flaschen abfüllen
- Täglich jeweils nach den Mahlzeiten 3–4 TL Sirup einnehmen

Homöopathie

Plantago major in der Potenz C6, ein- bis zweimal täglich fünf Globuli, kann eingesetzt werden bei Bettnässen infolge sehr großer nächtlicher Harnmengen, bei Gesichtsneuralgien und bei Ohrenschmerzen, die durch den Kopf hindurch von einem Ohr zum anderen ziehen.

Vorsicht

Der Bruder des Spitzwegerichs, der Breitwegerich (Plantago major), hat in der Regel breitere und eiförmige Blätter, die platt am Boden anliegen. Sein Aucubingehalt – und damit seine Heilwirkung – ist geringer als beim Spitzwegerich.

Der Steinklee wächst in Randbereichen von Gehölzen und an warmen Hängen.

Steinklee

Melilotus officinalis

Schon die Zweitnamen Mottenkraut und Schabenklee zeigen, dass der Steinklee lange Zeit zur Ungezieferbekämpfung eingesetzt wurde. Hauptverantwortlich für den insektenvertilgenden Effekt sind die Kumarine, die bei stark überhöhter Dosierung auch beim Menschen zu Vergiftungserscheinungen führen können. In den empfohlenen Mengen stellen sie jedoch wichtige Heilstoffe dar.

Die Merkmale

- Größe: 30–90 cm
- Stängel: aufrecht, kantig und kahl
- Blätter: gestielt, dreiteilig, am Rand leicht gezähnt
- Blüten: gelb, in zahlreichen langen Trauben
- Blütezeit: Mai–September
- Früchte: eiförmig, 4 mm lang
- Geruch: Blüten mit leichtem Honiggeruch, trockenes Kraut mit starkem Geruch nach Heu
- Standort: Magerwiesen, Ödland, Weg- und Ackerränder

Richtig sammeln und anbauen

Geerntet wird das gesamte Kraut während der Blütezeit. Man trocknet es im Schatten und lagert es dann in Blechdosen.
Steinklee eignet sich zur Aussaat auf mäßig trockenen, lehmhaltigen und basenreichen Böden.

Andere Namen:
- Honigklee
- Melilotenklee
- Mottenkraut
- Schabenklee
- Traubenklee

Die Wirkstoffe

Kumarine wirken auf die Venen, die von Entzündungen befreit und in den Gefäßwänden besser versorgt werden.
Kumarine setzen außerdem die Nervenerregbarkeit herab. Dadurch eignet sich der Steinklee als vorzügliches Beruhigungs- und Schlafmittel, das allerdings nicht vor konzentrierten Tätigkeiten wie etwa Autofahren eingenommen werden darf.

Flavonoide hemmen Entzündungen und dichten die Wände von geschädigten Blutgefäßen ab.

Heilwirkungen

- Einschlafstörungen
- Embolieprophylaxe
- Hämorrhoiden
- Krampfadern
- Lymphstauungen
- Nervosität
- »Offene Beine«
- Rheumatische Gelenkentzündungen
- Venenentzündung
- Wasseransammlungen in den Beinen

Nur der getrocknete Steinklee enthält ausreichende Mengen des Wirkstoffs Kumarin. Die Frischpflanze ist also zu therapeutischen Zwecken ungeeignet.

Anwendungsformen

Steinkleetee wirkt hervorragend gegen Gelenkentzündungen, Hämorrhoiden, Krampfadern und »offene Beine«, wenn man mit dem Tee getränkte Umschläge auflegt und unterstützend abends vor dem Schlafengehen eine Tasse von dem Tee trinkt. Auch gegen nervöse Unruhe und als zuverlässiges Einschlafmittel ist der Tee geeignet. Trinken Sie den Tee nicht tagsüber, denn er macht müde und nimmt die Konzentration.

Tee

- 2 gehäufte TL Steinklee mit 1 Tasse heißem Wasser übergießen, 10 Minuten ziehen lassen und abseihen
- Für Umschläge: Mulltüchlein damit tränken und auflegen
- Zum Einschlafen: vor dem Schlafengehen 1 Tasse trinken

Sitzbad

- 1 Handvoll Steinklee mit 1 l kochendem Wasser übergießen
- 10 Minuten ziehen lassen, abseihen und abkühlen lassen
- Täglich 1- bis 2-mal ein Sitzbad nehmen

So schützen Sie sich vor »offenen Beinen«:

- Viel Vitamin C essen (z. B. Petersilie, Holunderbeeren), denn das stärkt die Venenwände.
- Die Wirkstoffe von Zwiebel und Knoblauch mindern die Produktion von Gerinnungsstoffen im Blut, ein bei »offenen Beinen« durchaus erwünschter Effekt. Dasselbe gilt für Pfeffer und Ingwer.
- Reduzieren Sie Ihr Gewicht, wenn Sie zu viele Pfunde mit sich herumtragen.
- Keine Zigaretten! Nikotin verändert die Fließeigenschaften des Blutes.
- Viel Bewegung!
- Verzichten Sie vollständig auf Schweinefleisch!

Homöopathie

Steinklee wird in der Potenz C4, dreimal täglich sieben Globuli, eingesetzt bei pulsierenden Kopfschmerzen in der Stirn, verbunden mit Übelkeit, die sich durch Nasenbluten oder das Eintreten der Periode bessern, bei trockenen Nasenschleimhäuten mit häufigem Nasenbluten oder bei schmerzhafter Monatsregel mit zu geringer Blutung und vorübergehendem Aussetzen.

Vorsicht

Bei Überdosierung kann es zu Kopfschmerzen, Erbrechen und starker Müdigkeit kommen.

Nur die Echten Stiefmütterchen (Viola tricolor) besitzen heilende Stoffe.

Stiefmütterchen

Viola tricolor

Das Stiefmütterchen verdankt der Legende nach seinen Namen dem Aussehen seiner Blüten: Die beiden obersten Blütenblätter sind für die egoistische Stiefmutter reserviert, die zwei seitlichen Blätter hat sie ihren eigenen Söhnen zugeteilt, und das unterste Blatt ist schließlich der Stuhl, den sich die beiden Stieftöchter teilen müssen.

Die Merkmale

- Größe: bis zu 20 cm
- Stängel: aufrecht, hohl und verzweigt
- Blätter: eiförmig, mit tief zerteilten Nebenblättern
- Blüten: weiß, gelb und violett; mit langem Stiel
- Blütezeit: Mai–August
- Standort: Äcker, Wiesen, Ödland

Richtig sammeln und anbauen

Geerntet wird im Mai das ganze Kraut. Lagern Sie es nach dem Trocknen in Blechdosen. Stiefmütterchen brauchen Sonne oder Halbschatten und lockeren, humusreichen, feuchten Boden.

Die Wirkstoffe

Andere Namen:
- **Ackerstiefmütterchen**
- **Dreifaltigkeitskraut**
- **Feldveilchen**
- **Tag-und-Nacht-Blümlein**
- **Wildes Stiefmütterchen**

Saponine verbessern die Aufnahme der anderen Pflanzenheilstoffe und sorgen dafür, dass das Immunsystem besser auf Infektionen und Fremdkörper reagieren kann.

Salizylsäure Diese Substanz bildet die Vorstufe der bekannten fiebersenkenden, entzündungshemmenden und schmerzstillenden Substanz Azetylsalizylsäure (Aspirin).

Schleimstoffe Sie schützen unsere Schleimhäute vor den Angriffen von Fremdkörpern und Parasiten.

Kalzium Stiefmütterchen sind sehr kalziumreich. Das hilft bei Hauterkrankungen, außerdem bei Osteoporose und Rachitis.

Heilwirkungen

- Akne
- Halsentzündungen
- Hautekzeme
- Husten
- Krätze
- Milchschorf
- Osteoporose
- Rachitis

Anwendungsformen

Stiefmütterchentee ist hilfreich gegen Husten. Als Gurgellösung verwendet man ihn bei Halsentzündungen. Stiefmütterchenumschläge haben sich gegen Hautausschläge bewährt.

Tee

- 2 TL getrocknetes Stiefmütterchenkraut mit 1 Tasse siedendem Wasser übergießen
- 10 Minuten ziehen lassen
- Abseihen
- Täglich 3 Tassen trinken

Umschlag

- 2 EL getrocknetes Stiefmütterchenkraut mit 1 Tasse kochendem Wasser überbrühen
- 10 Minuten ziehen lassen, abseihen und etwas abkühlen lassen
- Leinentüchlein damit tränken und taglich mindestens 3-mal für 10 Minuten auflegen
- Bei chronischen Hauterkrankungen mindestens 4 Wochen lang anwenden

Das Stiefmütterchen gehört zu den Heilpflanzen mit einer verlässlichen, jedoch recht milden und dadurch relativ langsamen Wirkung. Die Anwendung bei chronischen Hauterkrankungen sollte daher über mindestens vier Wochen erfolgen.

Homöopathie

Das homöopathische Heilmittel Viola tricolor C4, dreimal täglich sieben Globuli, wird eingesetzt bei Milchschorf, bei bläschenförmigen Hautausschlägen, die heftig jucken und brennen, dicke Borken bilden, unter denen ein zäher gelben Eiter hervortritt, und bei unwillkürlichem Samenabgang in Verbindung mit nächtlichen Träumen oder während des Stuhlgangs.

Umschläge und Lotionen aus Stiefmütterchen helfen bei empfindlicher Haut. Noch hilfreicher sind jedoch Mischanwendungen aus Ringelblumen und Stiefmütterchen.

Vorsicht

Bei Einhalten der Dosis von drei bis vier Esslöffeln sind keine Nebenwirkungen zu befürchten. Starke Überdosierungen können das Blutbild negativ verändern.

Thymian

Thymus vulgaris

Thymian wurde im Mittelmeerraum seit alters als Heil- und Gewürzpflanze geschätzt. Die Griechen der Antike verbrannten ihn auch bei Zeremonien: Sein Name kommt von »thymiama« (= Räucherwerk) und »thyein« (= opfern). Seit dem frühen Mittelalter gehört er auch diesseits der Alpen zu einem der wichtigsten Heilkräuter bei Erkrankungen der Atemwege.

Der in erster Linie als Gewürz geschätzte Thymian hilft bei Erkrankungen der Atemwege.

Die Merkmale

- Größe: 20–40 cm
- Stängel: kurz behaart
- Blätter: kreuzgegenständig, länglich
- Blüten: weißlich bis lilarosa, Lippenblüten, würzig duftend
- Standort: sonnige, trockene Plätze im mediterranen Raum; bei uns überwiegend kultiviert in Gärten

Richtig sammeln und anbauen

Gesammelt wird das ganze Kraut, einschließlich der Blüten und der nicht verholzten Stängelteile. Man erntet im Juni zu Beginn der Blüte. Das getrocknete Kraut sollte in luftdichten Behältern aufbewahrt werden.

Entsprechend seiner Herkunft liebt Thymian im Garten einen sonnigen und trockenen Standort. Der Boden sollte locker und durchlässig sein sowie etwas Kalk enthalten.

Die Wirkstoffe

Ätherische Öle Unter den ätherischen Ölen des Thymians dominieren der Thymiankampfer (Thymol) sowie Karvakrol und Zymol. Sie wirken schleim- und krampflösend sowie stark antibiotisch.

Gerbstoffe verändern Eiweißstrukturen und entziehen dadurch schädlichen Bakterien in den Darmwänden die Überlebensgrundlage. Zusammen mit den antibiotischen Thymianölen bilden sie ein wirksames Heilmittel bei Darminfektionen.

Andere Namen:
- Feldkümmel
- Gartenthymian
- Immenkraut
- Römischer Quendel
- Wurstkraut

Heilwirkungen

- Asthma
- Bronchitis
- Darmentzündungen
- Grippale Infekte
- Husten
- Keuchhusten
- Mandelentzündungen
- Rachenentzündungen
- Schnupfen
- Verdauungsstörungen

»Die nächste Grippe kommt bestimmt, doch nicht zu dem, der Thymian nimmt«, ist eine alte Volksweisheit. Auch heute können wir uns mit einer Thymiankur wirksam vor den alljährlich wiederkehrenden Erkältungskrankheiten schützen.

Anwendungsformen

Thymiantee ist bei Erkrankungen der Atemwege besonders wirksam. Er hilft auch bei Verdauungsproblemen und Darminfektionen. In der nasskalten Jahreszeit wirkt eine Kur mit Thymiantee vorbeugend gegen grippale Infekte. Thymianbäder helfen besonders bei Erkrankungen der Atemwege. Das Gurgeln mit Thymianlösungen hift bei Mandel- und Rachenentzündungen.

Tee

- 1 gehäuften TL des getrockneten Krauts mit 1 Tasse kaltem Wasser ansetzen und bis zum Sieden erhitzen
- 10 Minuten zugedeckt ziehen lassen und abseihen
- Bei Bedarf täglich 3 Tassen trinken
- Thymiankur: 3–4 Wochen lang täglich 2 Tassen trinken

Thymian belebt und erfrischt, dadurch eignet sich sein Tee bestens als Ersatz für den morgendlichen Kaffee. Im Unterschied zum deutschen Lieblingsgetränk besitzt Thymiantee keinerlei problematische Wirkungen auf die Magenwände.

Bad

- 1 Handvoll getrocknetes Kraut in das heiße Badewasser geben
- 15 Minuten baden, anschließend 1 Stunde Bettruhe einhalten

Gurgelwasser

- 2 EL des getrockneten Krauts in eine Schale mit 200 ml Wasser geben und 2 Wochen lang ziehen lassen
- 3-mal täglich etwa 5 Minuten lang gurgeln

Homöopathie

Die Homöopathie verwendet Thymian nur selten in niedrigen Potenzen bei Kehlkopfentzündung, Husten und Bronchitis, Lungenemphysen sowie Darmentzündungen.

Vorsicht

Bei längerer Anwendung von tyhmolhaltigen Mundwässern können allergische Reaktionen auftreten.

Die Wacholderbeeren werden nach den ersten Frösten geerntet.

Wacholder

Juniperus communis

Der Wacholder gehört zu den ältesten Heilpflanzen überhaupt. Er genoss lange Zeit einen ausgezeichneten Ruf als Heilmittel gegen Gicht und Harnsteine, bis Mitte des letzten Jahrhunderts das erste Mal von wacholderbedingten Nierenschäden berichtet wurde. Diese durch extreme Überdosierungen ausgelösten Schäden haben dazu geführt, dass der außerordentlich wirksamen Heilpflanze bis heute zu Unrecht ein schlechter Ruf vorauseilt.

Die Merkmale

- Größe: bis zu 10 m, typische Säulenform
- Stängel: von unten her stark verzweigt
- Blätter: hellgrüne Nadeln mit bläulich weißer Mittelrinne
- Blüten: männliche Blüten gelb, weibliche Blüten grün
- Früchte: schwarzbraun und bläulich bereift
- Standort: Heideflächen, lichte Nadelwälder

Richtig sammeln und anbauen

Geerntet werden die reifen Beeren nach den ersten Frösten. Trocknen Sie sie im Freien bei gutem Sonnenlicht!
Wacholder stellt keine großen Ansprüche an seinen Standort, bevorzugt jedoch durchlässige Böden in voller Sonne.

Die Wirkstoffe

Pinene Diese ätherischen Öle besitzen einen sehr starken harnanregenden Effekt. Dadurch eignen sich Wacholderbeeren vortrefflich für Blutreinigungskuren sowie zur Therapie und Vorbeugung von Gicht, Harnwegsentzündungen und Harnsteinen. Darüber hinaus führen sie zu einer stärkeren Durchblutung der Schleimhäute in Bronchien und Darm.

Andere Namen:
- **Kranebit**
- **Kronawit**
- **Machandel**
- **Reckholder**
- **Weckholder**

Anwendungsformen

Kurmäßig angewendet, hilft Wacholderbeerentee hervorragend gegen Harnsteine und Nierengrieß. Die Kur sollte mindestens drei und maximal sechs Wochen dauern. Eine Teekur unterstützt

Heilwirkungen

- Bronchitis
- Chronische Hautleiden
- Darmerkrankungen
- Entzündungen der Harnwege
- Gicht
- Gelenkentzündungen
- Grippale Infekte
- Harnsteine
- Husten (v. a. Reizhusten)
- Nierengrieß
- Rheuma- und Gelenkschmerzen (therapieunterstützend)

Einer der größten Anhänger des Wacholders war Pfarrer Kneipp (1821–1897). Er erfand die Wacholderkur, die mit dem Verzehr von vier Beeren am ersten Tag beginnt und täglich eine Beere mehr verordnet bis zum zehnten Tag. Danach wird pro Tag jeweils eine Beere weniger genommen, bis man wieder bei vier Beeren angelangt ist. Der Pfarrer war überzeugt: »Viele kenne ich, deren gasgefüllter und infolgedessen geschwächter Magen durch diese einfache Beerenkur gelüftet und gestärkt wurde.«

auch die Behandlung chronischer Hauterkrankungen. Wacholdertinktur hat sich vor allem bei akuten Erkrankungen des Darms und der oberen Atemwege bewährt, ebenso bei chronischen Hauterkrankungen. Als Umschlag hilft die Tinktur bei Schmerzen in den Gelenken. Wacholderbäder sind wohltuend bei Erkrankungen der oberen Atemwege. Die Beeren verzehrt man als Soforthilfe gegen Reizhusten.

Tee

- 1 TL getrocknete Beeren mit 1 Tasse kochendem Wasser übergießen, 10 Minuten ziehen lassen und abseihen
- Täglich 3 Tassen trinken, die letzte vor dem Abendessen zu sich nehmen

Tinktur

- 20 g getrocknete Beeren in 100 ml 70-prozentigen Alkohol geben und 8 Tage ziehen lassen
- Abfiltern und in eine dunkle Tröpfchenzählflasche füllen
- Bei Husten und Darmerkrankungen: 3-mal täglich 10 Tropfen einnehmen
- Bei Gelenkschmerzen, Rheuma: die im Verhältnis 1:1 mit Wasser verdünnte Tinktur auf ein Leinentuch träufeln und um das schmerzende Gelenk wickeln

Bei Anfällen von Reizhusten: Zwei bis drei getrocknete Wacholderbeeren langsam zerkauen und wenige Minuten im Mund behalten, bevor man sie hinunterschluckt.

Bad

- 1 Handvoll getrocknete Beeren ins heiße Badewasser geben
- 10 Minuten baden

Homöopathie

Die Urtinktur aus der Wacholderbeere gibt man bei Nierenentzündung, bei Ödembildung infolge ungenügender Harnbildung und bei trockenem Husten. Es werden dreimal täglich zehn Tropfen verabreicht.

Vorsicht

Menschen mit Entzündungen der Niere und Schwangere dürfen Wacholderzubereitungen nicht anwenden.

Wasserdost

Eupatorium cannabinum

Neben dem aus dem Griechischen abgeleiteten »Eupatorium« findet sich auch der Name Hepatorium. Dieser von lateinisch »hepar« (= Leber) kommende Begriff zeigt, dass die Pflanze früher vor allem zur Behandlung von Lebererkrankungen eingesetzt wurde – ein Effekt, den wir auch heute noch schätzen.

Der Wasserdost wird seit langem gegen Lebererkrankungen eingesetzt.

Die Merkmale

- Größe: 30–175 cm
- Stängel: aufrecht, mit kurzen Haaren
- Blätter: handförmig, 3- bis 5-fingerig geteilt
- Blüten: rot bis trübrosa, in Scheindolden
- Blütezeit: Juli–September
- Standort: Kahlschläge, Waldlichtungen, See- und Flussufer

Richtig sammeln und anbauen

Gesammelt wird das ganze Kraut in der Zeit von Juni bis Anfang Juli, also unmittelbar vor der Blüte. Nach dem Trocknen lagert man ihn in gut verschließbaren Blechdosen.
Der Wasserdost braucht feuchten und nährstoffreichen Boden mit viel Sonne. Er gehört aber nicht zu den Sumpfpflanzen, kurze Trockenperioden machen ihm nichts aus.

Die Wirkstoffe

Stimulierende Polysaccharide machen den Wasserdost zu einer wertvollen Pflanze für die Stärkung des Immunsystems.

Flavonoide Die Flavonoide des Wasserdosts entgiften die Leber, sie sind krampflösend und hemmen das Wachstum von Bakterien, Viren und Pilzen.

Pyrrolizidinalkaloide stellen die problematische Substanz im Wasserdost dar. Sie sind giftig und können Leber, Lungen und Nieren schädigen.

Andere Namen:
- Kunigundenkraut
- Leberkraut
- Wasserhanf

Heilwirkungen

- Alkoholvergiftung
- Erkrankungen von Leber, Gallenblase und Milz
- Fieber
- »Kater« (nach zu starkem Alkoholgenuss)

Anwendungsformen

Wasserdosttee wirkt fiebersenkend. Er empfiehlt sich aber vor allem auch zum »Katerfrühstück«, nach zu hohem Alkoholkonsum am Vorabend.

Der Wasserdost kann nicht zur längerfristigen Anwendung empfohlen werden. Er eignet sich jedoch als erste Hilfe bei Fieber und beim berüchtigten »Kater« nach durchzechten Nächten.

Tee

- 1 TL des getrockneten Krauts mit 1 Tasse kochendem Wasser übergießen
- 10 Minuten ziehen lassen
- Abseihen
- Bei hohem Fieber: täglich 2–3 Tassen trinken
- 2 Tassen innerhalb von 2 Stunden trinken, wenn Sie am Abend zuvor sehr viel Alkohol getrunken haben

Homöopathie

Der Wasserdost Eupatorium cannabinum oder perfoliatum ist eines der wichtigsten homöopathischen Mittel bei schweren Formen der Virusgrippe mit den folgenden charakteristischen Symptomen: starke Schmerzen der Wirbelsäule, Muskeln und Gelenke, Schmerzen der Augäpfel und des Kopfes, drückende Schmerzen in der Lebergegend mit Gallenerbrechen. Die Fieberkurve hat morgens zwischen 7 und 9 Uhr ihren Höhepunkt mit starkem Durst; zuvor wird der Patient von Schüttelfrost erfasst. Je nach Stärke der Beschwerden gibt man, von einmal täglich bis alle zwei Stunden, fünf Globuli der Potenz C6.

Die mittelalterlichen Kräuterbücher schätzten den Wasserdost als Heilmittel bei Erkrankungen von Leber und Milz sowie bei Vergiftungen.

Vorsicht

In höheren Dosierungen kann Wasserdost giftig sein und Schäden an Leber, Lunge und Nieren verursachen. Die Dosis von drei Tassen Tee darf keinesfalls überschritten werden. Über längere Zeit sollte Wasserdost nicht angewendet werden. Er eignet sich grundsätzlich nicht für Kinder und Schwangere.

Die Weinraute – heute besonders in Südamerika ein Heilmittel der ersten Wahl.

Weinraute

Ruta graveolens

In der Volksmedizin galt die Weinraute als wertvolles Heilkraut bei Asthma, Blasenschwäche, Fallsucht, Vergiftungen und Sehschwäche. Bekannt war auch ihre abortive Wirkung. In Deutschland führt die Weinraute heute eher ein Schattendasein, da die moderne Medizin genügend andere Medikamente gegen diese Krankheiten besitzt. In Südamerika zählt sie jedoch nach wie vor zu den Heilmitteln der ersten Wahl.

Die Merkmale

- Größe: bis zu 60 cm
- Stängel: rund, nach oben stark verästelt
- Blätter: wechselständig, blaugrün
- Blüten: grüngelb, in doldenähnlichen Gruppierungen
- Blütezeit: Juli/August
- Standort: steinige und sonnige Hügel, gern unter Weinreben

Richtig sammeln und anbauen

Gesammelt wird das gesamte Kraut, wenn es noch jung ist, also von Juni bis Juli. Da die Raute noch einmal austreibt, ist im Herbst eine weitere Ernte möglich. Das Kraut muss im Schatten sorgfältig getrocknet werden.
Die Weinraute braucht Sonne und einen mageren, durchlässigen und etwas kalkhaltigen Boden.

Andere Namen:
- **Augenraute**
- **Edelraute**
- **Gartenraute**
- **Raute**
- **Totenkraut**
- **Weinkraut**

Die Wirkstoffe

Furanokumarine Sie wirken durchblutungsfördernd und krampflösend auf Gebärmutter und Gedärme. Die Weinraute wird dadurch zu einem wirksamen Mittel bei Unterleibskrämpfen, Koliken und zu schwachen Regelblutungen.

Chalepensin Dieser Wirkstoff ist für die abortive und empfängnisverhütende Wirkung der Weinraute verantwortlich.

Ätherische Öle Die ätherischen Öle der Weinraute wirken krampflösend, besonders bei Unterleibskrämpfen.

Heilwirkungen

- Akute Venenentzündung
- Gebärmutterkrämpfe
- Gewebs- und Knochenverletzungen
- Müde Augen
- Nervöse Unruhe
- Netzhautblutungen
- Schwache Regelblutung
- Sehschwäche
- Wassersucht

Anwendungsformen

Weinrautentee hilft bei bestehenden Ödemen und kann auch eine Sehschwäche verbessern. Wer unter zu schwacher Regelblutung leidet, die von Unterleibskrämpfen begleitet ist, sollte versuchen, die Beschwerden mit einer Teekur zu lindern.

Weinrautentee eignet sich nicht zum Dauergebrauch als Empfängnisverhütungsmittel! Hohe Dosierungen und länger andauernde Einnahme können durch die in der Pflanze enthaltenen Chinolinalkaloide Vergiftungserscheinungen hervorrufen.

Tee

- 1 TL getrocknete Weinraute mit 1 Tasse Wasser übergießen
- 10 Minuten ziehen lassen und abseihen
- Bei Ödemen und Sehschwäche: täglich 3 Tassen trinken
- Bei zu schwacher Periodenblutung mit Unterleibskrämpfen: 3 Tage vor dem erwarteten Regeltermin beginnen, täglich 3 Tassen Tee zu trinken; Kur am Ende der Blutung beenden

Homöopathie

Die Weinraute beschleunigt die Heilung von Knochenhaut- und Knochenverletzungen; z.B. beim Fußballspielen sind hiervon besonders leicht die Schienbeine betroffen. Daneben kann Ruta auch eingesetzt werden bei Sehnenschmerzen, welche sich bei Anspannung oder Strecken noch verschlimmern, bei Verstopfung mit schwieriger Stuhlentleerung und bei müden, entzündeten, schmerzenden Augen oder bei Kopfschmerzen nach Überanstrengung der Augen. Man gibt ein- bis zweimal täglich fünf Globuli der Potenzierung C6.

Welcher Stoff die Wirkung der Weinraute bei leichter Sehschwäche ausmacht, ist noch nicht erwiesen. Man vermutet jedoch, dass es sich um die durchblutungsfördernden Flavonglykoside handelt.

Vorsicht

Die Weinraute wirkt empfängnisverhütend und abortiv. Sie darf nicht von Frauen eingenommen werden, die schwanger sind oder schwanger werden wollen. Hohe Dosierungen wirken giftig, trinken Sie daher nicht mehr als drei Tassen Weinrautentee pro Tag!

Die Schulmedizin setzt den Weißdorn (hier Crataegus monogyna) bei Herzkrankheiten ein.

Weißdorn

Crataegus monogyna (eingriffeliger W.)
Crataegus laevigata (zweigriffeliger W.)

Die Entdeckung des Weißdorns als Heilmittel für Herzerkrankungen liegt noch gar nicht so lange zurück. Erst vor etwa einem Jahrhundert setzte ihn ein irischer Arzt gezielt gegen Herzbeschwerden ein. Weißdorn gilt heute auch bei Schulmedizinern als Heilpflanze Nummer eins gegen das Altersherz.

Die Merkmale

- Größe: bis 5 m
- Zweige: mit Dornen besetzt
- Blätter: kurz gestielt, mit 3–5 (beim zweigriffeligen W.) oder 7 (beim eingriffeligen W.) Lappen
- Blüten: weiß, in doldenähnlichen Blütenständen, mit 1 (C. monogyna) bzw. 2 (C. laevigata) Griffeln
- Blütezeit: Mai/Juni
- Früchte: eiförmig, glänzend rot
- Standort: sonnige Hänge, Dickichte, Hecken, Waldränder

Andere Namen:
- **Hagedorn**
- **Heckendorn**
- **Hägela**
- **Wifke**

Richtig sammeln und anbauen

Gesammelt werden die Blätter im Frühling und die Blüten, kurz bevor sie sich öffnen. Die Ernte wird im Schatten getrocknet. C. monogyna fungiert als Überträger des Feuerbrandrosts und ist daher für den Anbau im Garten ungeeignet – nicht so C. laevigata: Er bevorzugt leichte bis mittelschwere, kalkhaltige Böden in sonniger bis halbschattiger Lage.

Die Wirkstoffe

Prozyanidine Diese Hauptwirkstoffe sorgen für eine bessere Durchblutung des Herzmuskels, erhöhen die Aktivität der Herzmuskelzellen und stabilisieren den Herzrhythmus.

Kalium Weißdorn enthält überdurchschnittlich viel Kalium. Dadurch wird die Wasserausscheidung verbessert und die Bildung von Ödemen (Wassersucht) verhindert.

Heilwirkungen

- Angina pectoris
- Arteriosklerose
- Fettige und großporige Haut
- Herzinfarkt (Nachbehandlung)
- Herzmuskelschwäche und -rhythmusstörungen
- Hypertonie (Bluthochdruck)
- Kreislaufschwäche
- Schlaflosigkeit
- Schwere grippale Infekte und Infektionskrankheiten (Stützung der Herzfunktion)
- Wassersucht

Herzinsuffizienz bedarf grundsätzlich einer sicheren ärztlichen Diagnose. Sofern Sie bereits bei normaler Belastung (Spazierengehen, Schaufensterbummel) Atem- und Herzprobleme verspüren, müssen Sie unbedingt sofort den Arzt aufsuchen.

Anwendungsformen

Eine Kur mit Weißdorntee oder -tinktur sollte mindestens vier Wochen dauern, kann aber auch ausgedehnt werden.

Tee

- 1 TL getrockneten Weißdorn mit 1 Tasse kochendem Wasser übergießen, 15 Minuten ziehen lassen und abseihen
- Täglich 2–3 Tassen trinken

Tinktur

- 20 g getrocknete Weißdornblüten in 100 ml 60- bis 70-prozentigen Alkohol geben und 1 Woche lang ziehen lassen
- Abseihen und in eine dunkle Tröpfchenzählflasche füllen
- Täglich 2-mal – morgens und abends – 20 Tropfen einnehmen

In Form von Auflagen eignet sich Weißdorn zur Verbesserung von großporiger und leicht fettender Haut. Tränken Sie dazu ein Leinentuch in Weißdorntee nach angegebenem Rezept, und legen Sie es jeden Abend für zehn Minuten auf Ihr Gesicht!

Homöopathie

In der Homöopathie wird die Urtinktur des Weißdorns, dreimal täglich 5 bis 15 Tropfen, eingesetzt bei chronischer Herzmuskelschwäche, Kollapsneigung, Ödembildung, Herzrhythmusstörungen, zur Auflösung von Ablagerungen in den Arterien und bei starker Atemnot bei der geringsten Anstrengung.

Vorsicht

Nebenwirkungen bei einer langfristigen und vorschriftsmäßigen Behandlung mit Weißdorntee sind nicht bekannt. Beim Einnehmen hoch dosierter Weißdornpräparate kann es aber zu Magen- und Darmproblemen kommen.

Krankheiten von A bis Z

Gestärkt mit viel Vitamin C ist man gerade bei nasskalter Witterung gegen Infekte gefeit.

Abwehrschwäche

Symptome

- Wiederholtes Auftreten von Infektionskrankheiten wie Akne, Herpes, Erkältungen
- Bereits bestehende Infektionskrankheiten werden relativ schlecht auskuriert, immer wieder verschleppt

So hilft die Kräutermischung

Thymian/Ringelblume Mit dieser Kombination kommt man ungeschoren über die infektreiche Herbst- und Frühjahrszeit.

Thymian-Ringelblumen-Tee
- Beide Pflanzen zu gleichen Teilen mischen
- 1 EL der Mischung mit 1 Tasse kochendem Wasser überbrühen
- Im Herbst und Frühjahr täglich 2 Tassen trinken

Besonders in der nasskalten Jahreszeit macht unser Immunsystem oft schlapp und ist nicht mehr in der Lage, Krankheitserreger erfolgreich zu bekämpfen. Aber auch in der Rekonvaleszenz befindliche oder schlecht ernährte Menschen sind abwehrschwach, genau wie solche, die häufig zu Drogen greifen: Alkohol und Zigaretten sind Gift für unser Immunsystem!

So helfen Heilkräuter

Hagebutte Die Hagebutte glänzt durch ihren hohen Gehalt an wichtigen Immunbiostoffen (Vitamin C, Karotinoide, Flavonoide) und ist außerdem frei von Nebenwirkungen. Bereiten Sie sich Hagebuttenmark zu.
→ Rezept siehe Seite 73
Brunnenkresse enthält antibiotische Senföle und sehr viel Vitamin C. Als Salatbeilage besitzt sie einen ebenso großen geschmacklichen wie gesundheitlichen Wert. Allerdings darf sie nicht in Mengen über 20 Gramm gegessen werden, da es sonst zu Magenreizungen kommen kann.
Löwenzahn enthält überdurchschnittlich viel Zink, Karotinoide und Vitamin C zur Stärkung unseres Immunsystems. Löwenzahn kann als Salatbeilage überall hinzugefügt werden.
Petersilie enthält mit 7,2 Milligramm Karotinoiden und 166 Milligramm Vitamin C auf 100 Gramm sowie großen Mengen an Selen und Zink wichtige Biostoffe für das Immunsystem. Sie kann als Zutat zu den vielen Speisen eingesetzt werden.
Ringelblume enthält zahlreiche abwehrstärkende Flavonoide und Karotinoide. Trinken Sie täglich zwei Tassen des Tees!
→ Rezept siehe Seite 126

Akne

Symptome

- Am Anfang Mitesser mit schwarzem Punkt, die sich entzünden und zu großen, eitergefüllten Pickeln anwachsen

So helfen Kräutermischungen

Arnika/Stiefmütterchen Diese Mischung empfiehlt sich bei Mitessern mit besonders starker Entzündung und Schwellung.

Arnika-Stiefmütterchen-Umschläge
- Beide Kräuter zu gleichen Teilen mischen
- 1 EL der Mischung mit 1 Tasse kochendem Wasser übergießen und 10 Minuten ziehen lassen
- Leinentüchlein damit tränken und täglich mindestens 4-mal auf die betroffenen Hautpartien legen

Quecke/Stiefmütterchen helfen gut bei Akne.

Quecken-Stiefmütterchen-Umschläge
- Beide Kräuter zu gleichen Teilen mischen
- 1 EL der Mischung in 200 ml Wasser kurz aufkochen
- 5 Minuten auf kleiner Flamme köcheln lassen
- Leinentüchlein damit tränken und täglich mindestens 4-mal auf die betroffenen Hautpartien legen

So helfen Heilkräuter

Bittersüß wirkt gegen Hautentzündungen. Trinken Sie – maximal vier Wochen lang – zwei Tassen Bittersüßtee pro Tag.
→ Rezept siehe Seite 49
Stiefmütterchen wirkt entzündungshemmend und hautreinigend. Seine Anwendung erfolgt durch Umschläge, die mindestens dreimal pro Tag aufgelegt werden.
→ Rezept siehe Seite 143
Quecke Queckenwurzeln gelten als altes Hausmittel bei Mitessern. Trinken Sie zwei Tassen Queckentee pro Tag.
→ Rezept siehe Seite 123

Arnika, Quecke und Stiefmütterchen – alles bewährte Heilkräuter gegen Akne.

Vor allem Mädchen und Jungen in der Pubertät sind von Akne betroffen, bei der durch die Überfunktion der Talgdrüsen Mitesser, Pickel und Pusteln entstehen. Auch wenn sie nach der Pubertät meist wieder abklingt, sollte man die Erkrankung ernst nehmen, da sie bei den Betroffenen oft zu ernsthaften seelischen Problemen führen kann.

Angstzuständen kann mit einer Kombination aus Johanniskraut und Hopfen begegnet werden.

Angstzustände

Symptome

- Beschleunigter Puls bis hin zum Herzjagen
- Erhöhte Atemfrequenz
- Feuchte Hände, kalte Füße, mitunter auch Schweißausbrüche
- Mundtrockenheit
- Kloß im Hals
- Verdauungsstörungen
- »Wahrnehmungstunnel«: die Sinneswahrnehmung ist stark eingeschränkt
- Konzentrationsschwäche
- Fahrigkeit
- Hektische Bewegungen

So helfen Kräutermischungen

Angst ist ein Gefühlszustand, der von leichtem Unbehagen bis zu intensiver Furcht reichen kann. Zum Krankheitszustand wird Angst erst dann, wenn sie alle Gedanken beherrscht und das Alltagsleben beeinträchtigt.

Hopfen/Johanniskraut Vor allem bei diffusen, eher unbestimmten Ängsten haben sich Teemischungen aus gleichen Teilen Johanniskraut und Hopfen bewährt.

Hopfen-Johanniskraut-Tee
- 1 TL Johanniskrautblüten und 1 TL Hopfenzapfen mit 1 Tasse kochendem Wasser übergießen
- 10 Minuten zugedeckt ziehen lassen
- Abseihen
- Täglich 3 Tassen trinken

Die beiden Heilpflanzen können auch miteinander kombiniert werden, ohne dass man sie in einer Anwendung zusammenmischt:
Nehmen Sie über den Tag verteilt Johanniskrauttinktur ein, und trinken Sie abends Hopfentee.
Die Johanniskrauttinktur hat den Vorteil, dass sie relativ schnell aus spontanen »Angstlöchern« herauszuhelfen vermag (nichtsdestoweniger muss sie über längere Zeit eingenommen werden, um wirken zu können!).
Der Hopfentee beruhigt, entspannt und erleichtert das Einschlafen. Man trinkt ihn abends unmittelbar vor dem Schlafengehen.
→ Rezepte siehe Seite 95 und 88

Baldrian/Johanniskraut Die Kombination Baldrian/Johanniskraut wird in der Pflanzenheilkunde immer häufiger zur Behandlung von Ängsten herangezogen, die im Zusammenhang mit Depressionen stehen.
Wenn die Ängste mit Schlafstörungen einhergehen, sollte man den Tee einmal mit Milch aufbrühen!

Beide Teemischungen lassen sich dadurch geschmacklich verfeinern, dass Sie noch jeweils einen Teelöffel Melissenblätter hinzufügen.

Baldrian-Johanniskraut-Tee
- 1 TL Johanniskrautblüten und 1 TL Baldrianwurzeln mit 1 Tasse kochendem Wasser (oder Milch) übergießen
- 10 Minuten zugedeckt ziehen lassen
- Abseihen
- Täglich 2–3 Tassen trinken

So helfen Heilkräuter

Johanniskraut Dieses bei psychischen Erkrankungen immer häufiger eingesetzte Heilkraut stabilisiert in unserem Gehirn den Spiegel an Serotonin – einem wichtigen Neurotransmitter für gute Laune und Lebensmut. Die dämpfende Wirkung des Krauts auf Angstzustände konnte mittlerweile in zahlreichen Studien belegt werden. Selbst bei sehr starken Ängsten wurden bemerkenswerte Erfolge erzielt, die zum Teil denen der klassischen Psychopharmaka weit überlegen waren.
Johanniskraut erzeugt darüber hinaus keine Abhängigkeit und wird in aller Regel gut vertragen.
→ Rezept siehe Seite 95

Baldrian Baldrian eignet sich vor allem zur Behandlung von Prüfungsängsten. Trinken Sie schon zwei bis drei Tage vor dem Prüfungstermin zwei bis drei Tassen Baldriantee pro Tag. In schweren Fällen nehmen Sie am Abend vorher ein Baldrianbad. Schon während der Prüfungsvorbereitungen empfiehlt es sich, täglich Baldriantee zu trinken, weil dieser auch das Konzentrations- und Regenerationsvermögen steigert.
→ Rezepte siehe Seite 39

Hopfen Hopfen wirkt beruhigend, schlaffördernd sowie angst- und depressionshemmend. Im Unterschied zu Johanniskraut und Baldrian dominiert beim Hopfen der ruhig stellende Effekt. Trinken Sie eine Stunde vor dem Schlafengehen oder vor Situationen, in denen Sie eine Menge Stress erwarten, eine Tasse Hopfentee.
→ Rezept siehe Seite 88

Mit Johanniskraut werden selbst bei starken Angstzuständen bemerkenswerte Erfolge erzielt, die zum Teil denen der klassischen Psychopharmaka weit überlegen sind. Ein großer Vorteil der Kräutertherapie von psychischen Erkrankungen ist es, dass die empfohlenen Heilpflanzen kein Suchtverhalten erzeugen und in aller Regel gut vertragen werden.

Der antike griechische Arzt Hippokrates gab den weißen Flecken ihren Namen: Das griechische Wort »Aphthen« bedeutet »Bläschen«.

Schon Hippokrates nannte die weißlichen Flecken im Mundbereich Aphthen, das griechische Wort für »Bläschen«. Sie können das Wohlbefinden des Patienten erheblich einschränken, führen sie doch beim Essen und Trinken oft zu starken Schmerzen.

Aphthen

Symptome

- Weiße Flecken, umgeben von entzündetem Rand, auf der Mundschleimhaut, die beim Essen Schmerzen verursachen

So helfen Kräutermischungen

Eiche/Blutwurz Diese Kombination entzieht durch ihre adstringierende Eigenschaft den Entzündungen den Boden.

Eichenrinden-Blutwurz-Spülung
- Beide Pflanzen zu gleichen Teilen mischen
- 1 EL der Mischung mit 1 Tasse Wasser aufkochen
- 10 Minuten lang köcheln lassen und abseihen
- 2-mal täglich jeweils 5 Minuten den Mund spülen

Thymian/Salbei ist ein altes Hausmittel gegen Aphthen.

Thymian-Salbei-Spülung
- Beide Kräuter zu gleichen Teilen mischen
- 3 TL der Mischung mit 1 Tasse kochendem Wasser übergießen, 10 Minuten ziehen lassen und abseihen
- 3-mal täglich jeweils 5 Minuten den Mund spülen

So helfen Heilkräuter

Beinwell Beinwellwurzeln enthalten Cholin für die Regeneration der Mundschleimhaut und wundheilende Alkaloide. Bereiten Sie sich täglich drei Tassen mit Beinwellabkochung zum Spülen. Die Anwendungen sollten jeweils fünf Minuten dauern.
→ Rezept siehe Seite 43
Eiche Die Gerbstoffe der Eichenrinde ziehen die Mundschleimhaut zusammen. Spülen Sie Ihren Mund dreimal täglich fünf Minuten lang mit einer Lösung aus Eichenrinde.
→ Rezept siehe Seite 61
Thymian Eine Gurgel- und Spüllösung mit Thymian wirkt antiseptisch und verschafft uns auch einen wohlriechenden Atem.
→ Rezept siehe Seite 145

Appetitmangel

Symptome

- Verringerte Nahrungsaufnahme
- Essen wird mit sichtbarer Unlust verzehrt

So helfen Kräutermischungen

Fenchel/Hopfen Fenchel mobilisiert die Speichel- und Magensaftproduktion, Hopfen schmeckt bitter. Beides zusammen entfaltet eine stark appetitanregende Wirkung.

Fenchel-Hopfen-Tee
- Beide Pflanzen zu gleichen Teilen mischen
- 2 TL der Mischung mit 1 Tasse kochendem Wasser übergießen, 10 Minuten ziehen lassen und abseihen
- Vor jeder größeren Mahlzeit 1 Tasse trinken

Kleine Bibernelle/Petersilienwurzeln Diese Kräutermischung ist für Menschen, die Bitteres und Scharfes vertragen können.

Bibernell-Petersilienwurzel-Tee
- Beide Wurzeln zu gleichen Teilen mischen
- 1 EL der Mischung mit 200 ml Wasser kurz aufkochen
- 10 Minuten köcheln lassen und abseihen
- Täglich 2 Tassen trinken

So helfen Heilkräuter

Kleine Bibernelle Ihre Wurzeln wirken appetitanregend. Am besten hilft der Tee, von dem man täglich drei Tassen trinkt.
→ Rezept siehe Seite 45
Löwenzahn Sein Taraxin schmeckt bitter und regt dadurch den Appetit an. Am wirksamsten ist Löwenzahnsalat.
Petersilie Ihre Wurzeln gelten als altes Hausmittel bei Appetitmangel. Trinken Sie zwei Tassen Petersilienwurzeltee pro Tag.
→ Rezept siehe Seite 117
Hopfen wird oft bei Appetitstörungen eingesetzt.
→ Rezept siehe Seite 88

Wen auch eine üppig gedeckte Tafel nicht zum Essen bewegen kann, sollte es mit Fenchel-Hopfen-Tee versuchen.

Der Zusatz von etwas getrockneten Apfelschalen verfeinert nebenstehende Teemischungen.

Viele Menschen leiden vorübergehend unter Appetitlosigkeit: weil sie krank sind, nervös oder weil sie sich mit Süßigkeiten und Limonade den Appetit verdorben haben. Bedenklich wird der Appetitmangel, wenn er chronisch, also dauernd, auftritt.

Für Raucher ist die Gefahr, an Arteriosklerose zu erkranken, besonders hoch.

Arteriosklerose

Symptome

- Krämpfe und Schmerzen in den Beinmuskeln
- Starke Vergesslichkeit bei kurz zurückliegenden Ereignissen
- Schmerzen in der Brust

So hilft die Kräutermischung

Arnika/Weißdorn/Gänsefingerkraut Diese Mischung ist vor allem gegen arteriosklerotische Veränderungen an den Herzkranzgefäßen wirksam.

Arnika-Weißdorn-Gänsefingerkraut-Tee

- 30 g Gänsefingerkraut mit 20 g Weißdornblättern und 5 g Arnikablüten mischen
- 1 EL der Mischung mit 1 Tasse heißem Wasser übergießen
- 10 Minuten ziehen lassen
- Abseihen
- Täglich 2 Tassen trinken
- Anwendung mindestens über einen Zeitraum von 4 Wochen durchführen

In diesem medizinischen Fachbegriff steckt das griechische Wort »skleros« für »hart«, »spröde«: Die Arterien sind hart geworden und haben an Elastizität verloren. Durch Nikotinmissbrauch und eine gehetzte, »stressige« Lebensweise wird diese Krankheit bei uns immer häufiger. Sie kann tödlich sein: Angina pectoris, Herzinsuffizienz und Herzinfarkt sind oft die Folgen.

So helfen Heilkräuter

Weißdorn ist das wichtigste Herz-Kreislauf-Medikament unter unseren einheimischen Pflanzengewächsen. Weißdorntee kann – beispielsweise anstelle des morgendlichen Kaffees – zum Alltagsgetränk gemacht werden.
→ Rezept siehe Seite 153

Efeu enthält vor allem Saponine, die den Cholesterinspiegel senken. Trinken Sie täglich zwei Tassen Efeutee.
→ Rezept siehe Seite 59

Hagebutten Sie zählen zu den überragenden Vitamin-C-Bomben in der Natur. Dieses Vitamin senkt den Blutdruck und dichtet schadhafte Stellen an den Blutgefäßen ab. Dadurch ist der Körper weniger gezwungen, die Lecks in den Blutgefäßen mit gefährlichen Cholesterinplaques abzudichten. Bereiten Sie sich Hagebuttenmark.
→ Rezept siehe Seite 73

Arthritis

Bei starken Gelenkschmerzen schafft ein Fichtennadelbad Abhilfe.

Symptome

- Morgensteifigkeit
- Gelenkschmerzen, meistens mit Schwellung
- Rheumaknoten in Gelenken, Knochenvorsprüngen und in den Sehnen

So hilft die Kräutermischung

Fichte/Bittersüß Heiße Fichtennadelbäder haben bei der Therapie von rheumatischen Erkrankungen eine gewisse Tradition. Allein für sich ist ihre Wirkung jedoch zu schwach. Trinken Sie daher zusätzlich zu Ihrem täglichen Bad zwei Tassen Bittersüßtee. Diese Kombinationsanwendung stellt eine wirksame Erste-Hilfe-Maßnahme gegen besonders heftige Schmerzschübe dar, eignet sich allerdings nicht zum Auskurieren der Arthritis.
→ Rezept siehe Seite 49 und 65

So helfen Heilkräuter

Bittersüß Unter den Wirkstoffen der Pflanze ist das Glykosid Solasodin von besonderer Bedeutung. Es besitzt nämlich kortisonähnliche Wirkungen, indem es Entzündungen hemmt, Blutgefäße abdichtet, Schmerzen und Schwellungen verringert. Dadurch wird der Bittersüß zu einer wichtigen Heilpflanze bei rheumatischen Erkrankungen wie der Arthritis.
Am besten hilft Bittersüßtee. Trinken Sie davon ein bis zwei Tassen pro Tag über maximal vier Wochen hinweg.
→ Rezept siehe Seite 49
Löwenzahn wirkt stark entwässernd, was bei rheumatischen Erkrankungen grundsätzlich von Nutzen ist. Darüber hinaus enthält er das entzündungshemmende Taraxin.
Trinken Sie täglich zwei Tassen Tee aus Löwenzahnwurzeln, und machen Sie zusätzlich Umschläge aus frischen Löwenzahnwurzeln.
→ Rezepte siehe Seite 107
Wacholder Wacholdertinktur ist ein altes Hausmittel bei Arthritis und allen Arten von rheumatischen Schmerzen. Legen Sie täglich drei- bis viermal für zehn Minuten mit verdünnter Wacholdertinktur (Wasser und Tinktur im Verhältnis 1:1) getränkte Umschläge um die schmerzenden Gelenke.
→ Rezept siehe Seite 147

Hierbei handelt es sich um eine schleichend oder in Schüben verlaufende Gelenkentzündung (griechisch »arthros« heißt »Gelenk«), von der meist mehrere Gelenke, vor allem die sogenannten kleinen Gelenke an Fingern und Zehen, betroffen sind. Dann spricht der Arzt von einer Polyarthritis. Die Krankheit betrifft dreimal häufiger Frauen als Männer.

Häufigste Ursache für müde Augen ist zu langes Arbeiten am Computer. Fichte, Augentrost und Kamille lindern das Brennen in den Augen.

Augenermüdung

Symptome

- Verschwimmende Bilder
- Brennen in den Augen; das Gefühl, einen Fremdkörper im Auge zu haben
- Kopfschmerzen

So helfen Kräutermischungen

Kamille/Augentrost Dies ist eine wirksame Kombination gegen gerötete und übermüdete Augen. Der Kamillentee wird getrunken, der Augentrost kommt für fünf Minuten als Umschlag auf die geschlossenen Augen.
→ Rezepte siehe Seite 98 und 35

Augentrost/Fichte Bei Augenmüdigkeit infolge allgemeiner Erschöpfung ist diese Mischung zu empfehlen. Geben Sie etwas Fichtennadelöl auf Schläfen und Nasenwurzel, und trinken Sie eine Tasse Augentrosttee.
→ Rezepte siehe Seite 65 und 35

So helfen Heilkräuter

Augentrost Er ist das Augenheilkraut schlechthin. Am besten wirkt er in Kombination von innerlicher und äußerlicher Anwendung.
Brühen Sie zwei Tassen Augentrosttee gleichzeitig auf. Eine davon trinken Sie, die andere lassen Sie abkühlen, um mit ihr einen Umschlag für die geschlossenen Augen zu tränken. Er sollte etwa für fünf Minuten aufgelegt werden.
→ Rezept siehe Seite 35

Kamille wirkt entzündungshemmend und drosselt die Durchblutung in den gereizten Blutgefäßen der Bindehaut.
Kamillentee sollte aber auf keinen Fall als Augenbad verwendet werden. Allenfalls Umschläge auf die geschlossenen Augen sind erlaubt.
Wirksamer ist es aber, den Tee einfach zu trinken.
→ Rezept siehe Seite 98

Fichte gilt als schnelles Weckmittel bei Erschöpfungszuständen und wirkt auch bei ermüdeten Augen. Reiben Sie etwas Fichtennadelöl auf die Hautareale rund um die Schläfen und auf die Nasenwurzel.
→ Rezept siehe Seite 65

Ermüdete Augen, plötzlich auftauchende leichte Sehstörungen, eventuell sogar in Verbindung mit Kopfschmerzen, treten vor allem bei Menschen auf, die zu lange am Computerbildschirm gearbeitet haben. Aber auch wer übermäßig fernsieht oder falsche Sehhilfen trägt, hat häufig darunter zu leiden.

Bettnässen

Symptome

- Unwillkürliches Harnlassen, meistens in der Nacht
- Beginn gewöhnlich nach dem dritten und vierten Lebensjahr

So helfen Kräutermischungen

Johanniskraut/Schafgarbe Die Mischung bringt die Heilwirkungen beider Pflanzen zum Tragen.

Johanniskraut-Schafgarben-Tee
- Beide Kräuter zu gleichen Teilen mischen
- 1 EL der Mischung mit 1 Tasse kochendem Wasser übergießen, 10 Minuten ziehen lassen und abseihen
- Täglich 2 Tassen zwischen den Mahlzeiten trinken

Baldrian/Johanniskraut/Schafgarbe Diese Mischung ist bei bettnässenden Kindern angezeigt, die sehr nervös sind.

Baldrian-Johanniskraut-Schafgarben-Tee
- Die drei Kräuter zu gleichen Teilen mischen
- 3 TL der Mischung mit 1 Tasse kochendem Wasser übergießen, 10 Minuten ziehen lassen und abseihen
- Täglich 2 Tassen zwischen den Mahlzeiten trinken

So helfen Heilkräuter

Johanniskraut wirkt entspannend und entkrampfend. In Form von äußerlichen Ölanwendungen (abends auf die Oberschenkelinnenseiten aufgetragen) sensibilisiert es die Beckenmuskulatur, in Form von Tee (zweimal täglich, zwischen den Mahlzeiten) sorgt es für eine allgemeine Entspannung des Nervensystems, ohne dabei einschläfernd zu sein.
→ Rezepte siehe Seite 95
Schafgarbe wirkt entspannend auf den gesamten Bereich der Unterleibsmuskulatur. Täglich sollten drei Tassen Schafgarbentee getrunken werden, die letzte Tasse vor dem Abendessen.
→ Rezept siehe Seite 135

Wenn Kinder aufgrund seelischer Störungen Bettnässer sind, kann eine psychologische Behandlung mit Johanniskraut, Schafgarbe und Baldrian unterstützt werden.

Beide Teemischungen schmecken angenehmer durch den Zusatz von einigen getrockneten oder frischen Melissenblättern.

Wenn Kinder jenseits des dritten Lebensjahres, die eigentlich schon »trocken« sind, nachts einnässen, sollte man vom Arzt abklären lassen, ob nicht etwa eine Blasen- oder Nierenerkrankung dahinter steckt. Wenn nicht, werden meist seelische Konflikte und Ängste für das Bettnässen verantwortlich gemacht, deren Aufarbeitung mit einer Heilkräutertherapie unterstützt werden kann.

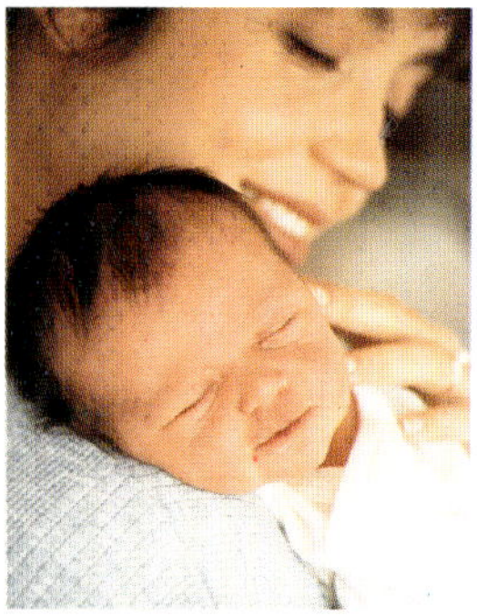

Besonders Babys leiden oft unter schmerzenden Blähungen.

Blähungen

Symptome

- Lufteinschlüsse im Darm, die den Unterleib ballonartig auftreiben
- Unangenehme Winde
- Vor allem bei Säuglingen teilweise kolikartige Schmerzen (Dreimonatskolik)

So hilft die Kräutermischung

Kamille/Gänsefingerkraut Diese Mischung wirkt entkrampfend und entzündungshemmend und ist vor allem bei kolikartigen Blähungen von Erwachsenen angezeigt. Der Tee hilft relativ schnell, er kann daher zur Soforthilfe eingesetzt werden.

Blähungen, die Mediziner nennen sie Flatulenz, können nervös, organisch oder durch bestimmte Nahrungsmittel begründet sein. Die Eltern von Säuglingen fürchten besonders die sogenannte Dreimonatskolik, die bei wenige Monate alten Babys zu plötzlichen Schmerzen mit heftigen Schreianfällen führt.

Kamillen-Gänsefingerkraut-Tee

- Beide Kräuter zu gleichen Teilen mischen
- 1 EL der Mischung mit 1 Tasse kochendem Wasser übergießen, 10 Minuten ziehen lassen und abseihen

So helfen Heilkräuter

Kamille Dieses bei Kindern und Erwachsenen bewährte Hausmittel gegen Blähungen ist allerdings nichts für Babys. Lösen Sie in dem Kamillentee unter Umrühren 20 Gramm Lakritze, sie enthält entkrampfendes Süßholz. Diese Mischung wirkt schnell und eignet sich daher zur Soforthilfe bei Blähungen.

→ Rezept siehe Seite 98

Kümmel gehört wie die Kamille zu den klassischen Blähungsmitteln. Für Babys wird er gern mit Anis und Fenchel kombiniert. Erwachsene trinken eine Tasse Tee nach den Mahlzeiten, Säuglinge erhalten den auf Körperwärme abgekühlten Tee in der Saugflasche.

→ Rezept siehe Seite 103

Gänsefingerkraut Die Flavonoide und Gerbstoffe des Krauts bringen das Darmmilieu in Ordnung und wirken in starkem Maß entkrampfend. Gänsefingerkraut ist bei den Dreimonatskoliken der Babys immer einen Versuch wert. Geben Sie Ihrem Baby den körperwarmen Tee mit der Saugflasche.

→ Rezept siehe Seite 69

Blasenentzündung

Symptome

- Plötzliches Auftreten von starkem Harndrang, obwohl nur kleine Harnmengen abgegeben werden
- Trübe (manchmal auch blutige) Verfärbung des Urins
- Krampfartige Schmerzen, vor allem unmittelbar nach dem Harnlassen

Das Sitzen auf kühlen Steinen führt oftmals zu Blasenentzündung – bei Frauen wesentlich häufiger als bei Männern.

So helfen Kräutermischungen

Schachtelhalm/Gänsefingerkraut Diese Mischung ist bei Blasenentzündungen mit starken Krämpfen angezeigt.

Schachtelhalm-Gänsefingerkraut-Tee
- Beide Kräuter zu gleichen Teilen mischen
- 1 EL der Mischung mit 1 Tasse kochendem Wasser übergießen, 10 Minuten ziehen lassen und abseihen
- Täglich 2–3 Tassen trinken

Durch den Zusatz von etwas Pfefferminze oder Melisse schmeckt diese Teemischung lecker.

Petersilie/Brunnenkresse Diese Kombination wirkt vor allem antibiotisch und entzündungshemmend. Petersilie und Brunnenkresse lassen sich unter viele Speisen mischen.

So helfen Heilkräuter

Schachtelhalm wirkt harntreibend, so dass die Keime aus der entzündeten Blase besser fortgespült werden können. Darüber hinaus löst er Krämpfe und hemmt Entzündungen. Am besten wirken Schachtelhalmbäder. Wichtig: Nach dem Bad viel trinken!

→ Rezept siehe Seite 133

Brunnenkresse ist bei Blasenentzündungen das Heilkraut der ersten Wahl. Am besten genießt man Brunnenkresse frisch im Salat oder als Kräuterbeimischung im Quark. Pro Tag sollte man 10 bis 20 Gramm zu sich nehmen. Wichtig: Während der Kresseanwendung muss viel getrunken werden!

Wacholder enthält die sogenannten Pinene. Sie sind stark harntreibend und fördern dadurch die Durchspülung der entzündeten Blase. Trinken Sie zwei Tassen Wacholdertee pro Tag.

→ Rezept siehe Seite 147

Frauen leiden wesentlich häufiger an Blasenentzündungen als Männer: Ihre Harnröhre ist erheblich kürzer, und Bakterien haben es dadurch leichter, bis in die Blase vorzudringen.

Leidet man unter Blutarmut, sollte man seinem Körper Eisen zuführen, z.B. in Form von Löwenzahn- oder Brennnesseltee.

Anämie, wie die Mediziner die Blutarmut nennen, kann viele – auch schwerwiegende – Ursachen haben. Zu den verbreitetsten zählen akuter starker Blutverlust – etwa nach Unfällen, Operationen, starker Monatsblutung –, erhöhter Eisenbedarf wie etwa während Schwangerschaft und Stillzeit und Mangelernährung.

Blutarmut

Symptome

- Brüchige Fingernägel
- Haarausfall
- Spröde Haut
- Lippenrisse
- Rasche Ermüdbarkeit

So hilft die Kräutermischung

Löwenzahn/Brennnessel Ein Tee aus diesen beiden Pflanzen versorgt uns mit wichtigem Eisen und mobilisiert außerdem die Folsäureproduktion in den Darmwänden.

Löwenzahn-Brennnessel-Tee
- Getrocknete Löwenzahnwurzeln und Brennesselblätter zu gleichen Teilen mischen
- 1 EL der Mischung mit 1 Tasse kochendem Wasser übergießen, 10 Minuten ziehen lassen und abseihen
- Täglich 2 Tassen trinken

So helfen Heilkräuter

Brennnessel Brennnesselblätter enthalten sehr viel Eisen, das in unserem Körper zur Blutbildung benötigt wird. Von großer Bedeutung ist auch der hohe Vitamin-C-Gehalt des Krauts, der dafür sorgt, dass Eisen optimal in unseren Körper eingeschleust wird. Besonders wirksam als Blutbildungsmittel ist die Brennnessel in Form von Salat oder Suppe.
→ Rezept siehe Seite 55

Petersilie enthält ebenfalls viel Eisen und Vitamin C, die beiden wichtigsten Biostoffe für unsere Blutbildung. Im frischen Kraut ist der Vitamin-C-Anteil am höchsten. Es eignet sich als Beimischung zu vielen Speisen.

Löwenzahn Löwenzahnblätter enthalten ebenfalls viel Eisen und Vitamin C. Auch hier ist der Gehalt im frischen Kraut am höchsten, so dass Löwenzahn am besten als Salat gegeben wird. Ein Tee aus Löwenzahnwurzeln enthält wenig Vitamin C, jedoch viel Eisen.
→ Rezept siehe Seite 107

Bluterguss/»blauer Fleck«

Symptome

- Bläuliche Verfärbung der Haut, meistens verbunden mit einer Schwellung
- »Blaue Flecken« können sehr druckempfindlich sein

So hilft die Kräutermischung

Beinwell/Thymian/Arnika Eine Anwendung mit dieser bewahrten Kombination sollte den Bluterguss in wenigen Tagen zum Abklingen bringen oder ihn zumindest schmerzfrei machen.

Für Fußballer gehören »blaue Flecken« zum Alltag.

Beinwell-Thymian-Arnika-Umschlag

- 30 g Beinwellwurzeln mit 20 g Thymiankraut und 10 g Arnikablüten mischen
- Mit 1/2 l kochendem Wasser übergießen, 10 Minuten ziehen lassen und abseihen
- Mulltuch in den Kräutersud tauchen und 4- bis 5-mal täglich für 5–10 Minuten auf den Bluterguss legen

»Blaue Flecken« gehören für viele Menschen zum Alltag. Sie entstehen, wenn man sich stößt oder fällt, und verschwinden von selbst wieder. Sehr große und schmerzhafte Blutergüsse kann man aber mit pflanzlichen Mitteln schonend behandeln, so dass sie schneller abheilen oder zumindest weniger schmerzen.

So helfen Heilkräuter

Johanniskraut Johanniskrautöl wirkt kühlend und schmerzlindernd, es verengt die Blutgefäße und verhindert so die weitere Ausweitung des Blutergusses.
Für die Anwendung wird ein Mulltuch in das Öl getunkt, das Sie dann mit einem Verband auf der schmerzenden Stelle befestigen. Erneuern Sie das Mulltuch alle zwei Stunden! Nach zwei Tagen beenden Sie die Johanniskrautbehandlung.
→ Rezept siehe Seite 95

Arnika Aufgrund ihrer Sesquiterpenlaktone wirkt Arnika entzündungshemmend, blutgerinnungshemmend und schmerzlindernd. Die ätherischen Öle der Arnika entspannen die Muskulatur und sorgen für einen angenehmen Kühleffekt.
Man taucht ein Mulltuch in die im Verhältnis 1:1 mit Wasser verdünnte Arnikatinktur und befestigt es mit einem Verband auf der schmerzenden Stelle. Erneuern Sie das Mulltuch alle zwei Stunden! Nach zwei Tagen beenden Sie die Arnikabehandlung.
→ Rezept siehe Seite 33

Leichte Depressionen können mit Hilfe von Heilkräutern gemildert werden.

Depressionen

Symptome

- Müdigkeit und Energieverlust
- Schuldgefühle oder das Gefühl, nutzlos zu sein
- Nachlassende Lebensfreude
- Nachlassendes Interesse an gewohnten Vorlieben oder Aktivitäten
- Appetitstörungen (wobei sowohl Appetitlosigkeit als auch ein verstärkter Essdrang vorkommen können)
- Schlafstörungen
- Konzentrationsschwäche
- Unentschlossenheit
- Angst
- Innere Unruhe
- Bei schweren Depressionen: Selbstmordgedanken

Wie sich diese Symptome im Einzelfall präsentieren, kann von Patient zu Patient sehr unterschiedlich sein. Es müssen nicht alle Symptome und nicht alle in gleicher Intensität vorhanden sein.

Schwere Depressionen bergen große Selbstmordgefahr, die Patienten sind außerstande, ihrem Beruf nachzugehen oder an gesellschaftlichen Aktivitäten teilzunehmen. Diese Menschen sind ein Fall für einen Nervenfacharzt! Bei leichteren Depressionen sind die Betroffenen in der Lage, ein normales Leben zu führen. Hier besitzt eine Heilkräutertherapie relativ gute Erfolgsaussichten.

So helfen Kräutermischungen

Baldrian/Johanniskraut Dies ist eine der wirksamsten Kombinationen für die Therapie von Depressionen, vor allem wenn diese mit Schlafstörungen, Unruhe, Ängsten verbunden sind.

Für die Kombinationstherapie gibt es zwei Möglichkeiten:
1. Trinken Sie morgens und mittags jeweils eine Tasse Johanniskrauttee und abends eine Tasse Baldriantee. Diese Form der Anwendung eignet sich vor allem bei Depressionen, die sich tagsüber in starken Stimmungsschwankungen (von Euphorie bis zu tiefer Niedergeschlagenheit) und nachts in starker Schlaflosigkeit zeigen.

→ Rezepte siehe Seite 95 und 39

Mit einigen Melissenblättern lässt sich der Geschmack dieser Teemischung verbessern.

Baldrian-Johanniskraut-Tee
- Baldrianwurzeln und Johanniskrautblüten zu gleichen Teilen mischen
- 1 EL der Mischung mit 1 Tasse kochendem Wasser übergießen, 10 Minuten ziehen lassen und abseihen
- Täglich 3 Tassen trinken

2. Trinken Sie einen Tee aus der folgenden Kräutermischung. Sie ist bei Depressionen angezeigt, die sich in längeren Phasen der Niedergeschlagenheit zeigen, ohne dass es zwischendurch zu euphorischen Aufhellungen käme.

Hopfen/Johanniskraut Diese Kombination eignet sich zur Behandlung von Depressionen mit sexuellen Zwangsvorstellungen und starken Einschlafstörungen sowie mit depressiven Schüben, die morgens am schlimmsten sind.

Hauptursache der Winterdepression ist Lichtmangel. Bei ihr ist vor allem der »Lichtausnutzer« Johanniskraut angezeigt. Parallel dazu sollten Sie möglichst häufig an die frische Luft gehen und ein- bis zweimal pro Woche ein Solarium benutzen.

Hopfen-Johanniskraut-Tee
- Hopfenzapfen und Johanniskrautblüten zu gleichen Teilen mischen
- 2 TL der Mischung mit 1 Tasse kochendem Wasser übergießen
- 10 Minuten ziehen lassen
- Abseihen
- Täglich morgens und abends jeweils 1 Tasse trinken

So helfen Heilkräuter

Johanniskraut Es steigert die nächtliche Melatoninausschüttung. Der Schlaf des Depressiven wird dadurch tiefer, länger und erholsamer; unangenehme Träume werden seltener. Außerdem verbessert Johanniskraut die sogenannte Lichtutilisation – es sorgt dafür, dass die Sonne in ihrer positiven Wirkung auf die Seele verstärkt wird.
Der Wirkstoff Hyperizin schützt schließlich den Hirnbotenstoff Dopamin, der eine wichtige Funktion beim Aufrechterhalten von Lebensmut und Optimismus spielt.
Um die positive Wirkung des Krauts zu nutzen, sollten Sie mindestens vier, besser sechs Wochen lang drei Tassen Johanniskrauttee pro Tag trinken.
→ Rezept siehe Seite 95

Baldrian Die ätherischen Öle und Bitterstoffe des Baldrians hemmen den Abbau des Neurotransmitters GABA (Gamma-Amino-Buttersäure). Hierbei handelt es sich um einen Botenstoff im Gehirn, dessen Mangel zu Stress, Unruhe und Ängsten führt.
In der Psychiatrie wird Baldrian in Kombination mit Johanniskraut immer häufiger gegen Ängste und Depressionen eingesetzt.
→ Rezept siehe Seite 159

Bedenken Sie, dass Heilpflanzen auf die organischen Ursachen der Depression zielen. Bei Depressionen infolge von tief verwurzelten, in der Kindheit erworbenen psychischen Defekten ist Ihre Therapiechance eher gering.

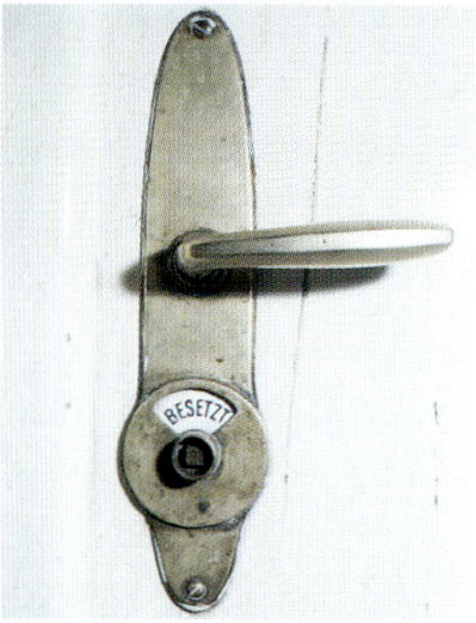

Obwohl Durchfall genauso schmerzlich wie lästig ist, muss er nicht sofort mit starken Medikamenten behandelt werden.

Durchfallerkrankungen

Symptome

- Dünnflüssiger Stuhl
- Häufiger Stuhlgang, mehr als fünfmal pro Tag
- Der Stuhldrang bleibt auch nach der Darmentleerung bestehen
- Teils krampfartige Unterleibsschmerzen

So helfen Kräutermischungen

Johanniskraut/Kamille Bei Durchfall von Säuglingen und Kindern hilft ein Tee aus gleichen Anteilen Johanniskraut (wegen seines wohl dosierten Gerbstoffanteils) und Kamille (aufgrund seines entzündungshemmenden Effektes ohne Nebenwirkungen).

Durchfall zeigt an, dass etwas im Darm nicht stimmt. Meistens ist er ein Zeichen dafür, dass der Körper den Verdauungstrakt reinigen und bestimmte Schadstoffe abtransportieren will. Durchfall macht also biologisch durchaus Sinn. Es ist zumindest in den ersten zwei Tagen nicht nötig, starke und rasch wirkende Medikamente einzusetzen.

Johanniskraut-Kamillen-Tee
- Beide Kräuter zu gleichen Teilen mischen
- 2 TL der Mischung mit 1 Tasse kochendem Wasser übergießen
- 10 Minuten ziehen lassen
- Abseihen
- Eventuell mit Süßholz oder Ahornsirup süßen
- Täglich mindestens 3 Tassen (Kinder 2 Tassen) trinken

Odermennig/Kamille/Kümmel/Ringelblume
Eine bewährte Teemischung bei Durchfällen aller Art besteht aus gerbstoffreichem Odermennig, antibiotischer Kamille, entzündungshemmender Ringelblume und gärungswidrigem Kümmel.

Odermennig-Kamillen-Kümmel-Ringelblumen-Tee
- 20 g Odermennig, 20 g Kamillenblüten, 20 g Kümmelfrüchte, 10 g Ringelblumenblüten mischen
- 2 TL der Mischung mit 1 großen Tasse kochendem Wasser übergießen
- 10 Minuten ziehen lassen
- Abseihen
- Täglich 3 Tassen trinken, am besten zu den Mahlzeiten

So helfen Heilkräuter

Heidelbeeren Dieses altbewährte Heilmittel enthält eine ganze Reihe von Wirkstoffen, die bei Durchfallerkrankungen meist rasch helfen: Pektine entziehen dem Darminhalt Wasser; Gerbsäuren und Farbstoffe lindern Entzündungen der Darmwand; die Vitamine C und A stärken die Immunabwehr in der Darmschleimhaut.

Getrocknete Heidelbeeren wirken am besten gegen Durchfall, doch auch Heidelbeertee ist wirksam, besonders Kindern schmeckt er besser. Verwenden Sie gegen Durchfall keinesfalls frische Heidelbeeren!

→ Rezept siehe Seite 77

Salbei Er enthält Rosmarinsäure. Diese Substanz blockiert zwei Enzyme, die am Zustandekommen von typischen Entzündungsreaktionen im Darm beteiligt sind. Die Kombination aus Rosmarinsäure und den typischen ätherischen Ölen des Salbeis macht ihn zu einem äußerst wirksamen Heilmittel bei Darmentzündungen.

Trinken Sie zwei bis drei Tassen Salbeitee pro Tag.

→ Rezept siehe Seite 130

Blutwurz Der mit bis zu 20 Prozent außerordentlich hohe Gerbstoffgehalt der Blutwurz macht diese zu einem hervorragenden Erste-Hilfe-Mittel bei Durchfallerkrankungen, vor allem bei Reisedurchfall.

Täglich drei Tassen Blutwurztee sollten selbst bei starkem Durchfall innerhalb von 48 Stunden zu einer wesentlichen Verbesserung des Zustands führen, andernfalls ist Ihre Erkrankung ein Fall für den Arzt!

→ Rezept siehe Seite 51

Eiche Ähnlich wie bei der Blutwurz ist auch der Gerbstoffgehalt von Eichenrinde sehr hoch.

Täglich drei Tassen Eichenrindentee sollten selbst bei starkem Durchfall innerhalb von 48 Stunden zu einer wesentlichen Verbesserung des Zustands führen, andernfalls ist Ihre Erkrankung ein Fall für den Arzt!

→ Rezept siehe Seite 61

Odermennig Er besitzt eine ausgewogene Mischung von wasserentziehenden Gerbstoffen und entzündungshemmenden Flavonoiden.

Trinken Sie bei immer wiederkehrendem Durchfall täglich drei Tassen Odermennigtee, er sorgt für eine Harmonisierung des Darmmilieus. Die Anwendung sollte drei bis vier Wochen lang durchgehalten werden.

→ Rezept siehe Seite 113

Mischungen aus Kamille und Johanniskraut haben bei Durchfallerkrankungen eine gute Erfolgsaussicht, da die beiden Heilpflanzen jeweils ein sehr breites Wirkungsspektrum besitzen.

Erkältungen kann man mit verschiedenen Heilkräutern begegnen – wichtig ist ausreichende Vitamin-C-Zufuhr.

Erkältung

Symptome

- Tropfende Nase, Niesen
- Hals- und Rachenschmerzen, leichter Husten und Heiserkeit
- Im Anfangsstadium gelegentlich leichtes Fieber

So helfen Kräutermischungen

Holunder/Linde Diese Mischung hilft bei fiebrigen Erkältungen.

Holunderblüten-Lindenblüten-Tee
- Jeweils 1 TL Holunder- und Lindenblüten in eine Tasse geben und mit kochendem Wasser übergießen
- 10 Minuten ziehen lassen und abseihen
- Täglich 3–4 Tassen trinken

Thymian/Linde/Hagebutte Diese Teemischung hilft bei Erkältungen mit Husten und Heiserkeit.

Thymian-Lindenblüten-Hagebutten-Tee
- Jeweils 1 TL Lindenblüten, Hagebutten und Thymiankraut in eine Tasse geben
- Mit kochendem Wasser übergießen
- 10 Minuten ziehen lassen und abseihen
- Täglich 3–4 Tassen trinken

Was der Volksmund als Erkältung bezeichnet, sind meist katarrhalische Virusinfektionen der oberen Luftwege. Sie entstehen dadurch, dass Kälteeinwirkung die Fähigkeit der körpereigenen Abwehrstoffe herabsetzt, Bakterien im Körper zu vernichten. Damit es erst gar nicht so weit kommt, sollte man in der nasskalten Zeit auf geeignete Kleidung achten und vor allem sehr vitaminreich essen.

So helfen Heilkräuter

Lindenblüten Ein Tee aus Lindenblüten hilft vor allem im fiebrigen Anfangsstadium der Erkrankung.
→ Rezept siehe Seite 105
Holunderblüten wirken ähnlich wie die Lindenblüten. Inhalationen mit stark konzentriertem Holundertee unterstützen das Abhusten des Schleims.
→ Rezept siehe Seite 84
Thymian löst den Schleim und hemmt das Wachstum von Parasiten in den oberen Atemwegen.
→ Rezept siehe Seite 145

Fieber

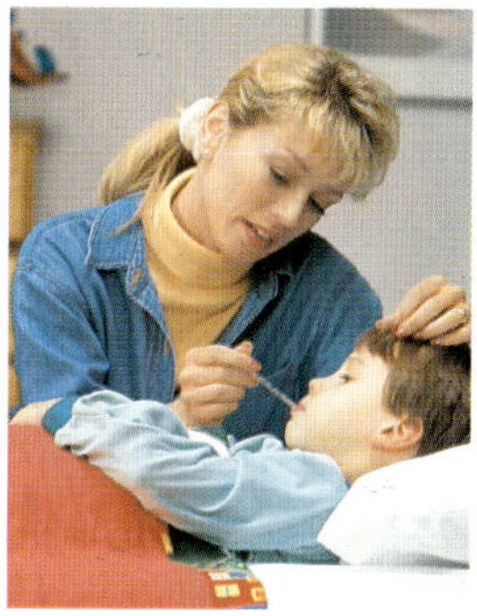

Vor allem Lindenblüten helfen gegen Fieber.

Symptome

- Erhöhte Körpertemperatur (deutlich über 38 °C)
- Schwitzen, gerötete Gesichtshaut, auch Schüttelfrost

So helfen Kräutermischungen

Thymian/Kamille/Lindenblüten bekämpfen das Fieber aus unterschiedlichen Richtungen.

Thymian-Kamillen-Lindenblüten-Tee
- Die Kräuter zu gleichen Teilen mischen
- 1 EL der Mischung mit 1 Tasse kochendem Wasser übergießen, 10 Minuten ziehen lassen und abseihen
- Täglich 2–3 Tassen trinken

Mit Hagebutte, getrockneten Apfelschalen, Himbeer- oder Brombeerblättern lassen sich nebenstehende Mischungen individuell geschmacklich verfeinern.

Thymian/Stiefmütterchen Diese Kombination ist besonders bei fiebrigen Darm- und Bronchialerkrankungen angezeigt.

Thymian-Stiefmütterchen-Tee
- Beide Kräuter zu gleichen Teilen mischen
- 3 TL der Mischung mit 1 Tasse kochendem Wasser übergießen, 10 Minuten ziehen lassen und abseihen
- Täglich 3–4 Tassen trinken

So helfen Heilkräuter

Thymian hat schleim- und krampflösende sowie stark antibiotische Eigenschaften. Trinken Sie täglich drei Tassen.
→ Rezept siehe Seite 145

Lindenblüten haben sich vor allem bei Fieber infolge von grippalen Infekten bewährt. Trinken Sie zwei Tassen Lindenblütentee pro Tag, eine am Nachmittag, eine am Abend.
→ Rezept siehe Seite 105

Stiefmütterchen Stiefmütterchentee ist bei Fieber infolge von grippalen Infekten, Überhitzung und Überanstrengung angezeigt. Trinken Sie drei Tassen Tee pro Tag.
→ Rezept siehe Seite 143

Fieber ist keine eigenständige Krankheit, sondern ein Abwehrmechanismus, mit dem der Organismus bestehende Erkrankungen bekämpft: Die meisten Viren und Bakterien sind bei Temperaturen über 38,5 °C vermehrungsunfähig. Bei sehr hohem oder länger andauerndem Fieber ist unbedingt der Arzt aufzusuchen!

Fußpilz sollte auf jeden Fall behandelt werden, z.B. mit einem Eichenrinden-Efeu-Fußbad.

Fußpilz

Symptome

- Rötung und Schuppung an den Fußsohlen oder zwischen den Zehen, mitunter unangenehmes Jucken

So helfen Kräutermischungen

Eiche/Efeu Ein Fußbad aus diesen beiden Pflanzen hemmt die Fußschweißproduktion und das Wachstum von Pilzen.

Eichenrinden-Efeu-Fußbad
- Beide Pflanzen zu gleichen Teilen mischen
- 1 Handvoll der Mischung mit 1 l heißem Wasser übergießen, 15 Minuten ziehen lassen, nicht abseihen
- Täglich 3- bis 4-mal 10 Minuten lang die Füße baden

Eiche/Quecke Ein Fußbad aus diesen beiden Pflanzen hemmt die Fußschweißproduktion und das Wachstum von Pilzen.

Eichenrinden-Queckenwurzel-Fußbad
- Beide Pflanzen zu gleichen Teilen mischen
- 1 Handvoll der Mischung in 1 l Wasser kurz aufkochen
- 10 Minuten ziehen lassen, nicht abseihen
- Täglich 3-mal 10 Minuten lang die Füße darin baden

Die anfangs nur unangenehmen Symptome können unbehandelt die Verkrüppelung oder gar den Verlust der Fußnägel nach sich ziehen! Wie alle Pilze liebt auch der Erreger des Fußpilzes warmes, feuchtes Klima. Durch häufiges Wechseln der Fußbekleidung, Vermeiden von Synthetiksocken und -schuhen und sorgfältiges Abtrocknen nach dem Duschen kann man meist wirksam vorbeugen.

So helfen Heilkräuter

Efeu enthält überdurchschnittlich viele Saponine, die in hohem Maß entzündungshemmend und pilztötend wirken. Bereiten Sie sich ein Fußbad zu, das Sie täglich dreimal anwenden.
→ Rezept siehe Seite 59

Quecke Ihre ätherischen Öle wirken pilzabtötend. Nehmen Sie viermal täglich ein Queckenfußbad.
→ Rezept siehe Seite 123

Eichenrinde Aufgrund ihres hohen Gerbstoffgehaltes hemmt sie die Schweißabsonderung der Füße. Dadurch eignet sie sich als Beimischung zu Quecken- und Efeubädern.
→ Rezepte siehe oben

Gastritis (Magenschleimhautentzündung)

Symptome

- In leichteren Fällen: Sodbrennen, Völlegefühl (obwohl nichts gegessen wurde), Aufstoßen, Appetitlosigkeit
- In schweren Fällen: Schmerzen im Oberbauch, außerdem Magenkrämpfe, Durchfall, Blähungen, Verstopfung; nach stärkerem Alkoholgenuss Neigung zum Erbrechen

Alkohol kann schwere Fälle von Gastritis verursachen. Fenchel und Johanniskraut schaffen Abhilfe.

So hilft die Kräutermischung

Fenchel/Johanniskraut Johanniskrautblüten wirken durch ihre psychosomatisch wirksamen Substanzen und die Gerbstoffe und Flavonoide, Fenchelsamen (Apotheke) durch ihr Öl Fenchon, das die Magenwände beruhigt.

Fenchel-Johanniskraut-Tee
- Beide Kräuter zu gleichen Teilen mischen
- 2 TL der Mischung mit 1 großen Tasse kochendem Wasser übergießen
- 10 Minuten ziehen lassen und abseihen
- Täglich 3 Tassen jeweils nach den Mahlzeiten trinken

Magenschleimhautentzündungen zeigen einen starken Zusammenhang mit der Psyche, der allgemein übliche Satz »Das kommt vom Stress« greift jedoch zu kurz. In jüngerer Zeit ist ein Bakterium mit dem Namen Helicobacter pylori in den Verdacht geraten, für die meisten Gastritisfälle verantwortlich zu sein.

So helfen Heilkräuter

Johanniskraut wirkt beruhigend und angstlösend und vermag dadurch vor allem bei psychosomatischer Gastritis zu helfen. Am besten wirkt es in Kombination mit Fenchel.
→ Rezept siehe oben

Kamille Die ätherischen Öle und Flavonoide der Kamillenblüten wirken im Magenbereich in starkem Maß entzündungshemmend. Am wirksamsten ist Kamillentinktur. Nehmen Sie davon täglich nach den Mahlzeiten 10 bis 15 Tropfen ein! Die Anwendung sollte mindestens vier Wochen dauern.
→ Rezept siehe Seite 98

Huflattich Die Schleimstoffe des Huflattichs schützen die angegriffene Magenschleimhaut vor Bakterien. Darüber hinaus enthält Huflattich viel antibiotische und entzündungshemmende Gallussäure. Trinken Sie täglich drei Tassen Huflattichtee. Die Anwendung sollte nicht länger als drei Wochen dauern!
→ Rezept siehe Seite 91

Regelmäßiger Sport verringert das Gichtrisiko.

Gicht

Symptome

- Gelenkschmerzen in starken Schüben, meistens nachts
- Während der Schübe wird die Haut rot und heiß, das betroffene Gelenk schwillt an
- Die Anfälle können mehrere Tage dauern

So hilft die Kräutermischung

Stiefmütterchen/Birke/Wacholder Diese Mischung wirkt harntreibend und leicht schmerzstillend.

Entsprechend Ihren geschmacklichen Bedürfnissen können Sie etwas Himbeerblättertee den nebenstehenden Mischungen hinzufügen.

Stiefmütterchen-Birken-Wacholder-Tee
- 2 Teile Stiefmütterchenkraut mit 1 Teil Birkenblätter und 1 Teil Wacholderbeeren mischen
- 1 EL der Mischung mit 1 Tasse kochendem Wasser übergießen, 10 Minuten ziehen lassen und abseihen
- Täglich 2 Tassen zwischen den Mahlzeiten trinken

So helfen Heilkräuter

Birkenblätter Sie mobilisieren den Stoffwechsel und die Harnsäureausscheidung. Trinken Sie zwei bis drei Tassen Birkenblättertee pro Tag.
→ Rezept siehe Seite 47

Brennnesseln Sie mobilisieren den Stoffwechsel und die Harnsäureausscheidung. Trinken Sie zwei bis drei Tassen Brennnesseltee pro Tag.
→ Rezept siehe Seite 54

Wacholderbeeren Sie mobilisieren den Stoffwechsel und die Harnsäureausscheidung. Trinken Sie zwei Tassen Wacholdertee pro Tag.
→ Rezept siehe Seite 147

Bittersüß enthält Solasodin, das Entzündungen hemmt, gereizte und geschädigte Blutgefäße abdichtet und Schmerzen und Schwellungen verringert. Bittersüßtee wirkt relativ schnell und eignet sich zur Soforthilfe bei einem Gichtanfall. Kurzfristig dürfen Sie alle zwei Stunden eine Tasse davon trinken, diese hoch dosierte Anwendung sollte aber nur einige Tage dauern.
→ Rezept siehe Seite 49

Gicht steht in engem Zusammenhang mit zu hohen Harnsäurewerten. Wer nur mäßig Lebensmittel mit hohem Puringehalt (Fleisch und Wurst) und wenig Alkohol konsumiert, wer auf sein Gewicht achtet und regelmäßig Sport treibt, kann sein Gichtrisiko stark verringern.

Hämorrhoiden

Häufiges und langes Sitzen begünstigt Hämorrhoiden.

Symptome

- Hellrotes Blut auf dem Kot, Afterjucken
- Starke Schmerzen während und nach der Darmentleerung

So helfen Kräutermischungen

Eiche/Steinklee Trinken Sie täglich zwei Tassen Steinkleetee, und nehmen Sie täglich zwei Sitzbäder mit Eichenrinde.
→ Rezepte siehe Seite 141 und 61
Kamille/Steinklee Ein bewährtes Rezept gegen Hämorrhoiden ist diese Kräutermischung.

Kamillen-Steinklee-Tee
- Beide Kräuter zu gleichen Teilen mischen
- 1 EL der Mischung mit 1 Tasse kochendem Wasser übergießen, 10 Minuten ziehen lassen und abseihen
- Täglich 3 Tassen trinken

Kamillen-Steinklee-Sitzbad
- Beide Kräuter zu gleichen Teilen mischen
- 1 Handvoll der Mischung mit 1 l kochendem Wasser übergießen und 10 Minuten zugedeckt ziehen lassen
- Abseihen und auf Körpertemperatur abkühlen lassen
- Täglich 2 Sitzbäder nehmen

Bei Hämorrhoiden handelt es sich um eine Erweiterung der analen Blutgefäße, die gewöhnlich von ständig entzündetem Gewebe umgeben sind und knotenförmig außerhalb oder innerhalb des Afters vorspringen. Sie entstehen anlagebedingt oder durch ungesunde, überwiegend sitzende Lebensweise und schlechte Ernährungsgewohnheiten.

So helfen Heilkräuter

Eichenrinde wirkt durch ihre Gerbstoffe adstringierend. Bewährt gegen Hämorrhoiden ist das Eichenrindensitzbad.
→ Rezept siehe Seite 61
Himbeere Frisch verzehrt mobilisieren sie die Selbstheilungskräfte des Körpers und wirken positiv auf die Darmtätigkeit.
Steinklee wirkt entzündungshemmend, fördert den Blutfluss, heilt die in den Hämorrhoiden geschädigten Blutgefäße und bildet die Geschwüre zurück. Kombinieren Sie am besten die innerliche Anwendung (täglich zwei Tassen Steinkleetee) mit der äußerlichen (täglich ein Steinkleesitzbad).
→ Rezepte siehe Seite 141

Viel Trinken ist eine wirksame Vorbeugung gegen Harnsteinleiden.

Bei der von Medizinern Nephrolithiasis (nach griechisch »lithos« für »Stein«) genannten Erkrankung bilden sich Steine in Niere (griechisch »nephros«), Nierenbecken und Harnleiter, die aus Salzen bestehen, meist aus Kalziumsalzen. Durch ausreichendes Trinken und eiweiß- und fettarme Ernährung kann man Harnsteinen meist wirksam vorbeugen.

Harnsteinleiden

Symptome

- Mitunter ziehende Rückenschmerzen, die den Betroffenen an einen Bandscheibenschaden denken lassen
- Nierenkolik: von sehr starken, wellenartig auftretenden Schmerzen begleitet, die so weit ausstrahlen können, dass der Betroffene einen Herzinfarkt vermutet

So helfen Kräutermischungen

Goldrute/Birke/Quecke Diese Teemischung ist ein harntreibendes Mittel der ersten Wahl.

Goldruten-Birkenblätter-Quecken-Tee
- Goldrute, Birkenblätter und Queckenwurzeln zu gleichen Teilen mischen
- 1 EL der Mischung mit 1 Tasse kochendem Wasser übergießen
- 10 Minuten ziehen lassen und abseihen
- Täglich 2–3 Tassen trinken

Birke/Goldrute/Schachtelhalm/Brennnessel/Ringelblume Diese Kräuter ergeben einen harntreibenden Tee, der aufgrund seiner Pflanzenvielfalt recht aromatisch schmeckt.

Birkenblätter-Goldruten-Schachtelhalm-Brennnessel-Ringelblumen-Tee
- Jeweils 20 g Birkenblätter, Goldrute und Schachtelhalm mit jeweils 5 g Brennnesseln und Ringelblumenblüten mischen
- 3 TL der Mischung mit 1 Tasse kochendem Wasser übergießen
- 10–15 Minuten ziehen lassen und abseihen
- Täglich 3 Tassen nach den Mahlzeiten trinken

Gänsefingerkraut/Goldrute Diese krampflösende und harntreibende Kombination wirkt schnell und eignet sich daher für die Therapie einer akuten Nierenkolik.

Gänsefingerkraut-Goldruten-Tee
- Beide Kräuter zu gleichen Teilen mischen
- 1 EL der Mischung mit 1 Tasse kochendem Wasser übergießen, 10 Minuten ziehen lassen und abseihen
- Während der Nierenkolik 1 Tasse pro Stunde trinken
- Danach auf einen rein harntreibenden Tee wechseln

Baldrian/Löwenzahn Die Mischung wirkt bei akuter Nierenkolik angst- und schmerzhemmend, der Löwenzahnanteil sorgt für den harntreibenden Effekt.

So schützen Sie sich vor Harnsteinen:
- Viel trinken, auch dann, wenn Sie keinen Durst haben.
- Kontrollieren Sie Ihre Kalziumzufuhr. Essen Sie zu viele Milchprodukte? Viele Medikamente zur Magenentsäuerung enthalten ebenfalls Kalzium – Schauen Sie auf die Packungsbeilage.
- Erhöhen Sie Ihre Magnesiumzufuhr, das verhindert mit großer Wahrscheinlichkeit die Neubildung von Harnsteinen. Sie finden Magnesium vor allem in Obst und Gemüse. Es gibt auch Mineralwässer, die überdurchschnittlich viel Magnesium enthalten. Achten Sie auf deren Mineralienangaben.

Baldrian-Löwenzahn-Tee
- Baldrian- und Löwenzahnwurzeln zu gleichen Teilen mischen
- 3 EL der Mischung mit 1/2 l Wasser kurz aufkochen
- 10 Minuten köcheln lassen und abseihen
- Täglich 2–3 Tassen in kleinen Schlucken trinken

So helfen Heilkräuter

Birke Sie enthält große Mengen an harntreibenden Saponinen. Trinken Sie täglich zwei bis drei Tassen Birkenblättertee.
→ Rezept siehe Seite 47
Goldrute Dieses altbewährte Mittel zum Spülen der Nieren wirkt am besten als Tinktur. Nehmen Sie dreimal zehn Tropfen pro Tag, das letzte Mal zwei Stunden vor dem Abendessen.
→ Rezept siehe Seite 71
Schachtelhalm wirkt durch den Kieselsäuregehalt stark harntreibend. Trinken Sie zwei Tassen Schachtelhalmtee pro Tag.
→ Rezept siehe Seite 133
Quecke gehört ebenfalls zu den stark harntreibenden Mitteln. Am besten entfaltet sie diese Wirkung in Kombination mit Birkenblättern und Goldrute.
→ Rezept siehe Seite 123
Löwenzahn Löwenzahnwurzeln wirken auch stark harntreibend. Trinken Sie drei Tassen Löwenzahnwurzeltee pro Tag.
→ Rezept siehe Seite 107
Gänsefingerkraut eignet sich besonders als Erste-Hilfe-Mittel bei akuter Nierenkolik. Sehr wirksam sind Kombinationen mit stark harntreibenden Kräutern wie Goldrute und Schachtelhalm.
→ Rezept siehe oben

Unverträglichkeit von Milch und Milchprodukten ist eine häufige Ursache von Hautekzemen.

Hautekzeme können viele Ursachen haben. Zu den häufigsten gehören Nahrungsmittelunverträglichkeiten (etwa gegenüber Milch) und Kontaktallergien (etwa gegenüber Metall). Eine langfristige Besserung ist meist nur durch Meiden der auslösenden Faktoren in Verbindung mit Vollwertkost und einer individuellen naturheilkundlichen Behandlung möglich.

Hautekzeme

Symptome

- Akutes Ekzem: juckende, nässende und gerötete Entzündung der Haut
- Chronisches Ekzem: trockene, juckende bis schmerzhafte Entzündung der Haut

So hilft die Kräutermischung

Bittersüß/Brennnessel/Eichenrinde Diese Teemischung zur innerlichen Anwendung eignet sich vor allem zur Ergänzung einer äußerlichen Therapie mit Ringelblumen oder Eichenrinde.

Bittersüß-Brennnessel-Eichenrinden-Tee
- 30 g Bittersüßstängel, 30 g Brennesselblätter und 20 g Eichenrinde mischen
- 1 EL der Mischung mit 1 Tasse kochendem Wasser übergießen, 10 Minuten ziehen lassen und abseihen
- Täglich 2 Tassen zwischen den Mahlzeiten trinken

So helfen Heilkräuter

Bittersüß hilft bei Hautekzemen infolge von Kontaktallergien. Trinken Sie täglich zwei Tassen Bittersüßtee, zusätzlich legen Sie teegetränkte Umschläge auf die betroffenen Stellen. Bittersüß wirkt recht schnell und kann daher als Soforthilfe gegen akute Ekzemschübe eingesetzt werden.
→ Rezept siehe Seite 49
Eichenrinde eignet sich vor allem bei akuten, nässenden Ekzemen. Am besten wirkt eine Auflage aus Eichenrindensud, die beim akuten Ekzemschub alle zwei Stunden zum Einsatz kommt.
→ Rezept siehe Seite 61
Ringelblume ist bei chronischen Hautekzemen ein Heilmittel der ersten Wahl. Sie wirkt entzündungshemmend und antibiotisch, fördert außerdem die Regeneration der Haut. Ganz wichtig: Ringelblume gehört zu den wirkungsvollsten Mitteln gegen Juckreiz. Zur Anwendung kommt Salbe oder Tinktur für Umschläge, die drei- bis viermal täglich erneuert werden.
→ Rezepte siehe Seite 126 und 127

Heiserkeit

Mit Kamille und Thymian können Sänger ihre Heiserkeit bekämpfen.

Symptome

- Trockenes Kratzen im Hals
- Häufiges Räuspern
- Heisere Stimme, mitunter werden Töne »verschluckt«

So hilft die Kräutermischung

Kamille/Thymian Diese beiden Heilkräuter wirken in starkem Maß entzündungshemmend und krampflösend, vor allem wenn ihre Wirkstoffe inhaliert werden.

Kamillen-Thymian-Inhalation
- Beide Kräuter zu gleichen Teilen mischen
- 1 Handvoll der Mischung mit 1 l kochendem Wasser übergießen
- 5 Minuten ziehen lassen
- Nicht abseihen
- Täglich 2-mal 10 Minuten inhalieren (siehe Seite 25)

Heiserkeit und ein »rauher Hals« können beginnende Krankheiten anzeigen, nervös bedingt sein oder die Folge von längerem Aufenthalt in trockener Heizungsluft sein. Bei Menschen, die häufig lange sprechen oder singen, wie Politiker, Lehrer, Sänger oder Schauspieler, ist Heiserkeit dagegen eine Berufskrankheit.

So helfen Heilkräuter

Arnika beruhigt die gereizten Blutgefäße an den Stimmbändern. Gurgeln Sie täglich viermal mit verdünnter Arnikatinktur; einen Teelöffel Tinktur mit 1/4 Liter Wasser verdünnen.
→ Rezept siehe Seite 33

Blutwurz enthält sehr viele Gerbstoffe, die auf das Gewebe im Hals zusammenziehend wirken. Entzündungen können dadurch zuverlässig beseitigt werden. Blutwurz ist vor allem bei Heiserkeit infolge von Überbeanspruchung der Stimmbänder durch lautes und langes Reden geeignet.
Gurgeln Sie mit verdünnter Blutwurztinktur (Tinktur und Wasser im Verhältnis 2:1). Führen Sie die Anwendung viermal pro Tag durch, die letzte Anwendung erfolgt unmittelbar vor dem Schlafengehen.
→ Rezept siehe Seite 51

Salbei hat sich vor allem bei Heiserkeit infolge von grippalen Infekten bewährt. Gurgeln Sie fünfmal pro Tag mit verdünnter Salbeitinktur (Tinktur und Wasser im Verhältnis 1:2).
→ Rezept siehe Seite 131

Wer beim Treppensteigen schnell außer Atem kommt, sollte sich auf Herzschwäche untersuchen lassen.

Herzschwäche

Symptome

Bei Schwäche der rechten Herzkammer
- Bläuliche Lippen
- Wasseransammlungen in den Beinen
- Nachts häufiger Drang zum Wasserlassen
- Appetitmangel
- Unangenehmes Gefühl im Oberbauch
- Stark erhöhter Puls

Bei Schwäche der linken Herzkammer
- Atemnot schon bei leichteren körperlichen Anstrengungen, sehr anstrengende Aktivitäten müssen oft abgebrochen werden
- Das Liegen auf der linken Körperseite bereitet Probleme
- Herzrhythmusstörungen
- Schlafstörungen

So hilft die Kräutermischung

Der Johanniskraut-Weißdorn-Mischung lässt sich etwas Pfefferminze beigeben, um einen frischen, anregenden Geschmack zu erzielen.

Johanniskraut/Weißdorn Trinken Sie morgens und mittags jeweils eine Tasse Weißdorntee, am Abend eine Tasse Johanniskrauttee. Die Anwendung sollte mindestens sechs Wochen andauern. Bei altersschwachem Herz sollten Sie den Kaffee ganz aus Ihrem Speiseplan streichen und nur noch die beiden Kräutertees trinken.

→ Rezepte siehe Seite 153 und 95

So helfen Heilkräuter

Herzschwäche oder – medizinisch ausgedrückt – Herzinsuffizienz ist eine ernsthafte Erkrankung, die in jedem Fall von einem Arzt behandelt werden muss. In Absprache mit ihm kann die Anwendung von Heilkräutern eine Therapie unterstützen.

Melisse Dieses Kraut wurde schon im Mittelalter sehr geschätzt, um »das schwache, ohnmächtige Herz zu stärken und zu erquicken«. Melisse ist vor allem angezeigt bei Herzschwäche mit Pulsunregelmäßigkeiten. Trinken Sie täglich zwei bis drei Tassen Melissentee. Der Geschmack verfeinert sich, wenn Sie ein wenig Pfefferminze hinzugeben.

→ Rezept siehe Seite 109

Weißdorn ist in der Behandlung von Herzerkrankungen gar nicht mehr wegzudenken. Er verbessert die Versorgung der Herzkranzgefäße, steigert die Auswurfkraft des Herzmuskels und stabilisiert den Pulsrhythmus.

Trinken Sie drei Tassen Weißdorntee pro Tag. Die Anwendung sollte mindestens sechs Wochen dauern!

→ Rezept siehe Seite 153

Heuschnupfen

Heuschnupfen verleidet vielen Menschen das Blumenpflücken im Sommer.

Symptome

- Erscheint jedes Jahr zur selben Zeit, meistens in den Frühjahrs- und Sommermonaten
- Kündigt sich an durch Nasenjucken
- Später tropft die Nase, die Flüssigkeit ist meistens dünn und klar, mitunter kommt es zu lang anhaltenden Niesattacken
- Rote, tränende Augen
- In schlimmeren Fällen asthmatische Beschwerden

So hilft die Kräutermischung

Wacholder/Augentrost/Weißdorn Diese Kombination behandelt die unterschiedlichen Symptome des Heuschnupfens. Täglich ein Wacholderbad (→ Rezept siehe Seite 147) sorgt für freie Atemwege und beugt asthmatischen Anfällen vor. Augentrost und Weißdorn vermischen Sie zu einem tränenstillenden und beruhigenden Tee.

Augentrost-Weißdorn-Tee
- Augentrost und Weißdornkraut 1:1 mischen
- 1 EL der Mischung mit 1 Tasse kochendem Wasser übergießen, 10 Minuten ziehen lassen und abseihen
- Täglich 3 Tassen trinken

»Heuschnupfen« ist eigentlich ein irreführender Name, da als Auslöser für diese allergische Erkrankung nicht das Heu an sich, sondern die Pollen bestimmter Gräser, Bäume und Sträucher verantwortlich sind. Die Allergie bildet sich meist im Vorschul- oder Schulalter aus und klingt nach dem 50. Lebensjahr wieder ab.

So helfen Heilkräuter

Augentrost hilft gegen die tränenden Augen. Trinken Sie dreimal täglich eine Tasse Augentrosttee.
→ Rezept siehe Seite 35
Schachtelhalm dämpft die Schwellungen der Schleimhäute. Am besten hilft eine Nasenspülung mit Schachtelhalmtee: Ziehen Sie dazu den Tee durch die Nasenlöcher ein. Pro Tag sollten drei bis fünf Spülungen durchgeführt werden.
→ Rezept siehe Seite 133
Wacholder sorgt für freie Atemwege. Am besten wirkt ein Bad.
→ Rezept siehe Seite 147
Weißdorn wirkt beruhigend und schleimlösend. Ideal ist die Kombination mit atemfördernden Pflanzen wie Wacholder.
→ Rezept siehe oben

Meistens lässt sich Husten durch Heilkräutertees und Inhalationen beseitigen.

Husten

Symptome

Reizhusten zeigt sich auch durch ein Kribbeln im Hals. Typisch dafür ist, dass abrupter Temperaturwechsel – man kommt aus der Wärme in die Kälte oder umgekehrt – Hustenanfälle auslöst. Er kündigt oft eine nahende Erkältung an.

Hüsteln/Räuspern entsteht infolge einer Reizung der Stimmbänder durch langes und lautes Reden. Diese Form des Hustens kann aber auch psychosomatisch bedingt sein und gilt dann als Ausdruck von Verlegenheit oder Anspannung.

Tief sitzender Husten ist mit Schleimauswurf verbunden. Er verweist auf eine ernsthafte Erkrankung der Atemwege.

Kratzender, krampfartiger Husten ohne bedeutenden Auswurf, verbunden mit einer Verspannung des ganzen Brustkorbs, ist typisch für asthmatische Erkrankungen und Keuchhusten.

So helfen Kräutermischungen

Husten kann die verschiedensten Krankheiten als Symptom begleiten. Vielfach lässt er sich durch Heilkräuteranwendungen zuverlässig beseitigen. Ist der Husten jedoch mit farbigem Auswurf, mit starken Schmerzen oder Rasseln und Pfeifen verbunden oder lässt er nach einigen Tagen nicht nach, sollten Sie zum Arzt gehen.

Kamille/Thymian Diese Kombination ist schmerzlindernd und wirkt vor allem gegen Reizhusten.

Kamillen-Thymian-Inhalation

- 1 l Wasser in einem Topf zum Kochen bringen
- 1 EL Kamillenblüten und 1 EL Thymiankraut hinzufügen
- 10 Minuten ziehen lassen, danach zum Inhalieren in einer großen Schüssel bereitstellen
- 2-mal täglich 5–10 Minuten inhalieren (siehe Seite 25)

Thymian/Fenchel helfen gegen tief sitzenden Husten mit Schleimauswurf und gegen asthmatisch bedingten Husten.

Thymian-Fenchel-Tee

- Beide Pflanzen zu gleichen Teilen mischen
- 3 TL der Mischung mit 1 Tasse kochendem Wasser übergießen
- 10 Minuten zugedeckt ziehen lassen und abseihen
- Täglich 3 Tassen nach den Mahlzeiten trinken

Thymian/Johanniskraut Diese Mischung hilft bei nervös bedingtem Reizhusten.

Thymian-Johanniskraut-Tee
- Beide Pflanzen zu gleichen Teilen mischen
- 3 TL der Mischung mit 1 Tasse kochendem Wasser übergießen
- 10 Minuten zugedeckt ziehen lassen, abseihen
- Täglich 2–3 Tassen trinken, am besten nach den Mahlzeiten

So helfen Heilkräuter

Kamille Inhalationen mit Kamille unterstützen die Tätigkeit des Flimmerepithels in den Bronchien und wirken dadurch vor allem bei tief sitzendem Husten mit Schleimauswurf. Wichtig: Nach dem Inhalieren nicht direkt an die frische Luft gehen, bleiben Sie erst einmal eine halbe Stunde lang im Warmen!
→ Rezept siehe Seite 99
Huflattich Seine Schleim- und Gerbstoffe machen ihn zu einem idealen Heilkraut bei Husten mit oder ohne Schleimauswurf. Trinken Sie zwei bis drei Tassen Huflattichtee pro Tag!
→ Rezept siehe Seite 91
Spitzwegerich Der hohe Schleimstoffgehalt der Spitzwegerichblätter fördert den Heilungsverlauf der Infektion und wirkt in den Bronchien reizmildernd auf übersensible Hustenrezeptoren. Außerdem schützen die Gerbstoffe die Schleimhäute der Bronchien vor dem Angriff von Bakterien, indem sie mit den Eiweißstoffen der Schleimhautoberfläche eine Verbindung eingehen und den Bakterien damit ihre Nahrungsgrundlage entziehen. Diese Inhaltsstoffe machen den Spitzwegerich zu einer unserer wichtigsten heimatlichen Heilpflanzen gegen Husten.
Man trinkt entweder drei Tassen Spitzwegerichtee täglich, oder man nimmt drei bis vier Teelöffel Spitzwegerichsirup ein. Er schmeckt auch Kindern sehr gut.
→ Rezept siehe Seite 139
Thymian hilft vor allem gegen Husten als Begleiterscheinung von grippalen Infekten. Trinken Sie den Thymiantee möglichst sofort, wenn sich das erste Reizgefühl im Hals einstellt. Nehmen Sie täglich drei Tassen Tee zu sich. In der nasskalten Zeit wirken zwei Tassen Thymiantee pro Tag vorbeugend gegen Erkrankungen der Atemwege.
→ Rezept siehe Seite 145

So schützen Sie sich vor Husten und Heiserkeit:
- **Keine Zigaretten! Halten Sie sich auch nicht zu lange in verqualmten Räumen auf.**
- **Bevorzugen Sie Nahrung mit viel Vitamin C und A. Vitamin C schützt vor Infektionen, während Vitamin A eine spezielle Immunwirkung in den Schleimhäuten entfaltet. Ergiebige Vitamin-A- und -C-Quellen sind Spinat und Brokkoli sowie Paprika, Hagebutten und Zitrusfrüchte.**
- **Treiben Sie viel Sport im Freien, auch in der kalten Jahreszeit. Das stärkt die Widerstandskraft der oberen Atemwege.**
- **Bitten Sie Ihren Partner, dass er Sie darauf aufmerksam macht, wenn Sie ohne Grund oder aus purer Verlegenheit hüsteln. Das hilft Ihnen, sich einen Hustentick abzugewöhnen.**

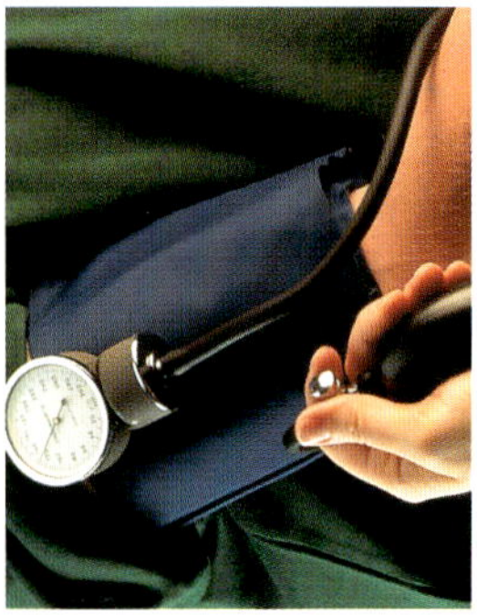

Ist der Blutdruck zu hoch, hilft Weißdorn hervorragend.

Hypertonie (Bluthochdruck)

Symptome

- Bei drei oder mehr Arztbesuchen zu verschiedenen Zeiten zeigt das Blutdruckmessgerät mehr als 165/95 mm Hg an
- Nur selten äußert sich Hypertonie bereits frühzeitig durch Schwindel, Schlafstörungen, Atemnot oder Leistungsabfall

So hilft die Kräutermischung

Weißdorn/Stiefmütterchen/Baldrian Diese Kombination ist bei stark psychosomatischem Hintergrund angezeigt.

Fügen Sie doch Ihrer Teemischung einen Teelöffel getrocknete Apfelschalen zur Geschmacksverbesserung hinzu.

Weißdorn-Baldrian-Stiefmütterchen-Tee

- 30 g Weißdornkraut mit 20 g Baldrianwurzeln und 10 g Stiefmütterchenkraut mischen
- 1 EL der Mischung mit 1 Tasse kochendem Wasser übergießen, 10 Minuten ziehen lassen und abseihen
- Mindestens 6 Wochen lang täglich 2–3 Tassen trinken

So helfen Heilkräuter

Weißdorn gehört zu den wichtigsten pflanzlichen Heilmitteln bei Bluthochdruck. Weißdornanwendungen sollten mindestens vier Wochen dauern. Sie können die Heilpflanze in Form von Tee (zwei bis drei Tassen pro Tag) oder von Tinktur (zweimal 20 Tropfen pro Tag) zu sich nehmen.

→ Rezepte siehe Seite 153

Mistel zählt zu den uralten Blutdrucksenkern der Volksmedizin. Trinken Sie täglich drei Tassen Misteltee!

→ Rezept siehe Seite 111

Baldrian Wer im Leben ständig unter Druck steht, setzt auch seine Blutgefäße unter Druck. Hier hilft Baldrian. Bei Bluthochdruck mit psychosomatischem Hintergrund empfiehlt sich daher eine Weißdorn-Baldrian-Kombination.

→ Rezept siehe oben

Stiefmütterchen Die Saponine des Stiefmütterchens unterstützen die Aufnahme der Wirkstoffe des Weißdorns und machen diese Pflanze dadurch zu einer idealen Ergänzung zum Weißdorntee.

→ Rezept siehe oben

Der Bluthochdruck gehört zu den typischen Zivilisationskrankheiten, die durch gehetzte Lebensweise mit ständigem Zeitdruck und Stress, Bewegungsmangel, Alkoholmissbrauch und übermäßigen Fleischkonsum begünstigt werden.

Hypotonie (zu niedriger Blutdruck)

Häufige Schwindelanfälle und schnelles Ermüden sind Anzeichen für Hypotonie.

Symptome

- Blutdruck dauernd unter 100/70 mm Hg
- Schwindelanfälle, wenn man zu schnell aus dem Bett steigt oder sich aus dem Sitzen aufrichtet
- Am Abend rasch einsetzende Ermüdung
- Atemprobleme; immer wieder das Gefühl, keine Luft mehr zu bekommen

So hilft die Kräutermischung

Arnika/Weißdorn Diese Mischung bringt erschöpfte, müde Hypotoniker wieder auf die Beine.

Arnika-Weißdorn-Tee
- 20 g Weißdornblätter und 10 g Arnikablüten mischen
- 1 EL der Mischung mit 1 Tasse kochendem Wasser übergießen, 10 Minuten ziehen lassen und abseihen
- Mindestens 4 Wochen lang 2 Tassen täglich trinken

Die Hypotonie, also der über längere Zeit zu niedrige Blutdruck, tritt oft in der Folge von schweren Krankheiten oder Operationen auf. Er spricht auf dieselben Heilkräuter an wie der zu hohe Blutdruck, da die Heilpflanzen ausgleichend wirken – ein zu hoher Blutdruck wird auf normale Werte gesenkt, ein zu niedriger auf normale Werte erhöht.

So helfen Heilkräuter

Arnika ist ein Kraut, das auf die Blutgefäße stark tonisierend wirkt. Trinken Sie zwei Tassen Arnikatee pro Tag! Noch wirksamer sind allerdings Mischungen mit Weißdorn.

→ Rezepte siehe Seite 33 und oben

Weißdorn gilt als wichtigstes Heilkraut für Herz-Kreislauf-Erkrankungen. Es wirkt bei Hypertonie blutdrucksenkend. Bei Hypotonie hingegen wirkt es blutdrucksteigernd, weil es die Auswurfkraft des Herzens vergrößert und die Versorgung der Blutgefäßwände verbessert. Weißdorn eignet sich für die längerfristige Therapie von Hypotonie, nicht aber als Soforthilfe bei akuten Erschöpfungszuständen. Täglich sollten zwei bis drei Tassen Weißdorntee getrunken werden.

→ Rezept siehe Seite 153

Johanniskraut steigert die Auswurfleistung des Herzens und stabilisiert das psychische Erregungsniveau, so dass der Hypotoniker nicht mehr in die typischen tiefen »Stimmungslöcher« fällt. Trinken Sie zwei Tassen Johanniskrauttee pro Tag.

→ Rezept siehe Seite 95

Heilkräuterumschläge lindern schmerzhafte Insektenstiche.

Insektenstiche

Symptome

- Mückenstiche: relativ harmlose Quaddeln, die allerdings stark jucken können
- Bienen- und Wespenstiche: große Schwellung mit anfangs starken Schmerzen; das Gift der beiden Insekten ruft bei manchen Menschen allergische Reaktionen (Schwindel, asthmatische Anfälle, allergische Schocks) hervor

So hilft die Kräutermischung

Arnika/Schafgarbe Diese Mischung hilft in Form eines Umschlags bei besonders großen Schwellungen.

Bei Insektenstichen kann man – mit welchen Mitteln auch immer – nur versuchen, starke Schwellungen und Schmerzen zu mildern. Umschläge mit Heilpflanzenauszügen können hier hilfreich sein. Wer auf Bienen- oder Wespenstiche allergisch ist, muss jedoch sofort zum Arzt!

Arnika-Schafgarben-Umschlag
- 40 g Arnikablüten und 30 g Schafgarbenkraut mischen
- 2 EL der Mischung mit 1 Tasse kochendem Wasser übergießen, 10 Minuten ziehen lassen und abseihen
- Mulltuch mit dem Aufguss tränken und auflegen

So helfen Heilkräuter

Johanniskraut Am besten helfen Umschläge mit Johanniskrauttinktur. Sie wirkt kühlend und schmerzlindernd und verhindert die weitere Ausweitung der Schwellung.
Tränken Sie ein Mulltuch mit der 1:1 mit Wasser verdünnten Tinktur, und legen Sie es auf die betroffene Stelle. Tränken Sie das Tuch erneut, wenn der Kühleffekt nachlässt.
→ Rezept siehe Seite 95
Arnika Ihre Sesquiterpenlaktone wirken antibiotisch, entzündungs- und blutgerinnungshemmend und schmerzlindernd.
Am besten wenden Sie Umschläge mit Arnikatinktur an: Ein großes Mulltuch in der im Verhältnis 1:1 mit Wasser verdünnten Tinktur tränken und auf die betroffene Stelle legen. Wiederholen Sie die Anwendung, wenn der Kühleffekt nachgelassen hat.
→ Rezept siehe Seite 33
Petersilie ist ein altes Erste-Hilfe-Mittel bei Bienen- und Wespenstichen. Zerreiben Sie einige Petersilienblätter, und verstreichen Sie den Brei auf der betroffenen Stelle. Nach einer halben Stunde wiederholen Sie die Anwendung.

»Kater«

Nach einer durchzechten Nacht helfen Heilkräuter, den Körper zu entgiften.

Symptome

- Kopfschmerzen
- Übelkeit
- Licht- und Geräuschempfindlichkeit
- In schlimmeren Fällen: Erbrechen und Schwindelanfälle

So hilft die Kräutermischung

Silberweide/Holunder Die schmerzstillende Weidenrinde zusammen mit den schweiß- und harntreibenden Holunderblüten attackiert den »Kater« von zwei Seiten, nämlich durch Linderung der Kopfschmerzen und verbesserten Abtransport des Alkohols.

Silberweiden-Holunderblüten-Tee

- Jeweils 1 TL der beiden Kräuter in eine Tasse geben
- Mit 1 Tasse kochendem Wasser übergießen
- 10 Minuten ziehen lassen und abseihen
- In den Tee 1 Zitronenscheibe legen, das optimiert durch das Vitamin C die Wirkungen des Tees
- Innerhalb von 6 Stunden 3 Tassen davon trinken

Mit einem »Kater« sind viele Menschen schon einmal am Morgen nach einer Party aufgewacht, in deren Verlauf sie zu tief ins Glas geschaut haben. Erfahrungsgemäß verschwindet er von selbst wieder. Heilpflanzen können hier dazu beitragen, Kopfschmerzen und Übelkeit zu lindern und den Körper schneller zu entgiften.

So helfen Heilkräuter

Wasserdost Die Flavonoide des Wasserdosts helfen bei der Entgiftung der strapazierten Leber.
→ Rezept siehe Seite 149
Silberweide Sie wird auch als »Aspirin der Volksmedizin« bezeichnet, da sie eine chemische Vorstufe der Azetylsalizylsäure enthält. Für die Teezubereitung geeignete Weidenrinde holen Sie sich am besten aus der Apotheke.
→ Rezept siehe oben
Johanniskraut Bei »Kater« hilft die äußerliche Anwendung von Johanniskraut in Form eines Ölauszugs: Massieren Sie einfach ein paar Tropfen Johanniskrautöl auf den Schläfen ein.
→ Rezept siehe Seite 95
Petersilie Frische Petersilie versorgt den Körper mit wichtigen Mineralien sowie mit Vitamin C und Apiol für die Entgiftung. Wichtig ist, dass Sie reichlich dazu trinken.

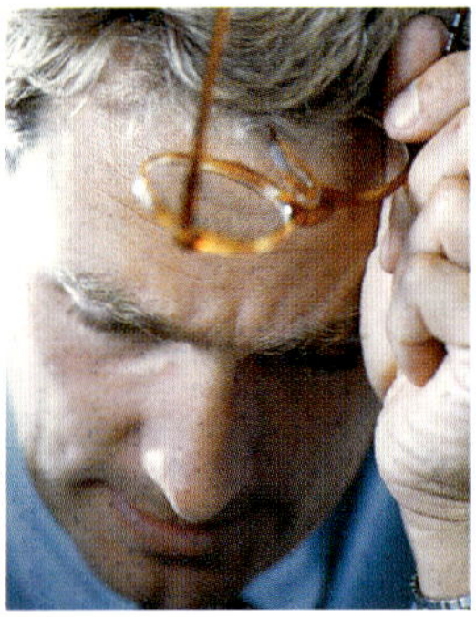

Mit Holundersaft kann man seine Hirnleistung verbessern und so gegen Konzentrationsschwäche vorgehen.

Geschmack und Wirkung nebenstehender Kräuter lassen sich durch Hinzufügen von einigen Pfefferminzblättern verbessern.

Wer »zu viel im Kopf hat«, also geistig überlastet ist, sei es durch Überforderung am Arbeitsplatz, durch Stresssituationen oder durch zu lange geistige Arbeit ohne Pause, kann sich oft nicht mehr konzentrieren. Hier können Heilpflanzen als erste Hilfe eingesetzt werden, ebenso als längerfristige Therapie zur Entspannung und Stabilisierung des Gehirns.

Konzentrationsschwäche

Symptome

- Von Objekt zu Objekt springende Gedanken
- Vergesslichkeit
- Lernschwäche
- Geistige Abwesenheit

So hilft die Kräutermischung

Holunder/Beinwell Holunderbeer- und Beinwellsaft ergänzen sich in geradezu idealer Weise, was das B-Vitamin-Profil für die Hirnleistung betrifft. Beide Säfte lassen sich miteinander vermischen. Optimal ist – auch was den Geschmack betrifft – eine Mischung aus gleichen Teilen Tomaten-, Beinwell- und Holunderbeersaft.
Trinken Sie davon jeweils am Vormittag und direkt nach dem Mittagessen ein Glas.
→ Rezept siehe Seite 42 und 85

So helfen Heilkräuter

Johanniskraut orientiert das Gehirn nicht nur auf Entspannung, sondern auch auf freudige Erregung – Johanniskraut beruhigt also, ohne müde zu machen. Es entspannt, ohne dem Menschen dabei das Interesse für seine Umwelt zu rauben.
Trinken Sie jeweils nach Frühstück und Mittagessen eine Tasse Johanniskrauttee! Diese Kur eignet sich nicht zur Soforthilfe bei einer momentanen Konzentrationsschwäche, sondern sorgt für eine längerfristige Stabilisierung der geistigen Funktionen.
→ Rezept siehe Seite 95
Beinwell enthält sehr viel Cholin. Dieses B-Vitamin fördert den Hirnstoffwechsel und die Gedächtnisleistungen.
Am besten hilft der Saft aus frischen Beinwellblättern. Er wirkt sehr schnell, eignet sich also zur Soforthilfe. Trinken Sie ihn immer dann, wenn Sie in ein »Konzentrationsloch« fallen.
→ Rezept siehe Seite 42
Holunder Holunderbeeren enthalten viel Vitamin C und Niazin. Beide Vitamine gehören zu den für unsere Konzentration wichtigen Biostoffen.
Wer jeden Tag hart geistig arbeiten muss, sollte täglich ein Glas Holunderbeersaft (Reformhaus) trinken, am besten zum Mittagessen.

Kopfschmerzen

Gerade stressbedingte Kopfschmerzen können durch Heilkräuter gelindert werden; der Griff zur Tablette ist nicht nötig.

Symptome

Spannungskopfschmerzen Der Schmerz verteilt sich, vom Hinterkopf kommend, diffus über die gesamte Schädeldecke. Die Patienten sprechen oft von dem Gefühl, einen zu klein geratenen Helm zu tragen oder sich mit dem Kopf in einem Schraubstock zu befinden. Nachts lassen die Schmerzen nach.

Migräne Meistens halbseitig auftretender Kopfschmerz. Begleitsymptome können sein: Übelkeit, Erbrechen, Lichtscheu, Sehstörungen, wie etwa Augenflimmern, und auch Sprachstörungen.

Bei einigen Patienten kündigt sich die eigentliche Schmerzattacke vorher durch eine Aura an: Sternchen vor den Augen, Einschränkung des Gesichtsfeldes, Schwindel, Hautkribbeln, Sprachprobleme.

So helfen Heilkräuter

Immer wiederkehrende Kopfschmerzen können den Betroffenen die Lebensfreude rauben und sie zu immer neuen Tabletten greifen lassen. Vor allem wenn es sich um durch Nervosität oder Stress hervorgerufene Schmerzen handelt, können Heilpflanzen hilfreich sein.

Johanniskraut fördert die Entspannung des gesamten Nervensystems. Dadurch kann es besonders bei Spannungskopfschmerzen eine wertvolle Hilfe sein. Darüber hinaus erhöhen seine Flavonoide die Aktivität von Serotonin, das in unserem Körper die Freisetzung von schmerzlindernden Substanzen anregt.

Trinken Sie täglich zwei Tassen Johanniskrauttee. Seine Wirkung tritt jedoch erst bei längerfristiger Anwendung ein. Als Erste-Hilfe-Mittel gegen starke Kopfschmerzen ist das Kraut ungeeignet.

→ Rezept siehe Seite 95

Baldrian wirkt über seinen Einfluss auf das Nervensystem bei Spannungskopfschmerzen und Migräne, wenn sie im Gefolge von Stress oder Überforderung aufgetreten sind.

Trinken Sie täglich zwei Tassen Baldriantee. Die Wirkstoffe der alten Heilwurzel bringen unser Nerven- und Muskelsystem dazu, auf Stressreize wieder angemessen zu reagieren. Die Baldriankur verfolgt also – wie die Johanniskrautanwendung – längerfristige Ziele. Für die schnelle Beseitigung von akutem Kopfschmerz ist sie ungeeignet.

→ Rezept siehe Seite 39

Pfefferminze Das Menthol der Pfefferminze greift direkt in die nervöse Schmerzübermittlung ein. Massieren Sie bei Bedarf einige Tropfen Pfefferminzöl in die Schläfen ein.

→ Rezept siehe Seite 121

Wer häufiger krank ist, sollte eine langfristige Heilkräuterkur erwägen.

Menstruationsbeschwerden

Symptome

- Starke Blutung
- Häufig krampfartige Schmerzen im Unterleib
- Mögliche Folgen: schleichende Blutarmut mit Konzentrations- und Kreislaufschwäche

So helfen Kräutermischungen

Baldrian/Kamille Sehr wirksam bei starken und ziehenden Schmerzen während der Monatsregel ist diese Teemischung.

Durch Zusatz von Himbeer- oder Brombeerblättern lassen sich nebenstehende Teemischungen geschmacklich verbessern.

Baldrianwurzel-Kamillen-Tee
- Beide Kräuter zu gleichen Teilen mischen
- 2 TL der Mischung mit 1 Tasse kochendem Wasser übergießen, 10 Minuten ziehen lassen und abseihen
- Ab 3 Tage vor Blutungsbeginn täglich 3 Tassen trinken

Schafgarbe/Kamille Diese Mischung eignet sich als erste Hilfe bei immer wieder in Schüben auftretenden Regelschmerzen.

Schafgarben-Kamillen-Tee
- Beide Kräuter zu gleichen Teilen mischen
- 1 EL der Mischung mit 1 Tasse kochendem Wasser übergießen, 10 Minuten ziehen lassen und abseihen
- Täglich 2–3 Tassen trinken

Vor allem viele junge Mädchen, aber auch erwachsene Frauen leiden unter starker Monatsblutung, die besonders zu Beginn von heftigen krampfartigen Schmerzen begleitet wird. Die Beschwerden können so weit gehen, dass die Patientin regelmäßig einmal im Monat tagelang arbeitsunfähig ist.

Gänsefingerkraut/Kamille Diese Mischung hilft, wenn auch Blähungen und Stuhlträgheit auftreten.

Gänsefingerkraut-Kamillen-Tee
- 2 Teile Gänsefingerkraut mit 1 Teil Kamillenblüten mischen
- 2 TL der Mischung mit 1 Tasse kochendem Wasser übergießen, 10 Minuten ziehen lassen und abseihen
- 3 Tage vor Blutungsbeginn täglich 3 Tassen trinken

Schafgarbe/Eichenrinde/Blutwurz Dies ist eine Mischung gegen zu häufige, zu starke und unregelmäßige Blutungen.

> **Schafgarben-Eichenrinden-Blutwurz-Tee**
> - Alle drei Kräuter zu gleichen Teilen mischen
> - 1 EL der Mischung mit 1 Tasse kochendem Wasser übergießen, 10 Minuten ziehen lassen und abseihen
> - Mindestens 3 Monate lang täglich 2 Tassen trinken

Regelschmerzen können oft auch durch einen Mangel an den Mineralien Kalzium, Kalium und Magnesium bedingt sein, die man vor allem in Vollkornprodukten und Nüssen findet. Im Fall eines starken Magnesiummangels sollte die Einnahme eines Präparats erwogen werden.

Schachtelhalm/Blutwurz/Brennnessel Diese Kombination hat sich bei Menstruation mit starkem Blutverlust bewährt.

> **Schachtelhalm-Blutwurz-Brennnessel-Tee**
> - Alle drei Kräuter zu gleichen Teilen mischen
> - 1 EL der Mischung mit 1 Tasse kochendem Wasser übergießen, 10 Minuten ziehen lassen und abseihen
> - Beginnend 3 Tage vor dem Beginn der Blutung, 3 Tassen täglich trinken, jeweils vor den Mahlzeiten

So helfen Heilkräuter

Schachtelhalm hilft vor allem bei zu starker Blutung. Beginnen Sie bereits drei Tage vor dem erwarteten Regeltermin mit einer Kur aus zwei Tassen Schachtelhalmtee pro Tag.
→ Rezept siehe Seite 133
Frauenmantel hilft bei Menstruationsbeschwerden, die von starken Krämpfen begleitet sind. Trinken Sie drei Tassen Frauenmanteltee pro Tag. Bei starken Unterleibskrämpfen beginnen Sie mit der Anwendung drei Tage vor dem erwarteten Regelbeginn.
→ Rezept siehe Seite 67
Gänsefingerkraut wirkt bei Krämpfen während der Menstruation. Beginnen Sie mit der Teekur aus drei Tassen Gänsefingerkrauttee pro Tag drei Tage vor dem erwarteten Beginn der Regel.
→ Rezept siehe Seite 69
Kamille wirkt krampfhemmend. Beginnen Sie drei Tage vor dem Regeltermin, täglich drei Tassen Kamillentee zu trinken.
→ Rezept siehe Seite 98
Schafgarbe wirkt entkrampfend und schmerzlindernd. Ein Schafgarbenbad wirkt recht schnell und kann daher auch zum Einsatz kommen, wenn die Regel gerade begonnen hat.
→ Rezept siehe Seite 135

Koffein sorgt für Unruhe und Angespanntheit. Dadurch können sich die Schmerzen während der Monatsblutung verstärken. Meiden Sie daher Getränke wie Energydrinks, Cola oder Kaffee!

Auch die schönste Beziehung kann durch Mundgeruch gestört werden.

Mundgeruch

Symptome

- Übel riechender Atem
- Machen Sie den Test: Spülen Sie den Mund, lassen Sie das Wasser langsam zwischen den Zähnen hin und her wandern, und spucken Sie es dann in einen Becher; wenn aus ihm unangenehme Gerüche emporsteigen, ist auch Ihr Atem schlecht

So helfen Kräutermischungen

Thymian/Salbei Diese Mischung eignet sich zur längerfristigen Bekämpfung des Mundgeruchs. Die beiden Pflanzen stabilisieren das Verdauungsmilieu im Darm sowie im Mund- und Rachenraum. Thymian wird außerdem über die Lungen abgeatmet und kann dadurch sein frisches Aroma entfalten.

Akuter Mundgeruch entsteht meist durch den Verzehr von stark riechenden Speisen wie bestimmten Käsesorten und Zwiebeln. Problematisch ist chronischer Mundgeruch, da er häufig Erkrankungen der Zähne oder im Magen-Darm-Bereich anzeigt. In diesem Fall sollte zur genauen Diagnose der Arzt beigezogen werden.

Thymian-Salbei-Tee

- 30 g Salbeiblätter mit 20 g Thymiankraut mischen
- 1 EL der Mischung mit 1 Tasse kochendem Wasser übergießen, 10 Minuten ziehen lassen und abseihen
- Nach fettreichen Mahlzeiten 1 Tasse trinken

Thymian-Salbei-Weinschorle

- 30 g Salbeiblätter mit 20 g Thymiankraut mischen
- In jeweils 1/2 l Weißwein und Mineralwasser geben
- 1 Stunde ziehen lassen und abseihen
- Täglich 2 Gläser trinken

So helfen Heilkräuter

Petersilie Frische Petersilie enthält Substanzen, die faulige Gerüche binden und außerdem ein erfrischendes Eigenaroma besitzen. Schließen Sie daher vor allem Mittag- und Abendessen stets mit einer Nachspeise aus frischen Petersilienblättern ab.

Kümmel mobilisiert die Verdauung, so dass weniger faulige Gase nach oben bis zum Mund durchdringen können.

Würzen Sie möglichst viele Speisen mit Kümmel, fettreiche und deftige Mahlzeiten schließen Sie mit einer Tasse Kümmeltee ab!

→ Rezept siehe Seite 103

Muskelkrämpfe

Verschiedene Heilkräuter werden gegen Muskelkrämpfe eingesetzt. Tauchen die Probleme häufiger auf, sollte man aber zum Arzt gehen.

Symptome

- Der Muskel verharrt in einem schmerzhaften Spannungszustand, der vom Betroffenen durch eigenen Willen nicht mehr gelöst werden kann
- Nach heftigen Krämpfen können tagelang Schmerzen im betroffenen Muskel bleiben

So hilft die Kräutermischung

Petersilie/Gänsefingerkraut Viele Krämpfe werden durch Mineralienmangel ausgelöst. Hier kann der tägliche Verzehr von frischer Petersilie sehr hilfreich sein. Täglich zwei Tassen Gänsefingerkrauttee sorgen für ein Abflauen der Krampfneigung.
→ Rezept siehe Seite 69

So helfen Heilkräuter

Pfefferminze Das in der Pflanze enthaltene Menthol wirkt in hohem Maß krampflösend. Massieren Sie einige Tropfen Pfefferminzöl in den betroffenen Muskel ein.
→ Rezept siehe Seite 121
Gänsefingerkraut Seine Flavonoide wirken krampflösend, sehr wahrscheinlich sind aber an dieser Wirkung auch noch andere Wirkstoffe beteiligt.
Trinken Sie drei Tassen Gänsefingerkrauttee pro Tag, wenn Sie häufiger unter Muskelkrämpfen leiden. Dieses Heilkraut hilft allerdings nur auf lange Sicht, es eignet sich nicht zur ersten Hilfe beim akuten Krampf.
→ Rezept siehe Seite 69
Schafgarbe wirkt über seine Flavonoide krampflösend und enthält außerdem ein leichtes Schmerzmittel. Trinken Sie täglich zwei Tassen Schafgarbentee. Er eignet sich allerdings nicht zur Soforthilfe beim akuten Krampf, sondern vielmehr zur längerfristigen Behandlung gegen die Krampfneigung des Patienten.
→ Rezept siehe Seite 135
Arnika bekämpft die Folgeschmerzen des Krampfes. Am besten geeignet ist im Verhältnis 1:1 mit Wasser verdünnte Arnikatinktur. Massieren Sie die Tinktur kräftig in den betroffenen Muskel ein. Diese Anwendung sorgt dafür, dass sich im Gefolge des Krampfes keine schmerzauslösenden Stoffe bilden können.
→ Rezept siehe Seite 33

Muskelkrämpfe sind schmerzhaft und lästig. Entkrampfende Heilkräuter können hier zuverlässig helfen. Da die Krampfbereitschaft jedoch auch auf dem Mangel von bestimmten Mineralien, vor allem Magnesium, beruhen kann, sollte bei immer wiederkehrenden Krämpfen der Arzt die Ursachen abklären.

Besonders Sportler sind anfällig für Muskelzerrungen, die mit Johanniskrautöl wirksam behandelt werden können.

Muskelzerrungen gehören zu den häufigsten Sportverletzungen, die ja oft nach Feierabend oder im Urlaub auftreten, wenn gerade kein Arzt erreichbar ist. Johannisöl oder Arnikatinktur sollte daher in jeder Sporttasche vorhanden sein!

Muskelzerrung

Symptome

- Im Moment des Auftretens leichtes Ziehen oder aber auch »Reißruck« im betroffenen Muskel – je nach Schweregrad der Verletzung
- Einige Minuten nach dem Verletzungseintritt Verkrampfungen; das Gefühl entsteht, der betroffene Muskel sei »zu kurz geraten«
- Einige Stunden später eventuell Verfärbung an der gezerrten Stelle; sofern auch eine Unterbrechung oder Verdickung im Muskelverlauf spürbar sein sollte, muss der Arzt hinzugezogen werden

So helfen Heilkräuter

Johanniskraut Das Öl des Johanniskrauts wirkt kühlend und schmerzlindernd und eignet sich daher für die Behandlung von Muskelzerrungen innerhalb der ersten 48 Stunden. Es fungiert im Prinzip als Ersatz für die Kältetherapie per Eisbeutel oder kaltem Wickel, die ja nicht immer und überall durchgeführt werden kann.
Verteilen Sie das Johanniskrautöl alle zwei Stunden behutsam auf den betroffenen Stellen! Nicht einreiben und erst recht nicht einmassieren!
→ Rezept siehe Seite 95
Arnika Hauptwirkstoffe der Alpenpflanze sind die Sesquiterpenlaktone. Sie wirken antibiotisch, entzündungshemmend, blutgerinnungshemmend und schmerzlindernd. Dadurch werden Arnikablüten zu einem der wichtigsten Medikamente bei schmerzhaften Muskelzerrungen mit deutlich sichtbarer Blutung.
Sehr wirkungsvoll sind Umschläge mit verdünnter Arnikatinktur: Verwenden Sie eine Mischung aus einem Teelöffel Tinktur auf 1/4 Liter Wasser. Unmittelbar nach dem Verletzungseintritt sollten sie so oft wie möglich vorsichtig erneuert werden.
Da das komplette Entfernen und Wiederauflegen eines Umschlags bei sehr schmerzhaften Verletzungen wie der Muskelzerrung zu einer Qual für den Patienten werden können, können Sie – vor allem bei Kindern und empfindlichen Menschen – den Umschlag auch auf der Haut belassen und nur jeweils erneut mit verdünnter Tinktur beträufeln.
→ Rezept siehe Seite 33

Nasenbluten

Symptom

• Mehr oder weniger starkes Bluten aus den Nasenlöchern

So hilft die Kräutermischung

Eichenrinde/Blutwurz Diese Mischung ist als »Gerbstoffbombe« bei Nasenbluten ein hervorragendes Erste-Hilfe-Mittel.

Nasenbluten kann schnell mit einer Eichenrinden-Blutwurz-Tamponage gestoppt werden.

Eichenrinden-Blutwurz-Tamponage

- Beide Kräuter zu gleichen Teilen mischen
- 1 EL der Mischung mit 1 Tasse Wasser aufkochen
- 15 Minuten ziehen lassen
- Mehrmals sorgfältig abseihen und abkühlen lassen
- Löschblatt, Stoffstück oder Tampon damit tränken und behutsam in das Nasenloch einführen

So helfen Heilkräuter

Brennnessel wirkt durch ihren hohen Gehalt an Gerbstoffen und Vitamin C blutungsstillend. Versuchen Sie, Brennnesselblätter verstärkt in Ihren Speiseplan einzubauen, beispielsweise als Suppe. Zusätzlich sollten Sie bei immer wiederkehrendem Nasenbluten zwei Tassen Brennnesseltee pro Tag trinken.

→ Rezepte siehe Seite 54 und 55

Schachtelhalm ist ein altes Hausmittel bei Nasenbluten. Als Soforthilfe eignet sich ein Schachtelhalmbad.

→ Rezept siehe Seite 133

Eichenrinde Aufgrund ihres hohen Gerbstoffgehaltes zieht Eichenrinde das Gewebe zusammen, so dass kein Blut mehr austreten kann. Als erste Hilfe bei Nasenbluten tränken Sie ein Löschblatt, ein Stückchen Stoff oder einen Tampon mit Eichenrindentee und führen ihn in das Nasenloch ein.

→ Rezept siehe Seite 61

Blutwurz Aufgrund seines hohen Gerbstoffgehaltes zieht Blutwurz das Gewebe zusammen, so dass kein Blut mehr austreten kann. Als erste Hilfe bei Nasenbluten tränken Sie ein Löschblatt, ein Stückchen Stoff oder einen Tampon mit Blutwurztee und führen ihn dann vorsichtig in das Nasenloch ein.

→ Rezept siehe Seite 51

90 Prozent aller Nasenblutungen gehen vom vorderen Teil der Nase aus, und zwar meistens von der Nasenscheidewand. Hier kann das Blut relativ schnell – etwa durch eine Kräutertamponage – gestoppt werden. Länger andauerndes Bluten, das sich nicht stillen lässt, oder Nasenbluten bei älteren Menschen, das auf eine Bluthochdruckkrise hindeuten kann, muss von einem Arzt behandelt werden.

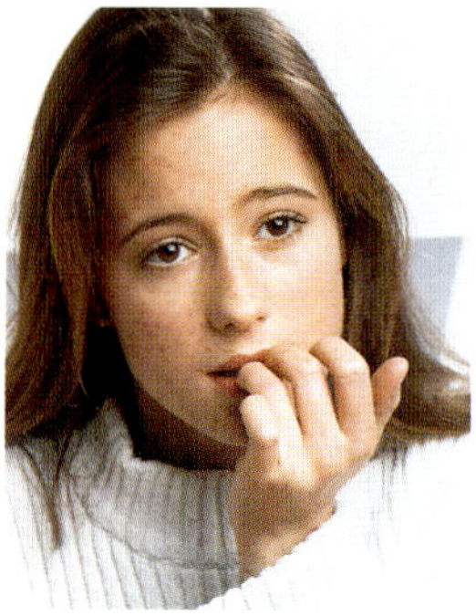

Nägelkauen – häufig ein Anzeichen von Nervosität.

Nervosität (vegetative Dystonie)

Symptome

- Atembeschwerden
- Herzklopfen und Herzbeklemmung
- Rückenschmerzen
- Schlafstörungen
- Kopfschmerzen
- Magendruck
- Zittrige Hände
- Übermäßige Schweißbildung
- Trockener Mund
- Zittrige Augenlider
- Konzentrationsschwäche
- Leichte Ermüdbarkeit

So hilft die Kräutermischung

Kamille/Hopfen/Baldrian Diese Mischung stellt ein bewährtes Beruhigungsgetränk für nervöse Kinder dar, ist aber natürlich auch für Erwachsene gut geeignet.

Einige frische oder getrocknete Melissenblätter können nebenstehende Kräutermischungen verfeinern.

Kamillen-Hopfen-Baldrian-Tee
- Alle drei Kräuter zu gleichen Teilen mischen
- 1 EL der Mischung mit 1 Tasse kochendem Wasser übergießen, 10 Minuten ziehen lassen und abseihen
- Das Kind sollte davon 2 Tassen pro Tag trinken, die letzte etwa 2 Stunden vor dem Schlafengehen

Wohl jeder kennt das Gefühl der Nervosität – etwa vor Prüfungen oder wichtigen Entscheidungen. Auch bei solch aktuellen Anlässen kann man die Symptome mit Heilkräutern wirksam mildern. Wer aber ohne speziellen Anlass chronisch nervös ist, sollte unbedingt versuchen, zunächst die Ursachen zu klären und zu beseitigen. Unterstützend können Heilkräuterkuren langfristig helfen.

So helfen Heilkräuter

Johanniskraut wird schon lange zur Behandlung nervöser Symptome eingesetzt. Zu regelrechten Spontanerfolgen binnen weniger Tage kommt es bei den typischen Symptomen Verstopfung, Mundtrockenheit, übermäßiger Schweißbildung und Händezittern. Trinken Sie täglich drei Tassen Johanniskrauttee!
→ Rezept siehe Seite 95

Hopfen ist besonders bei nervösen Störungen infolge von Reizüberflutung angezeigt. Trinken Sie täglich zwei Tassen Hopfentee, die erste Tasse am Morgen, die zweite am späten Abend.
→ Rezept siehe Seite 88

Baldrian sorgt für die notwendige Ruhe vor wichtigen Prüfungen, ohne dabei die Konzentrationsfähigkeit zu beeinträchtigen. Trinken Sie täglich zwei Tassen Baldriantee. Beginnen Sie mit Ihrer Kur am besten drei Wochen vor dem Prüfungstermin!
→ Rezept siehe Seite 39

Neuralgie (Nervenschmerzen)

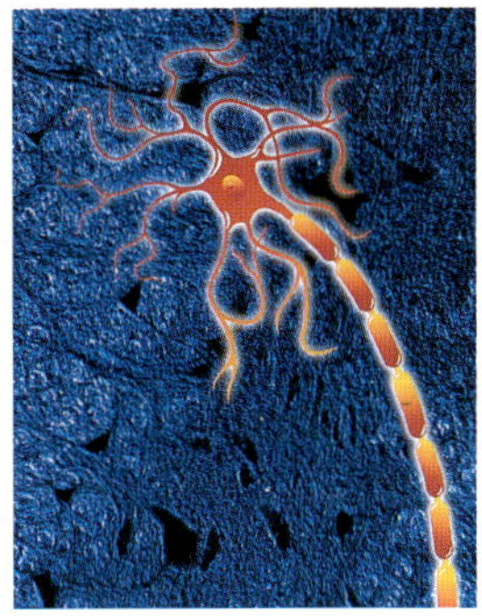

Arnika wirkt bei Nervenschmerzen. Im Bild eine Synapse, eine Übertragungsstelle für eine Erregung.

Symptome

- Heftige Schmerzschübe, die am betroffenen Nerv entlangführen
- Am häufigsten: Trigeminusneuralgie; hier ist der fünfte Gesichtsnerv betroffen, dadurch kommt es zu Schmerzanfällen in einer der beiden Gesichtshälften; oft ist auch das Sehvermögen eingeschränkt

So hilft die Kräutermischung

Arnika/Johanniskraut Arnika ist einer der wirksamsten, äußerlich zum Einsatz kommenden Schmerzstiller überhaupt, Johanniskraut hemmt gezielt die Übererregungen des Nervensystems. Kombinieren Sie Arnikaumschläge und Johanniskrauttee. Beide Anwendungen sollten dreimal täglich durchgeführt werden. Die kombinierte Kräuterkur muss mindestens drei Wochen dauern.
→ Rezepte siehe Seite 33 und 95

So helfen Heilkräuter

Johanniskraut verbessert die Stimmungslage des Patienten und damit die psychosomatischen Hintergründe des Neuralgiepatienten. Darüber hinaus wirkt Johanniskraut direkt auf die Signalübermittlungen im Nervensystem. Es unterstützt die Arbeit der hemmenden Botenstoffe und wirkt dadurch wie ein Filter, der das Nervensystem vor – möglicherweise schmerzhaften – Übererregungen schützt.
Am besten wirkt eine kombinierte Anwendung von Tee und Tinktur: Trinken Sie täglich zwei bis drei Tassen Johanniskrauttee. Zusätzlich legen Sie morgens und abends einen Umschlag auf die schmerzende Stelle, der zuvor mit einer Mischung aus einem Teil Johanniskrauttinktur und zwei Teilen Wasser getränkt wurde. Die Anwendung erfolgt über mindestens vier Wochen.
→ Rezept siehe Seite 95
Arnika gilt als »Klassiker« in der Therapie von Neuralgien. Ihr wesentlicher Effekt besteht in der Schmerz- und Entzündungslinderung. Am besten wirken Umschläge, die in mit Wasser im Verhältnis 1:1 verdünnter Arnikatinktur getränkt wurden. Sie sollten viermal pro Tag für mindestens zehn Minuten auf die schmerzenden Stellen gelegt werden.
→ Rezept siehe Seite 33

Eine Übererregung des Nervensystems ist häufig von starken Schmerzen entlang der Nervenbahnen begleitet. Wenn der Arzt die Neuralgie sicher erkannt hat, können Heilkräuter dabei helfen, die Nerven zu beruhigen und die Schmerzen zu lindern.

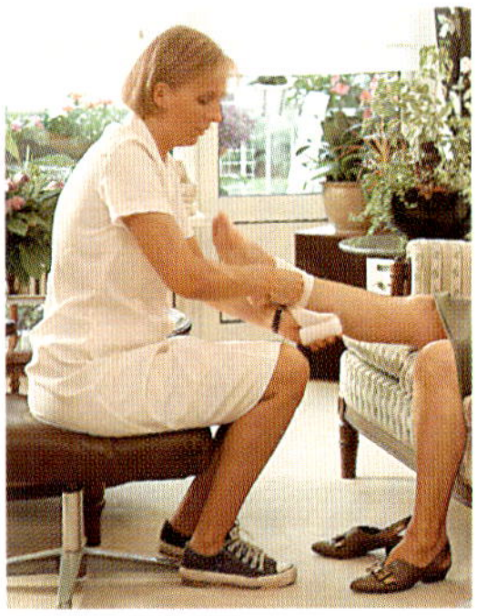

Entzündungshemmende Kräuter wie Beinwell oder Huflattich werden bei »offenen Beinen« eingesetzt.

»Offene Beine«

Symptome

- Unterschenkelgeschwüre, die mitunter schon viele Jahre bestehen und starke Schmerzen verursachen können
- Ursache der »offenen Beine« ist eine schwerwiegende Verschlackung des gesamten Organismus, die u.a. zu entzündlichen Erkrankungen der Venen führt

Was man landläufig als »offene Beine« bezeichnet, ist aus medizinischer Sicht ein Unterschenkelgeschwür mit dem Fachbegriff »Ulcus cruris«. Dieses außerordentlich weit verbreitete Leiden erfordert ärztliche Betreuung und penible Sauberkeit beim häufigen Verbandswechsel. Oft helfen – nach Absprache mit dem Arzt – auch altbewährte Kräuter.

So helfen Heilkräuter

Beinwell enthält für die Wundheilung wichtiges Allantoin und Cholin.

Bereiten Sie sich zweimal pro Tag Beinwellauflagen: eine Auflage morgens, bevor Sie sich auf den Weg machen, die andere abends, wenn man danach nicht mehr aus dem Haus geht.

→ Rezept siehe Seite 43

Goldrute enthält entzündungshemmende und heilungsfördernde Flavonoide und Phenolglykoside.

Am besten geeignet sind die frischen, absolut sauber gewaschenen Goldrutenblätter. Sie können als Umschlag auf die Geschwüre gelegt werden.

Huflattich enthält entzündungshemmende und antibiotische Gallussäure sowie zahlreiche adstringierende und dadurch blutungsstillende Gerbstoffe.

Bereiten Sie sich täglich zwei Auflagen mit Huflattichtee. Die erste legen Sie morgens auf, bevor Sie sich auf den Weg machen, die andere abends, wenn Sie danach das Haus nicht mehr verlassen wollen.

Das Trinken von einer Tasse Huflattichtee täglich unterstützt die äußerliche Behandlung.

→ Rezept siehe Seite 91

Steinklee Wegen seiner Kumarine zählt Steinklee bei »offenen Beinen« und Venenentzündungen zu den Mitteln der ersten Wahl. Denn diese Wirkstoffe unterstützen gezielt die Nährstoffversorgung der Venenwände und verbessern außerdem den Blutfluss.

Kombinieren Sie die innerliche mit der äußerlichen Steinkleebehandlung. Trinken Sie zwei Tassen Steinkleetee pro Tag, eine am Morgen und eine am Abend. Darüber hinaus machen Sie täglich zwei Auflagen aus Steinkleetee, die Sie um die betroffenen Beine wickeln.

→ Rezept siehe Seite 141

Ohrensausen (Tinnitus, Hörsturz)

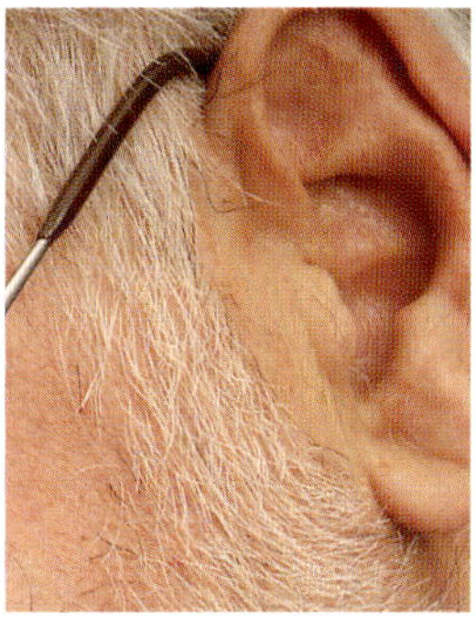

Ohrensausen sollte zunächst mit einem einzelnen Kraut behandelt werden.

Symptome

- Nebengeräusche beim Hören, die direkt aus dem Ohr zu kommen scheinen
- Tritt Ohrensausen mit Hörverlust auf, handelt es sich meist um einen Hörsturz

So hilft die Kräutermischung

Weißdorn/Johanniskraut Diese Kombination ist sinnvoll, wenn zuvor bei der Anwendung von einem der beiden Kräuter eine leichte Verbesserung der Symptome zu beobachten war. Vor der Kräutermischung sollte jedoch grundsätzlich ein Versuch mit einem Einzelkraut stehen.

Weißdorn-Johanniskraut-Tee
- Beide Kräuter zu gleichen Teilen mischen
- 1 EL der Mischung mit 1 Tasse kochendem Wasser übergießen, 10 Minuten ziehen lassen und abseihen
- Täglich 3 Tassen trinken

Ohrensausen und Hörsturz gehören zu den großen Rätseln der Medizin. Die früher übliche These, wonach die beiden Erkrankungen durch eine Mangeldurchblutung des Innenohrs verursacht werden, scheint nicht immer zuzutreffen. Oft handelt es sich wohl eher um eine nervöse Überreizung, in einigen Fällen kommen die Ohrgeräusche möglicherweise sogar aus dem Hörzentrum im Gehirn.

So helfen Heilkräuter

Johanniskraut senkt die Erregungskurve auf den Reizleitungen unseres Gehirns, was bei Tinnituspatienten schon bemerkenswerte Erfolge erzielte. In jedem Fall hilft Johanniskraut gegen die Depressionen, von denen die Betroffenen nicht selten heimgesucht werden. Trinken Sie mindestens vier Wochen lang zwei bis drei Tassen Johanniskrauttee pro Tag.
→ Rezept siehe Seite 95
Weißdorn hilft bei Ohrgeräuschen, die in engem Zusammenhang mit dem Herz-Kreislauf-System stehen. Trinken Sie mindestens vier Wochen lang drei Tassen Weißdorntee pro Tag.
Wenn Sie das Gefühl haben, dass Kaffee zu einer Verschlimmerung Ihrer Beschwerden führt, sollten Sie ihn vollständig gegen Weißdorntee austauschen.
→ Rezept siehe Seite 153
Mistel fördert die Sauerstoffversorgung im Innenohr. Nehmen Sie dreimal täglich 20 Tropfen Misteltinktur ein.
→ Rezept siehe Seite 111

Eine gute Kalziumversorgung wirkt vorbeugend gegen Osteoporose.

Osteoporose

Symptome

- Schleichende Entwicklung
- Nicht genau zu lokalisierende Rückenschmerzen
- Überdurchschnittliche Neigung zu Knochenbrüchen, vor allem im Oberschenkel- und Handgelenksbereich
- Osteoporoseschmerzen verschlimmern sich am Tag, unabhängig von Belastung oder Ruhe

So hilft die Kräutermischung

Petersilie/Brunnenkresse/Stiefmütterchen/Beinwell Zur Vorbeugung und Therapieunterstützung bei Osteoporose stellen die beiden kalziumreichen Frischkräuter Petersilie und Kresse die Basiskost. Ergänzend dazu trinken Sie täglich eine Tasse Stiefmütterchen- und eine Tasse Beinwelltee, um den Knochenstoffwechsel zu unterstützen.
→ Rezepte siehe Seite 143 und 43

So helfen Heilkräuter

Beinwell Er versorgt uns mit Wirkstoffen, die Gewebeaufbau und Knochenstoffwechsel fördern. Eine Tasse Beinwelltee pro Tag sollte daher eine Kresse- oder Petersilienkur begleiten.
→ Rezept siehe Seite 43
Brunnenkresse enthält sehr viel Vitamin C und Kalzium, die beide beim Knochenaufbau eine große Rolle spielen. Streuen Sie die Brunnenkresse immer wieder als Gewürz über Ihre Speisen!
Hagebutte enthält sehr viel Vitamin C und Kalzium, die beim Knochenaufbau eine große Rolle spielen. Bereiten Sie sich Hagebuttenmark, und mischen Sie es unter Quark- und Joghurtspeisen.
→ Rezept siehe Seite 73
Petersilie enthält eine ganze Reihe für den Knochenaufbau wichtiger Biostoffe, wie etwa Mangan, Kalzium, Vitamin C und B-Vitamine. Petersilie gehört daher bei Osteoporose zu den Heilkräutern der ersten Wahl! Verwenden Sie in der Küche so oft wie möglich die frischen Blätter des Krauts!
Stiefmütterchen ist sehr kalziumreich und enthält Saponine, die die Aufnahme von anderen Wirkstoffen verbessern.
Trinken Sie täglich eine Tasse Stiefmütterchentee!
→ Rezept siehe Seite 143

Bei der Osteoporose spielen eine Reihe von unterschiedlichen Komponenten eine Rolle, von den Hormonen über den Stoffwechsel bis hin zur Kalzium- und Manganversorgung. Eine Behandlung mit einer Heilpflanzenkombination bietet daher große Erfolgsaussichten.

Prämenstruelles Syndrom

Gegen die schlechte Laune vor der Regel hilft besonders Frauenmantel.

Symptome

- Körperliche Symptome: Verstopfung, Unterleibsschmerzen, Brustspannen, Hautjucken, Kopfschmerzen
- Psychische Symptome: schlechte Laune, aggressive Stimmung

So helfen Kräutermischungen

Stiefmütterchen/Holunder/Frauenmantel Wer vor der Periode besonders unter Unterleibsschmerzen und Stuhlträgheit leidet, sollte es einmal mit dieser Mischung versuchen.

Stiefmütterchen-Holunder-Frauenmantel-Tee
- 20 g Stiefmütterchenkraut mit 20 g Holunderblüten und 30 g Frauenmantel mischen
- 1 EL der Mischung mit 1 Tasse kochendem Wasser übergießen, 10 Minuten ziehen lassen und abseihen
- Beginnend 2 Wochen nach der letzten Monatsregel, täglich 2–3 Tassen trinken

Erst in letzter Zeit wird das prämenstruelle Syndrom auch von den Ärzten als ernst zu nehmende Erscheinung anerkannt. Dabei handelt es sich um einen Komplex aus verschiedenen körperlichen und seelischen Symptomen, von denen viele Frauen ab etwa einer Woche vor Beginn der Monatsblutung unterschiedlich stark betroffen sind. Mit Eintreten der Blutung verschwinden die Beschwerden zumeist.

Johanniskraut/Frauenmantel Diese Mischung bekämpft vor allem die psychischen Beschwerden.

Johanniskraut-Frauenmantel-Tee
- Beide Kräuter zu gleichen Teilen mischen
- 1 EL der Mischung mit 1 Tasse kochendem Wasser übergießen, 10 Minuten ziehen lassen und abseihen
- Mindestens 2 Monate lang täglich 2 Tassen trinken

So helfen Heilkräuter

Frauenmantel hilft gegen das Brustspannen und die Unterleibsbeschwerden. Trinken Sie drei Tassen Frauenmanteltee pro Tag. Beginnen Sie damit zwei Wochen nach der letzten Regel.
→ Rezept siehe Seite 67

Kamille Beginnen Sie zwei Wochen nach der letzten Regel mit einer Kur aus drei Tassen Kamillentee pro Tag.
→ Rezept siehe Seite 98

Schlafstörungen

Wer nachts schlecht oder gar nicht schläft, sollte vor dem Schlafengehen einen beruhigenden Tee trinken.

Symptome

- Typ 1: Einschlafstörungen
- Typ 2: Durchschlafstörungen
- Typ 3: Ausschlafstörungen

Alle drei Typen können auch in Kombinationen auftreten, doch dass jemand in der Nacht »kein Auge zukriegt«, wie oft behauptet wird, ist überaus selten.

Schlaflosigkeit ist eine Volkskrankheit. Mittlerweile leiden etwa 30 Prozent der deutschen Bevölkerung an Schlaflosigkeit, und die Schlafforschung geht davon aus, dass die Hälfte der Betroffenen behandlungsbedürftig sind.

So helfen Kräutermischungen

Baldrian/Hopfen/Kümmel/Kamille Diese Teemischung stellt ein seit langem bewährtes Rezept gegen Einschlafstörungen dar. Die Bitterstoffe des Hopfens, die diesen Tee so wirksam machen, werden durch die Beigabe von Kümmel und Kamille wirksam gemildert.

Baldrian-Hopfen-Kümmel-Kamillen-Tee

- 30 g Baldrianwurzeln, 20 g Hopfenzapfen, 5 g Kümmelsamen und 5 g Kamillenblüten mischen
- 1 EL der Mischung mit 1 Tasse kochendem Wasser übergießen
- 10 Minuten ziehen lassen
- Abseihen
- Vor dem Schlafengehen 1 Tasse trinken

Johanniskraut/Baldrian/Ringelblume Die Kombination dieser Kräuter hat sich bei Durchschlafstörungen bewährt.

Durch Zusatz von Melissenblättern, getrockneten Apfelschalen, Himbeer- oder Brombeerblättern können Sie nebenstehende Mischungen Ihren Geschmackswünschen angleichen.

Johanniskraut-Baldrian-Ringelblumen-Tee

- 30 g Baldrianwurzeln, 20 g Johanniskraut und 5 g Ringelblumenblüten mischen
- 1 EL der Mischung mit 1 Tasse kochendem Wasser übergießen
- 10 Minuten ziehen lassen
- Abseihen
- Mindestens 4 Wochen lang täglich 2 Tassen trinken (mittags und abends)

So helfen Heilkräuter

Johanniskraut Schlaflosigkeit wird physiologisch oft dadurch verursacht, dass die Zirbeldrüse des Betroffenen nachts zu wenig Melatonin ausschüttet. Dieser Botenstoff ist hauptverantwortlich für einen rhythmischen und erholsamen Schlaf. Die Wirkstoffe des Johanniskrauts können das nächtliche Melatonindefizit beseitigen.

Johanniskraut wirkt nur im Rahmen einer längeren, mindestens vier Wochen dauernden Kur auf Schlaflosigkeit. Trinken Sie zwei bis drei Tassen Tee pro Tag, möglichst zu den Hauptmahlzeiten! Bei dieser Kur geht es darum, längerfristig für einen natürlichen Verlauf Ihres Melatoninspiegels zu sorgen, und dazu müssen die Wirkstoffe des Johanniskrauts Tag und Nacht auf möglichst hohem Niveau im Blut vorhanden sein. Das bedeutet: Johanniskrauttee ist kein Schlummertrunk im klassischen Sinn, den Sie kurz vor dem Schlafengehen trinken sollten. Es handelt sich vielmehr um ein Heilmittel, das den Körper längerfristig wieder zu seinem eigenen Schlafrhythmus finden lässt, und dazu muss es über den ganzen Tag verteilt eingenommen werden.

→ Rezept siehe Seite 95

Weißdorn Schlafstörungen können durch unregelmäßige Pulsfrequenz und einen erhöhten Blutdruck verursacht sein. In diesen Fällen hilft Weißdorn. Trinken Sie über den ganzen Tag verteilt drei Tassen Weißdorntee, die letzte Tasse zwei Stunden vor dem Schlafengehen.

→ Rezept siehe Seite 153

Baldrian wirkt angsthemmend und verändert außerdem über seine ätherischen Öle und Valeronsäuren das Aktivitätsprofil in unserem Gehirn: Die schnellen Beta-Wellen werden zu Gunsten der langsameren Delta- und Theta-Wellen zurückgedrängt. Dadurch verbessert sich die Schlafqualität, Einschlafstörungen verschwinden.

Für die längerfristige Behandlung eignet sich am besten eine mindestens vierwöchige Kur aus drei Tassen Baldriantee pro Tag. Als schnelle Hilfe bietet sich ein Baldrianbad an. Es wirkt so intensiv, dass man es nicht früher als eine Stunde vor dem Schlafengehen nehmen sollte.

→ Rezepte siehe Seite 39

Hopfen ist mit Sicherheit das wirksamste Mittel gegen Einschlafstörungen; bei Durchschlaf- oder Ausschlafstörungen ist es hingegen weniger geeignet. Besonders wirksam sind Hopfenkissen und Hopfenbäder. Die längere Anwendung von Hopfen bringt jedoch einen Libidoverlust mit sich.

→ Rezepte siehe Seite 88

Die fünf goldenen Schlafregeln:

- Immer zur gleichen Zeit aufstehen und zu Bett gehen.
- Schaffen Sie günstige Schlafbedingungen. Der richtige Schlafraum ist dunkel, ruhig, nicht zu warm und nicht zu kalt. Die ideale Schlaftemperatur liegt zwischen 14 und 18 °C.
- Kein Mittagsschlaf, kein Nickerchen zwischendurch.
- Unmittelbar vor der Nachtruhe keine geistigen oder körperlichen Kraftakte mehr! Auch ein Spätfilm stellt für Ihr Nervensystem immer eine Belastung dar.
- Nur wenig Alkohol, kein Kaffee und keine Zigaretten und Aufputschmittel! Bier ist aufgrund seiner Hopfenbasis als Schlaftrunk besser geeignet als Wein.

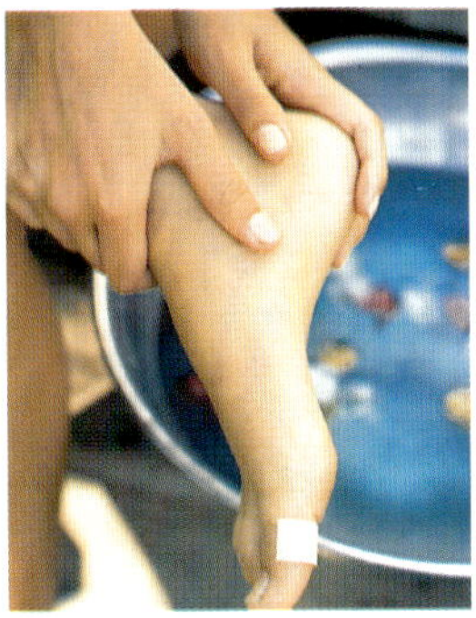

Die Ursache für Schuppenflechte ist nach wie vor nicht geklärt; behandeln lässt sie sich mit Erdrauch.

Bis heute hat die Medizin kein Heilmittel gegen Schuppenflechte gefunden. Auch die Entstehung der Krankheit ist ungeklärt; wahrscheinlich spielt dabei der genetische Faktor, also die Vererbung der Krankheit, eine Hauptrolle.

Schuppenflechte (Psoriasis)

Symptome

- Gerötete, silbrig schuppende Entzündungen auf der Haut, vor allem an den Streckseiten von Beinen und Armen, an der Kopfhaut, auf dem Rücken und neben Finger- und Fußnägeln
- Verlauf meist in Schüben, die im Winter besonders häufig sind

So hilft die Kräutermischung

Erdrauch/Beinwell/Schöllkraut Trinken Sie täglich zwei Tassen Erdrauchtee, zur Unterstützung werden Schöllkraut-Beinwell-Auflagen eingesetzt.

Schöllkraut-Beinwell-Auflage
- 100 g Beinwellwurzeln und 100 g Schöllkraut (am besten ist das frische Kraut mit Wurzeln) mischen
- Mit 1/2 l Wasser aufkochen
- 30 Minuten lang köcheln lassen
- Abseihen
- Mulltuch mit dem Sud tränken und 3-mal täglich für 10 Minuten auflegen

So helfen Heilkräuter

Erdrauch Aufgrund seines Fumarsäuregehalts ist der Erdrauch bei Schuppenflechte ein Mittel der ersten Wahl.
Trinken Sie zwei bis drei Tassen Erdrauchtee pro Tag. Falls Sie allerdings eine erfolglose Fumarsäuretherapie hinter sich haben, bleibt oft auch der Erdrauch wirkungslos.
→ Rezept siehe Seite 63
Beinwell Aufgrund seines hohen Cholin- und Gerbstoffgehaltes hilft Beinwell gegen die Entzündungssymptome und das Jucken bei der Schuppenflechte. Sehr wirksam sind Beinwellsaft zur innerlichen und Auflagen zur äußerlichen Anwendung.
→ Rezepte siehe Seite 42 und 43
Schöllkraut Seine Alkaloide wirken lähmend auf die Nervenenden und nehmen dadurch den Spannungs- und Juckreiz bei der Schuppenflechte. Schöllkraut wirkt in Auflagen sehr gut in der Kombination mit Beinwell.
→ Rezept siehe oben

Schweißbildung (übermäßige)

Symptome

- Übermäßige Schweißbildung an Händen, Füßen, Rücken und Achseln, obwohl keine oder nur wenig körperliche Bewegung geleistet wurde und keine allzu hohen Außentemperaturen vorliegen

So hilft die Kräutermischung

Salbei/Schachtelhalm/Baldrian Diese Mischung berücksichtigt neben den körperlichen auch die psychischen Aspekte des übermäßigen Schwitzens.

Salbei-Schachtelhalm-Baldrianwurzel-Tee
- 80 g Salbeiblätter mit 10 g Schachtelhalm und 10 g Baldrianwurzeln mischen
- 1 EL der Mischung mit 1 Tasse kochendem Wasser übergießen
- 10 Minuten zugedeckt ziehen lassen
- Abseihen
- Täglich 3 Tassen trinken, die letzte vor dem Schlafengehen

So helfen Heilkräuter

Salbei wirkt entspannend auf unser Wärmeregulationszentrum im Gehirn, die Schweißdrüsen werden weniger zur Arbeit angeregt. Trinken Sie täglich drei Tassen Salbeitee, eine zum Frühstück, eine zum Mittagessen und eine vor dem Schlafengehen.
→ Rezept siehe Seite 130
Schachtelhalm In der Volksmedizin wird er schon länger gegen starke Schweißbildung eingesetzt. Darüber hinaus verstärkt er die Wirkung der ätherischen Salbeiöle; er sollte daher stets mit Salbei kombiniert werden.
→ Rezept siehe oben
Baldrian Übermäßige Schweißproduktion hat oftmals psychische Ursachen. Vor allem Angst und Ärger zählen aufgrund ihres hohen psychischen Erregungspotenzials zu den »schweißtreibenden Angelegenheiten«. Hier hilft Baldrian.
→ Rezept siehe oben

In der Sauna schwitzen ist gesund. Es gibt aber Menschen, die unter einer natürlichen übermäßigen Schweißbildung leiden.

Übermäßige Schweißbildung ist meist entweder die Folge von psychischer Belastung wie Ärger, Angst oder Stress, tritt aber auch sehr häufig während der Wechseljahre der Frau auf.

Das Völlegefühl nach opulenten Mahlzeiten bekämpft man am besten mit einem Kümmel-Odermennig-Tee.

Sodbrennen

Symptome

- Brennendes Gefühl hinter dem Brustbein, saures Aufstoßen
- Völlegefühl im Magen

So helfen Kräutermischungen

Kümmel/Wacholder Diese Mischung ist angezeigt bei Sodbrennen, wenn Sie zu schnell gegessen haben oder insgesamt einen nervösen Magen besitzen.

Kümmel-Wacholder-Tee
- Beide Kräuter zu gleichen Teilen mischen
- 1 EL der Mischung mit 1 Tasse kochendem Wasser übergießen, 10 Minuten ziehen lassen und abseihen
- Nach der Mahlzeit 1–2 Tassen trinken

Kümmel/Odermennig Bei Sodbrennen nach besonders deftigen Mahlzeiten kommt diese Mischung zum Einsatz.

Wer häufig unter Sodbrennen leidet, sollte die Ursache von einem Arzt klären lassen. Gelegentliches Sodbrennen, das vor allem nach opulenten, fettreichen Mahlzeiten auftritt, kann hervorragend mit pflanzlichen Heilmitteln kuriert werden.

Kümmel-Odermennig-Tee
- Beide Kräuter zu gleichen Teilen mischen
- 1 EL der Mischung mit 1 Tasse kochendem Wasser übergießen, 10 Minuten ziehen lassen und abseihen
- Nach der Mahlzeit 1 Tasse trinken

So helfen Heilkräuter

Wacholder Wacholderbeeren wirken – am besten kombiniert mit Kümmel – beruhigend auf Magenwände.
→ Rezept siehe oben
Kümmel Bei akutem Sodbrennen hilft eine Messerspitze aus gepulverten Kümmelfrüchten. Vorbeugend sollte Kümmel als Gewürz in möglichst vielen Speisen zum Einsatz kommen.
→ Rezept siehe oben
Odermennig ist bei Sodbrennen infolge von fetten Speisen angezeigt. Er lässt sich gut mit Kümmel kombinieren.
→ Rezept siehe oben

Sonnenbrand

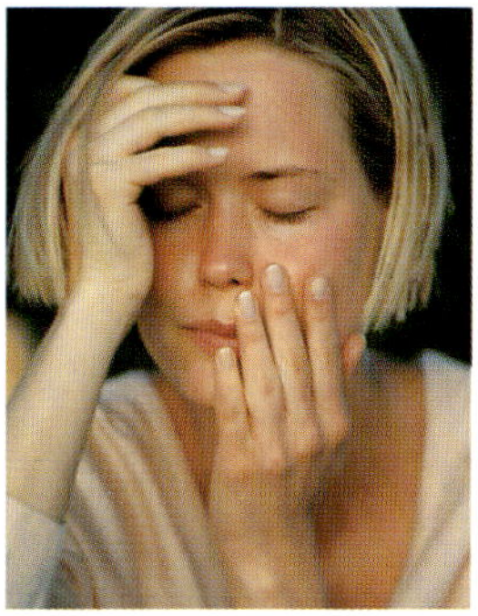

Ringelblumensalbe und Petersilie helfen der gereizten Haut nach dem Sonnenbad.

Symptome

- Rote und entzündete Haut
- In schlimmeren Fällen Ausbildung von Bläschen

So helfen Kräutermischungen

Kamille/Schafgarbe Diese Mischung verwendeten schon unsere Großmütter für Umschläge bei Verbrennungen.

Kamillen-Schafgarben-Umschlag
- Beide Kräuter zu gleichen Teilen mischen
- 3 TL der Mischung mit 1 Tasse kochendem Wasser übergießen, 10 Minuten ziehen lassen, abseihen und abkühlen lassen
- Mulltuch mit dem Sud tränken und auf die verbrannte Stelle legen; Anwendung möglichst oft wiederholen

Petersilie/Ringelblume Direkt nach dem Sonnenbad cremen Sie die gereizte Haut mit Ringelblumensalbe ein. Anschließend verspeisen Sie einen Bund frische Petersilie – unter Salat gemischt oder als Quarkbeigabe. Wiederholen Sie die Anwendung dreimal innerhalb der ersten 24 Stunden nach dem Sonnenbad, und trinken Sie dabei so viel wie möglich!
→ Rezept siehe Seite 127

Angesichts der sprunghaft zunehmenden Hautkrebsrate ist Sonnenbrand von einer Bagatellerscheinung zum ernst zu nehmenden »Unfall« geworden, den man unbedingt vermeiden sollte. Ist es einmal so weit gekommen, dass sich die Haut rötet, kann man mit Kräuterauflagen das Schlimmste verhindern.

So helfen Heilkräuter

Eiche Bereiten Sie sich einen Umschlag aus Eichenrindensud. Wenn Sie ihn direkt nach dem Sonnenbad auflegen, können Sie eventuell verhindern, dass es zum Sonnenbrand kommt.
→ Rezept siehe Seite 61
Petersilie Das alte Gewürzkraut enthält Vitamine, die den Heilungsverlauf des Sonnenbrands beschleunigen.
Ringelblume wirkt in hohem Maß entzündungshemmend. Verwenden Sie am besten Ringelblumensalbe.
→ Rezept siehe Seite 127
Schafgarbe ist ein altes Hausmittel zur Behandlung von Verbrennungen. Am besten hilft ein Schafgarbenumschlag.
→ Rezept siehe Seite 135

Vorsicht!
Da Schwangere wegen der den Uterus anregenden Wirkung der Petersilie keine größeren Mengen des Krauts zu sich nehmen sollten, ist diese Anwendung für sie nicht geeignet!

Beim Herumtoben ziehen sich vor allem Kinder schnell Verstauchungen zu.

Verstauchung

Symptome

- Schmerzen im betroffenen Gelenk
- Schnell auftretende Schwellung, die sich später verfärbt
- Starke Bewegungseinschränkung

So hilft die Kräutermischung

Arnika/Schafgarbe Diese Mischung hilft in Form eines Umschlags bei besonders großen Schwellungen.

Arnika-Schafgarben-Umschlag
- 40 g Arnikablüten und 30 g Schafgarbenkraut mischen
- 2 EL der Mischung mit 1 Tasse kochendem Wasser übergießen
- 10 Minuten ziehen lassen, abseihen und kalt werden lassen
- Ein Mulltuch mit dem Sud tränken, auf die betroffene Stelle legen und neu befeuchten, wenn der Kühleffekt nachgelassen hat

Eine Verstauchung ist eine Zerrung der Gelenkkapselbänder, in deren Folge es sehr schnell zu einer schmerzhaften Schwellung kommt. Diese kann mit Kräuterauflagen wirksam bekämpft werden.

So helfen Heilkräuter

Johanniskraut Am besten hilft Johanniskrauttinktur. Sie wirkt kühlend und schmerzlindernd, verengt die Blutgefäße und verhindert dadurch die weitere Ausweitung der Schwellung.
Tränken Sie ein großes Mulltuch in der im Verhältnis 1:1 mit Wasser verdünnten Tinktur, und wickeln Sie es um das betroffene Gelenk. Tränken Sie das Tuch von neuem, wenn der Kühleffekt nachgelassen hat. Die Johanniskrautbehandlung ist angezeigt für die ersten 48 Stunden nach Eintritt der Verletzung.
→ Rezept siehe Seite 95
Arnika Arnikablüten wirken antibiotisch, entzündungshemmend, blutgerinnungshemmend und schmerzlindernd. Sie helfen vor allem in den ersten 48 Stunden nach der Verletzung.
Am besten nehmen Sie Arnikatinktur. Tränken Sie ein großes Mulltuch in der im Verhältnis 1:1 mit Wasser verdünnten Tinktur, und wickeln Sie es um das betroffene Gelenk. Wiederholen Sie die Anwendung, wenn der Kühleffekt nachgelassen hat.
→ Rezept siehe Seite 33

Verstopfung

Symptome

- Der Darm wird weniger als einmal in drei Tagen entleert
- Ständiges Völlegefühl im Unterleib, harter und trockener Stuhl

Eine akute Verstopfung kann man mit Stiefmütterchen-Holunderblüten-Tee behandeln.

So helfen Kräutermischungen

Stiefmütterchen/Holunder Diese Teemischung gilt als »Klassiker« in der Behandlung von Verstopfungen.

Stiefmütterchen-Holunderblüten-Tee
- 30 g Stiefmütterchenkraut mit 20 g Holunderblüten mischen
- 1 EL der Mischung mit 1 Tasse kochendem Wasser übergießen, 10 Minuten ziehen lassen und abseihen
- Täglich 2–3 Tassen trinken

Himbeere/Holunder/Kamille Die Mischung eignet sich vor allem als Soforthilfe bei akuter Verstopfung.

Himbeeren-Holunderblüten-Kamillen-Tee
- Getrocknete Himbeeren, Holunderblüten, Kamillenblüten zu gleichen Teilen mischen
- 3 TL der Mischung mit 1 Tasse kochendem Wasser übergießen, 10 Minuten ziehen lassen und abseihen
- Bei akuter, schmerzhafter Verstopfung innerhalb von 3 Stunden 3 Tassen trinken

Akute Verstopfung lässt sich sehr zuverlässig mit Kräuteranwendungen beseitigen. Wer unter chronischer Verstopfung leidet, sollte aber auf keinen Fall ständig zu Abführmitteln – auch nicht solchen pflanzlichen Ursprungs! – greifen, sondern mit dem Arzt die möglichen Ursachen klären.

So helfen Heilkräuter

Holunder Besonders wirksam ist Holunderbeersaft (Reformhaus). Trinken Sie davon zwei Gläser pro Tag zu den Mahlzeiten. Holunderblüten werden mit Stiefmütterchen kombiniert.
→ Rezept siehe oben

Himbeeren Essen Sie bei akuter Verstopfung innerhalb weniger Stunden mehrere Handvoll getrockneter Himbeeren! Diese eignen sich auch für Teemischungen mit Holunder.
→ Rezept siehe oben

Holunder gehört zu den stark wassertreibenden Pflanzen und ist daher bei Wassersucht besonders zu empfehlen.

Wassersucht (Ödeme)

Symptome

- Wasseransammlungen im Gewebe, vor allem in den Beinen
- Haut spannt und schmerzt
- Beschwerden verschlimmern sich gegen Abend

So helfen Kräutermischungen

Wacholder/Petersilie wirken sehr stark harntreibend.

Wacholder-Petersilien-Tee
- Beide Kräuter zu gleichen Teilen mischen
- 1 EL der Mischung mit 1 Tasse Wasser aufkochen
- 10 Minuten köcheln lassen und abseihen
- Täglich 2 Tassen trinken, die letzte am Nachmittag

Schachtelhalm/Birke/Beinwell/Goldrute Die Mischung ist wassertreibend und mobilisiert den Stoffwechsel.

Öderne können viele Ursachen haben: Venenentzündungen, Präeklampsie, schwere Herz-, Leber- und Nierenerkrankungen. Vor allem bei den letztgenannten Erkrankungen können allerdings einige Heilpflanzen mehr Schaden als Nutzen anrichten. Wasseransammlungen müssen also in jedem Fall von einem Arzt genau auf ihre Ursachen überprüft werden.

Birkenblätter-Schachtelhalm-Beinwell-Goldruten-Tee
- 30 g Birkenblätter mit 20 g Schachtelhalm, 20 g Goldrutenkraut und 20 g Beinwellwurzeln mischen
- 3 TL der Mischung mit 1 Tasse Wasser aufkochen
- 15 Minuten köcheln lassen und abseihen
- Täglich 2 Tassen trinken, die letzte am Nachmittag

So helfen Heilkräuter

Sehr viele einheimische Heilpflanzen regen die Wasserausscheidung an. Sprechen Sie vor deren Anwendung mit Ihrem Arzt! Zu den stark wassertreibenden Pflanzen gehören:

- Birke
- Brennnessel
- Brunnenkresse
- Goldrute
- Hagebutte
- Holunder
- Huflattich
- Löwenzahn
- Petersilie
- Quecke
- Schachtelhalm
- Schafgarbe
- Steinklee
- Wacholder

Wechseljahre-beschwerden

Salbei und Johanniskraut helfen in den Wechseljahren.

Symptome

- Unregelmäßiger Zyklus
- Hitzewallungen
- Schweißausbrüche
- Schwindel
- Nervosität/Reizbarkeit
- Depressionen/Ängste
- Kopfschmerzen
- Schlaflosigkeit

So helfen Kräutermischungen

Salbei/Johanniskraut Mit dieser Mischung werden praktisch alle Symptome der Wechseljahrebeschwerden bekämpft.

Salbei-Johanniskraut-Tee
- Beide Kräuter zu gleichen Teilen mischen
- 3 TL der Mischung mit 1 Tasse kochendem Wasser übergießen, 10 Minuten ziehen lassen und abseihen
- Täglich 3 Tassen trinken

Salbei/Baldrian Diese Mischung ist angezeigt, wenn die Patientin besonders unter Nervosität und Schlafstörungen leidet.

Salbei-Baldrian-Tee
- Salbei und Baldrianwurzeln zu gleichen Teilen mischen
- 1 EL der Mischung mit 1 Tasse kochendem Wasser übergießen, 10 Minuten ziehen lassen und abseihen
- Täglich 3 Tassen trinken, die letzte vorm Schlafengehen

Die Wechseljahre können durch sehr viele Faktoren beeinflusst werden. Raucherinnen etwa kommen im Durchschnitt zwei Jahre früher in die Wechseljahre als Nichtraucherinnen, und Sportlerinnen leiden seltener an Hitzewallungen. Die depressiven Symptome sind stärker bei Frauen ausgeprägt, die großen Wert auf jugendliches Aussehen legen und das Älterwerden nicht bejahen.

So helfen Heilkräuter

Johanniskraut Trinken Sie täglich zwei bis drei Tassen Johanniskrauttee.

→ Rezept siehe Seite 95

Salbei Typische Wechseljahrebeschwerden sind nächtliche Schweißausbrüche und Hitzewallungen. Dagegen hilft Salbei. Trinken Sie täglich zwei bis drei Tassen Salbeitee.

→ Rezept siehe Seite 130

Wetterfühligkeit – eine lästige und häufige Angelegenheit.

Wetterfühligkeit

Symptome

- Typ I (44 Prozent aller Fälle):
  Müdigkeit, Apathie, depressive Verstimmungen, Konzentrationsschwäche
- Typ II (43 Prozent aller Fälle):
  Unrast, Reizbarkeit, Migräne, Übelkeit, Schlaflosigkeit, Herzklopfen, Herzschmerzen, Hitzewallungen, Schwindel, Muskelzittern, Sehstörungen, Atemnot, Reizbarkeit der Schleimhäute
- Typ III (13 Prozent aller Fälle):
  Mischung der Symptome von Typ I und II

So helfen Heilkräuter

Manche Menschen reagieren auf Wetterumschwünge eher »defensiv« mit Depressionen und Müdigkeit, andere hingegen »offensiv« mit Aggressivität und Rastlosigkeit. Ersteren hilft Johanniskraut, zweiteren Weißdorn.

Johanniskraut Wetterfühlige vom Typ I müssen durch sogenannte MAO-Blocker behandelt werden, also durch Medikamente, die den MAO-Substanzen den Wind aus den Segeln nehmen. Die MAO-Stoffe hindern nämlich genau die Hormone an ihrer Arbeit, die unsere Stimmung stabilisieren und uns anpassungsfähig gegenüber Wetterumschwüngen machen.
Johanniskraut enthält mit Querzitrin und Querzetin die wirksamsten MAO-Blocker, die man in der Natur überhaupt finden kann. Eine Johanniskrauttherapie sorgt also dafür, dass wir auf Wetterumschwünge besser reagieren können und bei guter Laune bleiben.
Trinken Sie täglich zwei Tassen Johanniskrauttee. Das Kraut ist allerdings nicht geeignet zur Soforthilfe bei aktuellen Wetterumschwüngen, es entfaltet seine psychostabilisierenden Wirkungen nur bei Anwendungen von mindestens vier Wochen Dauer.
→ Rezept siehe Seite 95

Einige Melissenblätter verfeinern nebenstehende Teeaufgüsse.

Weißdorn hilft bei Wetterfühligkeit vom Typ II. Es gibt kein zweites Heilkraut, das derart wirkungsvoll gegen die typischen Symptome dieser Wetterfühligkeit (vor allem Herzklopfen, Herzschmerzen, Unrast, Schlafstörungen) hilft.
Trinken Sie täglich zwei Tassen Weißdorntee. Die Anwendung sollte über längere Zeit erfolgen, denn die Pflanze eignet sich nicht als erste Hilfe bei aktuellen Wetterumschwüngen. Sie können Weißdorntee auch anstelle von Kaffee und Bier – ohne zeitliche Begrenzung – zu Ihrem alltäglichen Frühstücks- oder Abendgetränk machen.
→ Rezept siehe Seite 153

Zahnfleischentzündung

Symptome

- Zahnfleisch gerötet und schmerzhaft
- Beim Biss in ein »knackiges« Lebensmittel (etwa eine Möhre oder einen Apfel) blutet das Zahnfleisch

Wer regelmäßig die Zähne putzt, sollte mit Zahnfleischentzündung keine Probleme haben.

So hilft die Kräutermischung

Kamille/Salbei/Arnika Diese Mischung besticht durch ihre schnelle Wirksamkeit.

Kamillen-Salbei-Arnika-Spülung

- 60 g Kamillenblüten mit 30 g Salbeiblättern und 10 g Arnikablüten mischen
- 2 EL der Mischung mit 1 Tasse kochendem Wasser übergießen, 10 Minuten ziehen lassen und abseihen
- Täglich mehrmals mindestens 5 Minuten spülen

So helfen Heilkräuter

Kamille Als Universalmittel gegen Entzündungen kann Kamille auch bei Zahnfleischbluten hilfreich sein. Verdünnen Sie Kamillentinktur mit Wasser im Verhältnis 1:2. Spülen Sie mit dieser Lösung mehrmals täglich für mindestens fünf Minuten.

→ Rezept siehe Seite 98

Salbei zählt mit seinen ätherischen Ölen und Bitterstoffen zu den »Klassikern« der Zahnfleischbehandlung. Am besten helfen Spülungen mit im Verhältnis 2:1 mit Wasser verdünnter Salbeitinktur. Die Spülungen sollten mehrmals täglich durchgeführt werden und jeweils mindestens fünf Minuten dauern.

→ Rezept siehe Seite 131

Blutwurz ist ein hervorragendes Mittel bei Entzündungen mit starkem Zahnfleischbluten. Die Blutwurzgerbstoffe wirken auf das Zahnfleisch adstringierend, also zusammenziehend, und dadurch in hohem Maß entzündungshemmend, blutstillend und antiseptisch.

Verdünnen Sie Blutwurztinktur mit Wasser im Verhältnis 1:2. Mit dieser Lösung reiben Sie mehrmals täglich die entzündeten und blutenden Stellen ein.

→ Rezept siehe Seite 51

Eine Zahnfleischentzündung bemerkt man oft erst, wenn das Zahnfleisch beim Essen blutet. Dann ist rasche Behandlung mit entzündungshemmenden und zusammenziehenden Heilkräutern angesagt. Vorbeugend wirkt am besten penibles Sauberhalten von Zähnen und Zahnzwischenräumen.

Die besten Rezepte für die Schönheit

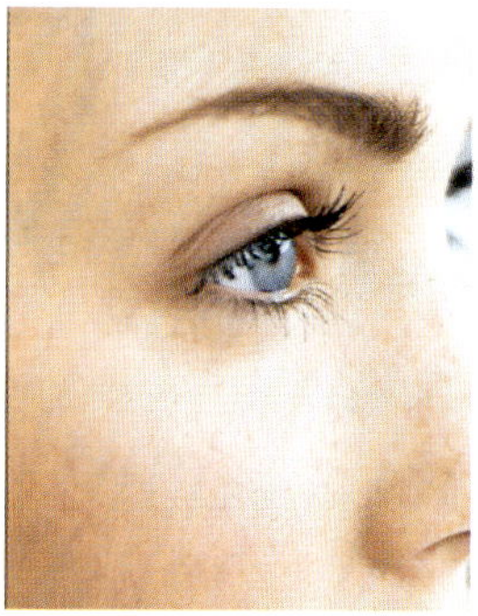

Salbei, Thymian und Petersilie sorgen für strahlende, gesunde Augen.

Für die Augen

Das nimmt Ihren Augen den Glanz

Nicht korrigierte Sehfehler ermüden Ihre Augen und nehmen ihnen dadurch den Glanz.
Dauernde Arbeit am Computerbildschirm schränkt die Produktion der schützenden Tränenflüssigkeit ein. Außerdem sinkt die Lidschlagfrequenz.
Stress verengt unsere Pupillen. Für die Augenmuskeln ist dieser Zustand außerordentlich anstrengend und ermüdend.

Heilkräuter für den Augenglanz

Salbei und Thymian enthalten mit 1,7 und 2,1 Milligramm auf 100 Gramm überdurchschnittlich viel Zink. Dieses Mineral wird in bestimmten Augenabschnitten gespeichert und sorgt für unseren Augenglanz. Das nächtliche Funkeln von Katzenaugen beispielsweise geht auf deren hohen Zinkgehalt zurück.
Mit Salbei und Thymian kann man die verschiedensten Speisen würzen oder Tees zubereiten.
→ Rezepte siehe Seite 130 und 145
Petersilie Petersilienblätter enthalten auf 100 Gramm durchschnittlich 0,3 Milligramm Riboflavin, ein B-Vitamin. Riboflavinmangel zeigt sich u. a in Augenermüdung, Lichtempfindlichkeit und dem Gefühl, etwas im Auge zu haben.
Frische Petersilienblätter besitzen den höchsten Riboflavingehalt, klein gehackt würzen sie die verschiedensten Speisen. Als Erste-Hilfe-Maßnahme bei ermüdeten Augen hilft eine belebende Auflage mit Petersilientee aus frischen Blättern.
→ Rezept siehe Seite 117

Gehen Sie zum Augenarzt, wenn
- Plötzlich unerklärliche Schmerzen und Lichtempfindlichkeiten am Auge auftreten
- Sich die Sehleistung verschlechtert und Sie sich anstrengen müssen, um noch scharf sehen zu können
- Der Schleier vor Ihren Augen chronisch zu werden beginnt

Heilkräuter gegen Gerstenkörner

Augentrost, Kornblumen und Steinklee setzt die Naturheilkunde gegen Gerstenkörner ein. Sie werden gern kombiniert, einige Ärzte geben auch noch Spitzwegerichblätter hinzu.
→ Rezept siehe nächste Seite
Petersilie Der hohe Zink- und Vitamin-C-Gehalt ihrer Blätter wirkt entzündungshemmend und fördert den Heilungsprozess.
→ Rezept siehe nächste Seite
Erdrauch ist bei entzündlichen Hauterkrankungen wie dem Gerstenkorn ein hervorragendes Heilkraut.
→ Rezept siehe nächste Seite

Kräutermischungen gegen Gerstenkörner

Augentrost/Kornblume/Steinklee/Spitzwegerich Auflagen mit Augentrost wirken sehr gut gegen Gerstenkörner.

Hauptauslöser für »Krähenfüße« ist neben der erblichen Veranlagung eine Überdosis an Sonnenlicht. Wer also die empfindliche Haut um die Augen faltenfrei halten will, sollte sie nicht ungeschützt dem grellen Licht aussetzen. Ebenfalls tabu sind Aufenthalte auf der Sonnenbank.

Kräuterauflage gegen Gerstenkörner (I)
- 20 g Kornblumenblüten, 20 g Augentrostblüten, 10 g Steinkleeblüten, 10 g Spitzwegerichblätter mischen
- 3 TL der Mischung mit 1 Tasse kochendem Wasser übergießen, 10 Minuten ziehen lassen und abseihen
- Leinentüchlein damit tränken und mehrmals täglich für 10 Minuten auf die geschlossenen Augen legen

Birke/Petersilie/Erdrauch Diese vor allem entzündungshemmende und vitaminreiche Kräuterkombination bringt Gerstenkörner ebenfalls schnell zum Abheilen.

Kräuterauflage gegen Gerstenkörner (II)
- 30 g Erdrauchkraut mit 30g Petersilienblättern und 20 g Birkenblättern vermischen
- 3 TL der Mischung mit 1Tasse kochendem Wasser übergießen, 10 Minuten ziehen lassen und abseihen
- Leinentüchlein damit tränken und mehrmals täglich für 10 Minuten auf die geschlossenen Augen legen

Kräutermischung gegen Augenfalten (»Krähenfüße«)

Efeu/Kornblume/Hagebutte Wer etwas gegen seine »Krähenfüße« unternehmen möchte, sollte es mit dieser Mischung versuchen. Tiefe Falten werden dadurch nicht verschwinden.

Antifaltenauflage
- Jeweils 1 TL zerkleinerte getrocknete Hagebutten, Efeublätter und Kornblumenblüten vermischen
- Mit 1 Tasse kochendem Wasser übergießen
- 10 Minuten ziehen lassen
- Abseihen und auf Körpertemperatur abkühlen lassen
- Leinentüchlein damit tränken und für 10 Minuten auf die geschlossenen Augen legen
- Anwendung täglich mehrmals wiederholen; besonders wichtig sind die Anwendungen am frühen Morgen und am Abend, kurz vor dem Schlafengehen

Arnika, Birke, Brennnessel und Johanniskraut verhelfen zu gesundem Haar.

Für die Haare

Kräuter gegen beginnenden Haarausfall

Arnika, Birke, Brennnessel und Johanniskraut fördern die Durchblutung der Kopfhaut. Stellen Sie sich selbst ein Haaröl mit Auszügen aus einer dieser Pflanzen oder einer Mischung her. Besonders empfehlenswert ist die Kombination aus Arnika und Johanniskraut.

Kräuteröl gegen Haarausfall

- 150 g des von Ihnen ausgesuchten frischen Krauts (oder 50 g Arnikablüten und 100 g Johanniskraut) mit 500 ml Olivenöl in eine Flasche geben
- 6 Wochen lang gut verschlossen auf der Fensterbank stehen lassen, möglichst täglich schütteln
- Durch ein Leinentuch gießen, Satz gut auspressen
- Täglich mehrmals in Haaransätze und lichter werdende Stellen einmassieren

Kräutermischungen gegen fettiges Haar

Bei plötzlich auftretendem starken Haarausfall, wenn Sie die Haare beinahe büschelweise im Kamm wiederfinden, muss der Arzt hinzugezogen werden, da möglicherweise schwerwiegende Erkrankungen oder Vergiftungen dahinter stecken. Frauen sollten in jedem Fall von einem Arzt ihren Mineralien- und Hormonhaushalt überprüfen lassen.

Thymian, Schachtelhalm, Salbei und Blutwurz hemmen die Arbeit der Talgdrüsen, Thymian ist außerdem ein gutes Reinigungsmittel. Am besten sind Spülungen mit einem gemischten Tee.

Kräuterspülung gegen fettiges Haar

- Je 1 TL Thymianblüten, Salbeiblätter und Schachtelhalm mischen, mit 100 ml kochendem Wasser übergießen und etwa 50 ml Obstessig hinzufügen
- Nach dem Haarewaschen in das feuchte Haar einmassieren und nicht mehr auswaschen

Kräuterspülung gegen stark fettendes Haar

- Jeweils 1 TL Thymianblüten, Salbeiblätter und Blutwurz mischen, mit 100ml kochendem Wasser übergießen
- Etwa 50 ml Obstessig hinzufügen
- Nach dem Haarewaschen in das feuchte Haar einmassieren und nicht mehr auswaschen

Kraut gegen fettiges Haar mit einsetzendem Haarausfall

Huflattich enthält Schwefel für die Haarsubstanz und bremst die Arbeit der Talgdrüsen.

Kräuterspülung gegen fettiges Haar mit Haarausfall
- 3 TL Huflattichblüten mit 1 Tasse kochendem Wasser übergießen
- 10 Minuten ziehen lassen und abseihen
- Nach dem Haarewaschen ins feuchte Haar einmassieren und nicht mehr ausspülen

So schützen Sie sich vor fettigem Haar:
- Finger weg von fettenden Haarprodukten! Cremes oder Lotionen sind für das zur Fettbildung neigende Haar genau das Falsche.
- Geben Sie klaren Shampoos gegenüber cremigen den Vorzug!

Kräutermischung für volles und glänzendes Haar

Brennnessel/Kamille Brennnessel fördert die Durchblutung und versorgt das Haar mit wichtigen Mineralstoffen, Kamille stellt einen idealen Partner für die Wirkstoffe der Brennessel dar.

Kräuterspülung für volles, glänzendes Haar
- Je 1 EL Kamillenblüten und Brennesselblätter mischen und mit 100 ml kochendem Wasser übergießen
- 10 Minuten ziehen lassen und abseihen
- 50 ml Obstessig hinzufügen
- Nach dem Haarewaschen in das feuchte Haar einmassieren und nicht mehr ausspülen

Heilkraut gegen schuppiges Haar

Kornblume Diese alte Heilpflanze gegen Haarschuppen wird zum Aufguss für eine Haarspülung verwendet.

Kräuterspülung gegen Schuppen
- 25 g Kornblumenblüten mit 1/2 l kochendem Wasser übergießen
- 10 Minuten ziehen lassen und abseihen
- Nach dem Haarewaschen in das feuchte Haar einmassieren und nicht mehr ausspülen

Schuppen sind ein Fall für den Arzt, wenn Sie folgende Begleitsymptome an sich feststellen:
- Kopfhaut juckt und ist gereizt
- Schuppen fallen in größeren Fetzen heraus
- Gelbe Verkrustungen auf der Kopfhaut
- Rote Flecken und Entzündungen auf der Kopfhaut

Regelmäßiges Eincremen schützt die Haut vor schädlichen Umwelteinflüssen.

Für die Haut

Das nimmt Ihre Haut übel

Rauchen Nikotin und die anderen Schadstoffe des Zigarettenqualms sorgen für schlechte Stoffwechsel- und Durchblutungszustände in der Haut. Außerdem provoziert das Ziehen an der Zigarette die Bildung von Falten am Mund.
Alkohol Exzessiver Alkoholkonsum treibt Wasser in Ihre Gesichtshaut und quellt sie auf. Danach wird das Wasser wieder abgezogen, und die Haut fällt regelrecht in sich zusammen.
Ultraviolettes Licht Setzen Sie sich lieber auf Lichtdiät! Meiden Sie Sonnenstrahlen in der Zeit von 11 bis 15 Uhr. Am besten für unsere Haut ist Bewegung unter bewölktem Himmel, dabei bekommt sie genau die richtige Strahlendosis ab.
Fastfood/Junkfood Dosengemüse, Schnellgerichte aus der Imbissbude sowie Cola, Limonaden und Süßigkeiten mit nur geringem Gehalt an Biostoffen stören die Verdauung im Darm, so dass nur noch wenige Biostoffe bis in die Haut gelangen können.
Zu viel Fleisch Opulente Fleischgerichte mit deftiger Sauce überfordern Ihren Verdauungsapparat, so dass viel ungelöstes Kalzium über die Blutbahnen in die Haut gelangen kann. Dort entstehen dann Verklumpungen, die zur Faltenbildung führen. Reduzieren Sie daher Ihren Fleischkonsum, oder helfen Sie der Kalziumverdauung zumindest mit sauren Früchten wie Kiwis, Zitronen, Orangen und Äpfeln auf die Sprünge.

Welchen Hauttyp haben Sie?

- Normale Haut ist feinporig, glatt, zeigt einen matten Glanz.
- Trockene Haut ist feinporig, spröde, rissig und ohne Glanz. Sie neigt zur Faltenbildung.
- Fettende Haut ist großporig und glänzend. Sie neigt zu Mitessern und Pickeln.

Heilkräuter gegen Falten

Petersilie Petersilienblätter enthalten viel Karotin, Vitamin C und Zink. Die Karotinoide schützen die Haut vor dem Angriff aggressiver Substanzen und bilden die Vorstufe zu dem Hautvitamin A. Vitamin C erhöht die Produktion von Kollagen, das unsere Haut glatt und fest macht. Zink schützt die Haut vor Entzündungen und fördert außerdem den Haarwuchs.
Essen Sie wöchentlich mindestens dreimal einen Bund Petersilie. Gegen Gesichtsfalten hilft eine Auflage mit Petersilientee.
→ Rezept siehe Seite 117

Vorsicht!
Schwangere dürfen keine innerlichen Petersilienanwendungen vornehmen!

Kornblumen haben in der Hautkosmetik eine lange Tradition. Sie wirken straffend und stützen den Gewebeaufbau in der Haut. Legen Sie mehrmals täglich einen Umschlag aus Kornblumenaufguss auf; wichtig sind die Anwendungen am frühen Morgen und am Abend, kurz vor dem Schlafengehen.
→ Rezept siehe Seite 101

Kräutermischung gegen Falten

Efeu/Kornblume/Hagebutte Diese straffende und vitaminreiche Kräutermischung ergibt einen hervorragenden Umschlag gegen Falten im Gesicht und auf den Händen.

Kräuterumschlag gegen Falten
- Efeublätter, Kornblumenblüten und Hagebuttenfrüchte zu gleichen Teilen mischen
- 3 TL der Mischung mit 1 Tasse kochendem Wasser übergießen, 10 Minuten ziehen lassen und abseihen
- Bei Gesichtsfalten: Leinentüchlein damit tränken und mehrmals täglich für 10 Minuten auflegen
- Bei faltigen Händen: mehrmals täglich die Hände in dem Aufguss baden

Ein altes Hausmittel gegen Falten auf Hals und Dekolleté: Überbrühen Sie jeweils eine Handvoll Brunnenkresse und Petersilienblätter mit einem halben Liter heißer Milch. Fünf Minuten ziehen lassen, schließlich abseihen. Tauchen Sie ein Handtuch in die Milch-Kräuter-Mischung, und legen Sie es auf Hals und Dekolleté. Sobald es abgekühlt ist, wird es entfernt.

Kräutermischung für trockene Haut

Lindenblüten/Rosenwasser Das Lindenblüten-Rosenwasser eignet sich zur abendlichen Reinigung von trockener Haut.

Gesichtswasser für trockene Haut
- 30 ml Rosenwasser (aus der Apotheke) mit 40 ml noch heißem Lindenblütentee (Rezept siehe Seite 105) vermischen und 1 TL Honig darin auflösen
- Einen Wattebausch mit der Flüssigkeit tränken und nach dem abendlichen Abschminken die Haut damit sanft nachreinigen

Kräuter bei fettender und unreiner Haut

Holunder wirkt reinigend, entzündungshemmend und entschlackend. Ein Holunderbad ist besonders hilfreich, wenn sich auch am Körper – meist am Dekolleté und auf dem Rücken – Unreinheiten gebildet haben.
→ Rezept siehe Seite 85

Kamille Ein Kamillenbad wirkt entzündungshemmend und hilft gegen chronische Ekzeme und Hautjucken.
→ Rezept siehe Seite 98

Kräutermischung bei fettender und unreiner Haut

Salbei/Petersilie Diese Kräutermischung ist vitaminreich und entzündungshemmend.

Unsere Haut kann sich selbst am besten schützen, denn sie ist ja selbst ein Schutzorgan für unseren Körper. Wenn man sie täglich einem gewissen Grad an Kälte, Licht, Trockenheit und Feuchtigkeit aussetzt, hält sie sich selbst in Form. Das Schlimmste, was man der Haut antun kann, ist, niemals an die frische Luft zu gehen!

Gesichtswasser für fettende, unreine Haut
- 2 EL frische Salbeiblätter und 2 EL frische Petersilienblätter in 50 ml 70-prozentigen Alkohol geben
- 10 Tage ziehen lassen und abseihen
- Mit 200 ml destilliertem Wasser vermischen
- Einen Wattebausch mit der Flüssigkeit tränken und täglich 3-mal das Gesicht damit abreiben

Kräutermischung für empfindliche Haut

Kamille/Huflattich/Stiefmütterchen/Salbei Das Gesichtswasser aus diesen Kräutern wirkt beruhigend und erfrischend auf trockene und empfindliche Haut.

Gesichtswasser für trockene und empfindliche Haut
- 2 TL Kamillenblüten mit jeweils 1 TL Huflattichblüten, Stiefmütterchen und Salbei mischen
- In 30 ml 70-prozentigen Alkohol geben und mit einem Leinentuch bedeckt 2 Tage lang ziehen lassen
- Abseihen, die Kräuter dabei sorgfältig auspressen
- Mit 100 ml destilliertem Wasser und 30 ml Rosenwasser (Apotheke) mischen
- Einen mit warmem Wasser angefeuchteten Wattebausch damit tränken und täglich morgens und abends das Gesicht vorsichtig damit abreiben

Gesichtsdampfbäder

Bei entzündlicher Haut mit Mitessern

Arnikadampfbad
- 1 Handvoll Arnikablüten in einer Schüssel mit 1 l kochendem Wasser überbrühen
- Anwenden wie bei Inhalationen (siehe Seite 25)
- Wöchentlich 2- bis 3-mal jeweils 10 Minuten durchführen

Für strapazierte Haut mit leicht verstopften Poren

Brunnenkressedampfbad
- 1 Handvoll Brunnenkresse in einer Schüssel mit 1 l kochendem Wasser überbrühen
- Anwenden wie bei den Inhalationen beschrieben (siehe Seite 25)
- Wöchentlich 2- bis 3-mal jeweils 8 Minuten durchführen

Auch wenn die Gesichtshaut täglich gereinigt wird, empfiehlt sich mitunter eine Art Generalreinigung durch Gesichtsdampfbäder. Werden sie mit Kräutern angesetzt, kann man sie optimal nach den individuellen Bedürfnissen des jeweiligen Hauttyps ausrichten.

Bei fettiger Haut mit entzündeten Hautunreinheiten

Huflattichdampfbad
- 1 Handvoll Huflattichblätter in einer Schüssel mit 1 l kochendem Wasser überbrühen
- Anwenden wie bei den Inhalationen beschrieben (siehe Seite 25)
- Wöchentlich 2- bis 3-mal jeweils 8 Minuten durchführen

Zur Reinigung und Erfrischung von normaler Haut

Johanniskrautdampfbad
- 1 Handvoll Johanniskraut in einer Schüssel mit 1 l kochendem Wasser überbrühen
- Anwenden wie bei Inhalationen (siehe Seite 25)
- Wöchentlich 3- bis 4-mal jeweils 10 Minuten durchführen

Bei trockener und spröder Haut

Kamillendampfbad
- 1 Handvoll Kamillenblüten in einer Schüssel mit 1 l kochendem Wasser überbrühen
- Anwenden wie bei Inhalationen (siehe Seite 25)
- Wöchentlich 1- bis 2-mal jeweils 8 Minuten durchführen

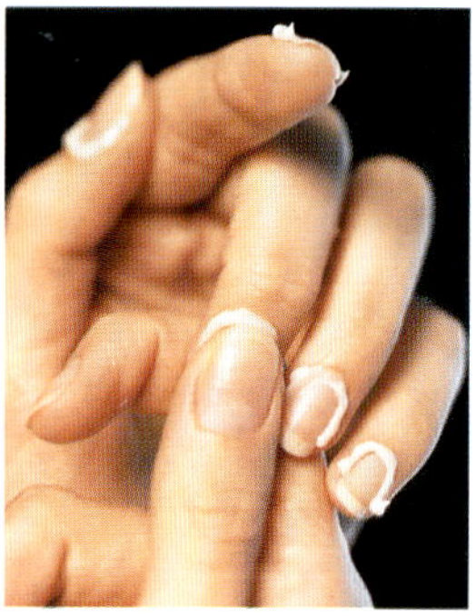

Ringelblume und Kamille sorgen für feste und gesunde Fingernägel.

Für die Nägel

Das schadet Ihren Nägeln

Übertriebene Nagelpflege Normalerweise ist das Nagelbett recht gut versiegelt und vor Bakterien geschützt. Pilzbefall, starke Beanspruchung (etwa durch Geschirrspülen) sowie falsche oder übertriebene Nagelpflege sorgen für Verletzungen des Nagelbetts, aus denen oft Entzündungen entstehen.
Nägelkauen Nervöse Nägelkauer schädigen Nagelsubstanz und Nagelbett und sind überdurchschnittlich häufig von Nagelbettentzündungen betroffen.
Falsche Zubereitung der Speisen Zu langes Wässern und Kochen Ihrer Speisen verringern den Kalziumgehalt der Lebensmittel.
Gifte und ungünstige Stoffe aus der Nahrung Alkohol, Koffein, Nikotin, gesättigte Fettsäuren (in Fleisch, Wurstwaren, Süßigkeiten), Phosphat (in Schweine- und Rindfleisch, Wurstwaren, Schmelzkäse, Cola- und Limonadengetränken, Fertiggerichten), Phytinsäure (in Getreide, Müsli) und Oxalsäure (in Spinat, Rhabarber, Sauerampfer, schwarzem Tee, Schokolade) behindern die Kalziumaufnahme.

So helfen Kräutermischungen

Wacholder/Schachtelhalm 90 Prozent aller Menschen mit brüchigen Fingernägeln haben vermutlich zu wenig Magensäure. Dadurch werden nicht genügend Eiweißsubstanzen für den Aufbau der Nägel aus dem Darminhalt gezogen.
Aus diesem Grund empfiehlt sich eine Behandlung mit magensaftanregenden Wacholderbeeren und kieselsäurehaltigem Schachtelhalm. Die beiden Heilkräuter werden als Tee zubereitet, von dem man täglich drei Tassen trinkt.

So schützen Sie sich vor Nagelproblemen:
- Schieben Sie Ihre Nagelhaut nach dem Duschen oder Baden behutsam mit einem Holzstäbchen oder einem Taschentuch zurück.
- Trocknen Sie die Hände nach dem Spülen, Duschen oder Baden immer gut ab.

Wacholderbeeren-Schachtelhalm-Tee
- Beide Kräuter zu gleichen Teilen mischen
- 1 EL der Mischung mit 1 Tasse kochendem Wasser übergießen
- 10 Minuten ziehen lassen
- Abseihen
- Täglich 3 Tassen trinken, am besten vor den Mahlzeiten

Eichenrinde/Kamille Ein Bad mit dieser Kräutermischung hilft gegen weiche Fingernägel mit Neigung zu Nagelbettentzündungen.

Eichenrinden-Kamillen-Bad
- Je 1 EL Eichenrinde und Kamillenblüten mit 1 Tasse kochendem Wasser übergießen
- 10 Minuten ziehen lassen
- Abseihen
- 10 Minuten abkühlen lassen
- Täglich mindestens 3-mal die Finger in dem Sud baden

So helfen Heilkräuter

Ringelblumencreme ist die ideale Pflege für strapazierte Hände und Fingernägel. Sie verbessert die Nährstoffversorgung des Nagelbetts.
→ Rezept siehe Seite 127

Kamille Kamillenbäder helfen sehr gut bei Entzündungen des Nagelbetts. Bereiten Sie sich dazu einen besonders hoch dosierten Tee.
→ Rezept siehe Seite 98

Eiche Eichenrinde enthält Substanzen, die den Nagel elastischer machen und dadurch vor dem Abbrechen schützen. Am besten wirkt ein Eichenrindenfingerbad. Es ist allerdings aufgrund seines hohen Gerbstoffanteils für Menschen mit trockener Haut nicht geeignet.
→ Rezept siehe Seite 61

Brennnessel Sie gehört zu den Heilpflanzen mit überdurchschnittlich viel Kieselsäure, die für Wachstum und Härte der Nägel von entscheidender Bedeutung ist. Zur Stärkung der Nägel trinkt man täglich zwei Tassen Brennnesseltee.
→ Rezepte siehe Seite 54 und 55

Schachtelhalm enthält so viele siliziumhaltige Substanzen, dass man ihn früher zum Silberputzen verwendete. Er ist bei brüchigen, allzu weichen Nägeln eine hervorragende Heilpflanze. Trinken Sie zwei Tassen Schachtelhalmtee pro Tag!
→ Rezept siehe Seite 133

Ein Gemisch aus Honig und Zwiebelsaft wirkt desinfizierend, mobilisiert die körpereigenen Abwehrkräfte (wichtig bei Nagelbettentzündungen!) und kräftigt den Nagelwuchs. Mischen Sie beide Substanzen zu gleichen Teilen, und machen Sie daraus vor dem Schlafengehen Auflagen, die über Nacht mit einem Mullverband bedeckt werden.

Gesunde und strahlende Zähne erreicht man durch regelmäßiges Putzen und eine fluoridhaltige Ernährung.

Für die Zähne

Das nehmen Ihre Zähne übel

Zucker ist die Nahrungsgrundlage für kariesauslösende Bakterien und stört den Stoffwechsel für die Zahnversorgung.
Stress verringert die Produktion von Speichel und anderen Substanzen, die unsere Zähne vor dem Angriff der Bakterien und ihrer Säuren schützen.
Mangelnde Zahnpflege Immer noch wird in Deutschland zu wenig Zähne geputzt. Die empfohlenen zehn Minuten pro Tag erreichen nur die wenigsten.
Rauchen verstärkt die Bildung von Zahnstein und verschlechtert die Durchblutung des Zahnfleisches.
Alkohol, Koffein und gesättigte Fettsäuren behindern die Kalziumaufnahme unseres Körpers und beeinträchtigen dadurch die Zahnentwicklung.

So bleiben Ihre Zähne gesund:

- Täglich mindestens zweimal Zähne putzen, am besten nach den Mahlzeiten! Das Putzen sollte jeweils mindestens drei bis fünf Minuten dauern.
- Die Zahnzwischenräume sollten täglich mit Zahnseide gereinigt werden.
- Benutzen Sie fluoridhaltige Zahnpasten, würzen Sie mit fluoridhaltigem Salz!

Heilkräuter für einen gesunden Zahnschmelz

Löwenzahn Die Blätter des Löwenzahns enthalten mit 70 Mikrogramm auf 100 Gramm überdurchschnittlich viel Fluor, das den wichtigsten Bestandteil des Zahnschmelzes bildet. Darüber hinaus enthalten Löwenzahnblätter viel Magnesium. Mit vier Prozent findet sich der höchste Magnesiumgehalt des Körpers im Zahnbein. Essen Sie zweimal wöchentlich einen Salat, unter den Sie eine Handvoll Löwenzahnblätter gemischt haben.

Salbei Salbeiblätter enthalten auf 100 Gramm durchschnittlich 600 Milligramm Kalzium, 160 Milligramm Magnesium und 65 Mikrogramm Fluor. Die drei Mineralien sind für die Stabilität des Zahnschmelzes von entscheidender Bedeutung.
Reiben Sie jeden Abend nach dem Zähneputzen Zähne und Zahnfleisch mit getrockneten Salbeiblättern ein. Das unterstützt das tägliche Zähneputzen und wirkt vorbeugend gegen Karies.

Heilkräuter für ein gesundes Zahnfleisch

Salbei wirkt entzündungshemmend und kräftigt das Zahnfleisch. Spülen Sie täglich beim Zähneputzen mit Salbeitee oder verdünnter Salbeitinktur. Sie können Ihr Zahnfleisch aber auch mit getrockneten Salbeiblättern massieren.
→ Rezepte siehe Seite 130 und 131

Hagebutte enthält überdurchschnittlich viel Vitamin C und Vitamine aus der B-Gruppe. Diese Biostoffe sind notwendig, um das Immunsystem und die Regenerationsfähigkeit im Zahnfleisch aufrechtzuerhalten. Darüber hinaus gehört die Hagebutte mit 250 Milligramm auf 100 Gramm zu den wichtigsten Kalziumlieferanten der Pflanzenwelt. Das Mineral ist entscheidend am Aufbau von Knochen und Zähnen beteiligt.
Bereiten Sie sich Hagebuttenmark zu. Mit diesem Mark können Sie Süßspeisen, Saucen und Suppen zubereiten oder es einfach als leckeren Brotaufstrich zum Frühstück essen.
→ Rezept siehe Seite 73

Gesunde Zähne und gesundes Zahnfleisch sind in erster Linie eine Sache der Ernährung. Grundsätzlich gilt: Alles, was lange gekaut werden muss und nur mäßig süß schmeckt, fördert die Gesundheit des Gebisses; alles, was im Mund zergeht, nur wenig gekaut werden muss und relativ schnell ein süßes Aroma entfaltet, schadet ihm.

Kräutermischung für einen wohlriechenden Atem

Kornblume/Salbei Mundwasser aus diesen Kräutern verbreitet ein angenehmes Aroma und wirkt darüber hinaus entzündungshemmend, so dass sich im Mundraum keine faulig riechenden Substanzen bilden können.

Kornblumen-Salbei-Mundwasser
- 1 EL Kornblumenblüten mit 1 Tasse kochendem Wasser übergießen
- 10 Minuten ziehen lassen
- Abseihen
- 10 Minuten abkühlen lassen
- Mit 20 Tropfen Salbeitinktur (→ Rezept siehe Seite 131) vermischen
- Täglich mehrmals den Mund damit spülen

Kräutermischung für gesunde Zähne und gesundes Zahnfleisch

Löwenzahn/Salbei Mit selbst gemachter Löwenzahn-Salbei-Zahnpasta besitzen Sie eine Zahncreme, die Ihre Zähne und Ihr Zahnfleisch wirklich schützen kann.

Löwenzahn-Salbei-Zahnpasta
- Beide Kräuter zu gleichen Teilen mischen
- In einem Mixer möglichst fein pulverisieren
- 1–2 EL der Mischung gut mit 1 Tube möglichst einfacher und geruchloser Zahnpasta vermischen

Fachbegriffe

der Botanik und Pharmazie

Botanik

Blätter

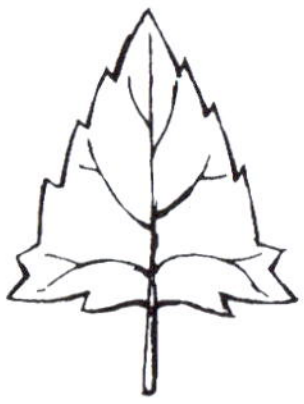
dreieckig

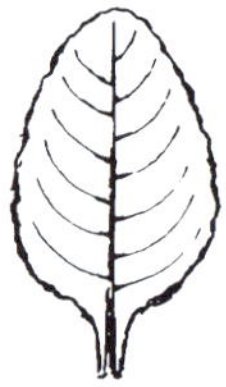
eiförmig

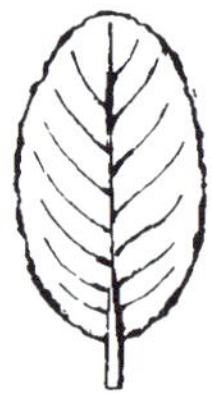
ellipsenförmig

gefiedert

doppelt gefiedert

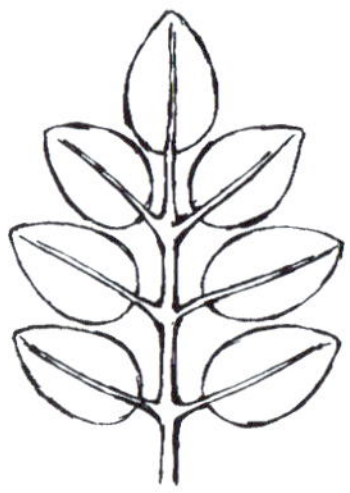
unpaarig gefiedert

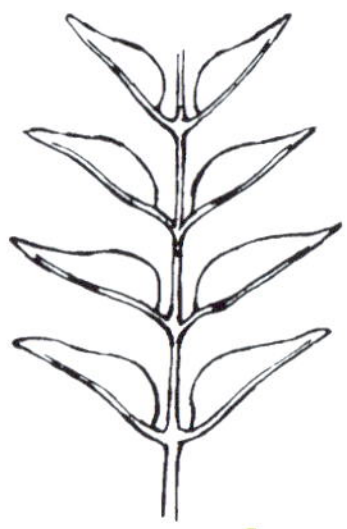
gegenständig

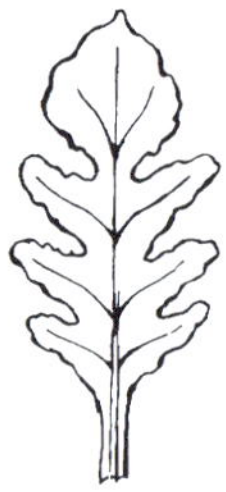
gelappt

gesägt

doppelt gesägt

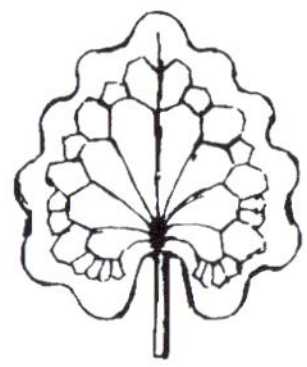
geschweift

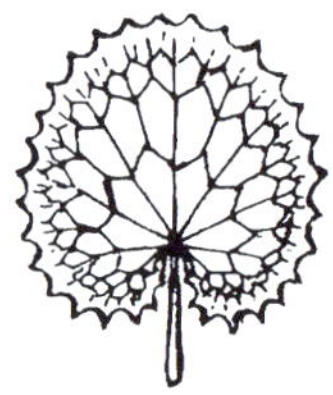
gezahnt

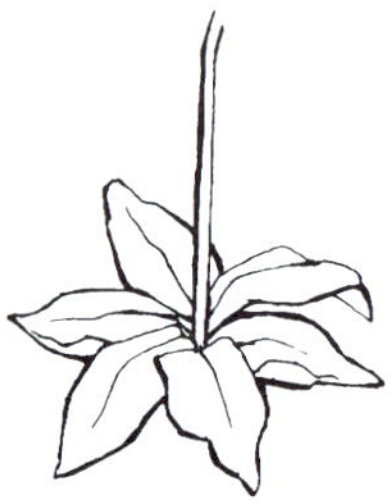
grundständig

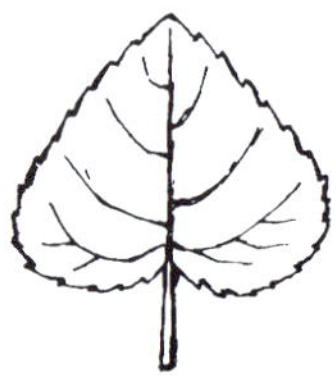
herzförmig

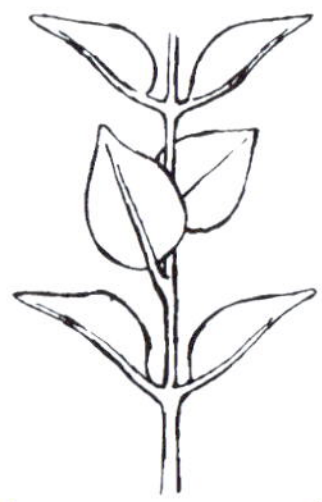
kreuzgegenständig

lanzettlich

Blätter

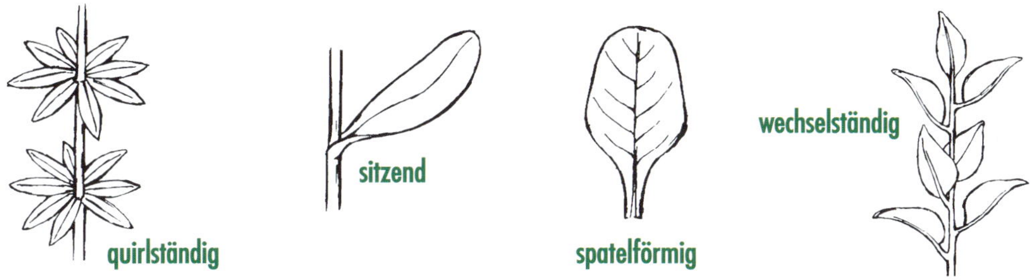

Stängel

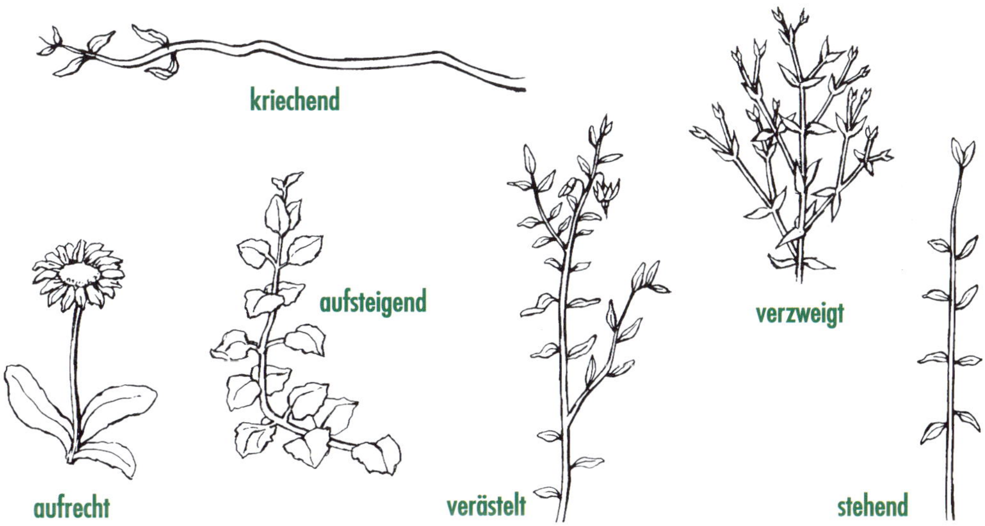

Blüten

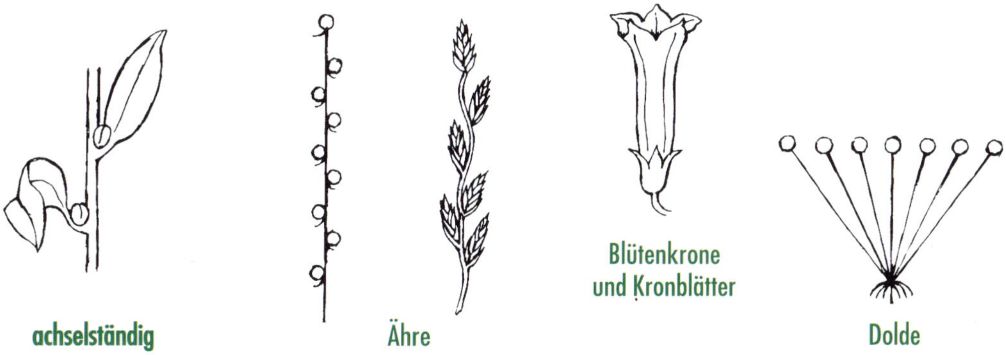

Blüten

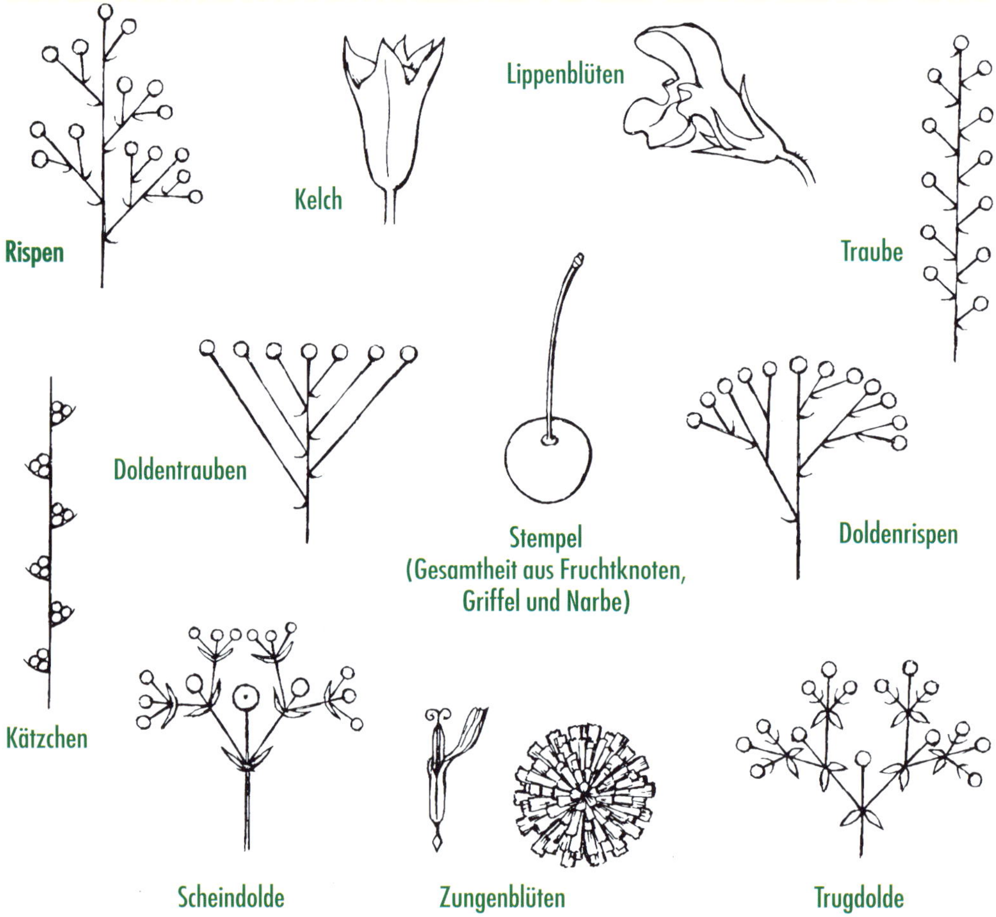

Früchte

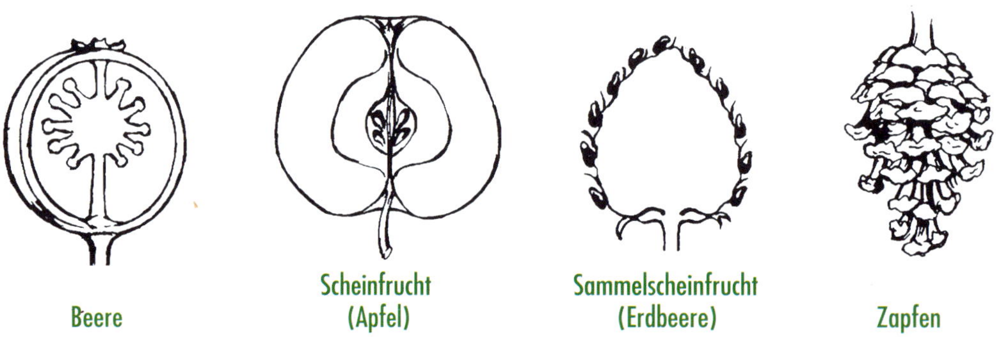

Sonstige

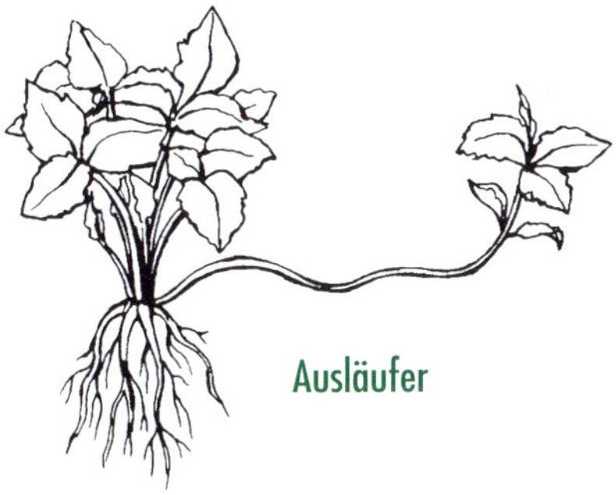

Ausläufer

Dornen

Stacheln

Wurzelstock

Pharmazie

adstringierend = zusammenziehend; besonders Gerbstoffe und Tannin wirken adstringierend, indem sie mit den Eiweißen der obersten Gewebeschichten eine Verbindung eingehen und damit die Oberfläche verdichten; sie wirken damit gleichzeitig blutstillend und antibakteriell

antibiotisch = Mikroorganismen wie Viren, Bakterien, Pilze usw. abtötend oder im Wachstum hemmend

antiseptisch = keimtötend

freie Radikale = Gruppe von Atomen, die sich durch außerordentliche Reaktionszeit auszeichnen; sie greifen im Körper wichtige Biostoffe wie Zellbestandteile und Vitamine an; auf der Haut tragen sie zu deren schnellerem Altern bei

kanzerogen = krebserregend

antikanzerogen = krebsvorbeugend

Aphrodisiakum = ein Mittel, das sexuelles Verlangen verstärkt

Enzyme = Stoffe, die Stoffwechselvorgänge im Körper in Gang setzen oder beschleunigen, ohne sich chemisch selbst dabei zu verändern

Peristaltik = Bewegungen von Darm und Magen

Phytopharmaka = Arzneimittel, die aus Pflanzenteilen hergestellt wurden

Phytotherapie = Pflanzenheilkunde

psychosomatische Beschwerden = durch seelische Ursachen entstandene körperliche Erkrankungen

Signaturenlehre = antike Lehre, wonach man die Heilwirkung einer Pflanze aus ihrem Ansehen ableiten kann

therapeutisch = die Behandlung (einer Krankheit) betreffend, zur Behandlung gehörend

Bildnachweis

AKG, Berlin: 160; Bavaria, Gauting: 9, 176 (Eisele), 158, 167, 211, 213 (TCL), 162 (Photo Shot), 172 (Lauter), 174 (Stock Image), 202 (Benelux Press), 203 (Interfoto), 215 (Oscar Poss), 217 (Campiglio); Bilderberg, Hamburg: 10 (S. Elleringmann), 18 (Chr. v. Alvensleben), 26 (Frieder Blickle), 30/31 (H.&H.-J. Koch); Botanik-Bildarchiv Laux, Biberach/Riß: Titelbild (Einkl./Mi.), U4 (li. u. re.), 30 (Einkl.), 32, 34, 36, 40, 44, 46, 48, 50, 52, 56, 58, 60, 62, 64, 66, 68, 70, 72, 74, 86, 96, 100, 104, 106, 108, 110, 112, 114, 118, 122, 132, 134, 138, 140, 142, 146, 150, 154 (Einkl.), 219 (Einkl.); IFA-Bilderteam, Taufkirchen: Titelbild (Einkl./li.), U4 (Mi.), 21, 175, 212 (West Stock), 90 (Jacobi), 92 (R. Maier), 124 (Digul), 168, 205 (IPP), 179 (Vision), 182 (AGE), 184 (Selma), 189 (J. Heron), 190 (BCI), 198 (DISC), 200, 222 (Diaf), 206 (M.P. Manheim), 210 (March), 216 (Ederer); Kerth Ulrich, München: 29; Mauritius, Mittenwald: Titelbild (Einkl./re.), 154/155 (AGE Kat.); Okapia, Frankfurt: Titelbild (Fond); Pasieka Alfred, Hilden: 201; Seidl Sebastian, Altdorf: 102, 128, 136; Südwest Verlag, München ©: 218/219 (Michael Nagy, München); Superbild, Grünwald: 156 (Alaska Stock), 157 (F. Bouillot), 163, 191 (BSIP), 164 (Marco Polo), 220, 224, 228, 230 (Box Office); The Image Bank, München: 23 (Michael Scott), 170 (Michael Gosbee), 185 (Renzo Mancini), 188 (Steve Niedorf), 192 (Romilly Lockyer), 196 (David de Lossy), 209 (Robert Holland); Tony Stone, München: 6 (Christel Rosenfeld), 8 (Moggy), 13 (Michael Busselle), 82 (Hans Kuczka), 166 (Laurence Monneret); Transglobe Agency, Hamburg: 12, 19, 20, 22, 28, 193, 214 (Pawel Kanicki), 14 (Bernd Schmitz), 16 (Jerrican), 161 (Jerrican/Gaillard), 165 (Frielinghaus), 169 (Sipa-Press), 177, 194 (Retna/Ewing Reeson), 178 (Fotopic), 180 (TWFS/Ken Browar), 183 (Farrell Grehan), 186 (Jerrican/ Labat), 197 (Studio Pierer), 199 (Antje Wiech), 204 (TWFS), 208 (Retna/Jenny Acheson); Wildlife, Hamburg: 78, 152 (D. Harms), 144 (P. Hartmann), 148 (J. Kamien)

Haftung

Autor und Verlag bemühen sich um zuverlässige Information. Fehler und Unstimmigkeiten sind jedoch nicht auszuschließen. Eine Garantie für die Richtigkeit der Angaben kann deshalb nicht gegeben werden. Eine Haftung für Schäden und Unfälle wird aus keinem Rechtsgrund übernommen.

Anmerkung der Redaktion

Diesem Buch liegt die im Juli 1996 in Wien beschlossene und ab 1.8.1998 geltende Neuregelung der deutschen Rechtschreibung zu Grunde.

Impressum

2. Auflage 1997

Redaktion: Dorothea Steinbacher
Projektbetreuung: Gebhard Mosl
Redaktionsleitung: Dr. Reinhard Pietsch
Bildredaktion: Sabine Kestler
DTP-Produktion: AVAK Publikationsdesign, München
Umschlag und Layout: Michael Keller, München
Illustrationen: Beate Brömse, München
Produktion: Manfred Metzger

Gedruckt in Slowenien

ISBN 3-7787-3559-4

Register der Pflanzennamen

In diesem Stichwortverzeichnis finden Sie alle im Buch vorkommenden Pflanzen und ihre wichtigsten regionalen Bezeichnungen. Die gefetteten Zahlen verweisen auf den Haupeintrag der jeweiligen Pflanze.

Register der Beschwerden und sonstigen Begriffe